참 쉬운
나의 첫 번째 와인 가이드

깊은나무는 책에 관한 아이디어와 원고를 설레는 마음으로 기다리고 있습니다. 책으로 만들고 싶은 아이디어가 있으신 분은 이메일(deeptreebook@naver.com)로 간단한 개요와 취지, 연락처 등을 보내주세요. 머뭇거리지 말고 문을 두드리세요. 길이 열릴 것입니다.

참 쉬운
나의 첫 번째 와인 가이드

개정판 1쇄 인쇄 | 2014년 9월 5일
개정판 1쇄 발행 | 2014년 9월 12일

지은이 | 조병인
펴낸이 | 박영욱·정희숙
펴낸곳 | 깊은나무

편 집 | 지태진
마케팅 | 최석진·김태훈
디자인 | 서정희

주 소 | 서울시 마포구 서교동 468-2번지
이메일 | deeptreebook@naver.com
전 화 | 편집문의 (02)325-9172 영업문의 (02)322-6709
팩 스 | (02)3143-3964

출판신고번호 | 제313-2007-000197호

ISBN 978-89-98822-07-1 (93590)

*이 도서의 국립중앙도서관 출판시도서목록(CIP)은 e-CIP홈페이지(http://www.nl.go.kr/ecip)와 국가자료공동목록시스템(http://www.nl.go.kr/kolisnet)에서 이용하실 수 있습니다.
(CIP제어번호: CIP 2014021947)

참 쉬운
나의 첫 번째 와인 가이드

조병인 지음 | 김준철 감수

개정판 머리말

와인은 영혼을 설레게 하는 그 무엇을 품고 있다

프랑스의 샹파뉴·부르고뉴·론·보르도·르와르·알자스, 독일의 라인가우·모젤, 미국의 나파 밸리·소노마 카운티 등지에는 가는 곳마다 매력과 볼거리가 풍성하다. 그런데 와인의 진짜 본고장은 따로 있다.

지난해 포도 수확기에 맞춰서 와인 원산지들의 원조 격인 이탈리아의 토스카나, 베네토, 피에몬테를 다니면서 와인의 황홀경을 제대로 진하게 느꼈다.

키안티 클라시코·몬탈치노·몬테풀치아노·볼게리·발폴리첼라·소아베·바롤로·바르바레스코 등지를 순례하며, 안티노리·베라차노·비욘디 산티·반피·주세페 퀸타렐리·달 포르노·가야 등을 노크하여 산조베세·코르비나·가르가네·네비올로의 매혹적 자태와 수퍼투스칸들의 위풍당당에 흠뻑 취해보는 호사를 누렸다.

동기는 이탈리아 와인에서 잡았으나 내용은 초판의 부실을 줄

이는 형식을 따랐다. 첫째로, '영웅호걸의 와인 사랑'을 추가하여, 토마스 제퍼슨, 나폴레옹 보나파르트, 윈스턴 처칠, 어니스트 헤밍웨이 등이 와인에 빠져서 살았던 행적을 담았다. 둘째로, '와인이 날개를 달다'라고 제목을 붙여서, 와인을 증류하여 만드는 브랜디의 세계를 코냑을 앞세워 착하게 넣었다.

단지 취하고 싶은 목적이면 구하기 쉽고 가격도 저렴한 탁주나 소주가 더 제격일 것이다. 건강 증진을 위해서라면 싸고 맛있는 포도나 포도 주스로도 충분할 것이다. 그럼에도 10년 넘게 와인과 친해온 것은 공감(共感)의 다리가 되어주기 때문이다. 플레밍의 말처럼, "페니실린은 인간을 치료하고 와인은 인간을 행복하게 만든다."

아름다운 '관계와 소통'의 관건은 두 마음이 하나로 되는 것이다. 한마음이 되려면 마음의 벽을 넘어야 하는데, 한잔의 와인이 사다리 구실을 한다. 청동이 얼굴을 비추는 거울이라면, 와인은 마음을 비추는 거울이다. 와인을 마시면 마음의 빗장이 사라져 마음이 열리고 가슴이 투명해진다. 다른 술들도 비슷한 마법을 부리지만, 설렘과 품격을 비할 바가 아니다.

많은 이들이 체면이나 주위의 시선 때문에 자신의 참모습을 가리고서 산다. 같은 이유로, 속이 상하는 일을 겪어도 평화를 위하여 감정을 삭인다. 그럴 때 와인으로 혈관을 적시면 마음의 앙금이

씻기고 삶의 활력이 채워진다. 속내를 솔직하게 드러내 소통의 물꼬가 트이고 오해가 풀어져서 공감대가 넓어진다.

와인은 슬픈 사람을 기쁘게 하고, 오래된 것을 새롭게 하고, 싱싱한 영감을 주며, 일의 피곤함을 잊게 한다. 삶을 안락하게 해주고, 긴장을 풀어주고, 인내를 키워주는 음료다. 파스퇴르의 부친은 "와인 한 병에 세상의 어떤 책보다 더 많은 철학이 담겨 있다."라고 했다.

와인이 없는 곳에는 사랑도 없다. 와인 향이 짙은 곳은 근심과 슬픔이 머물지 못한다. 그래서 마르크스는 "와인을 좋아하지 않는 사람은 함부로 믿지 말라."고 했다. 신뢰하는 측근과 나누는 와인 한잔이 구름 덮인 미래를 밝게 만든다. "와인은 신의 음료고, 우유는 어린아이의 음료이며, 차는 여성의 음료고, 물은 짐승의 음료"라는 말도 있다.

순전히 취미로 와인을 공부한 것이라, 열심히 보완했어도 여전히 얼굴이 화끈거려 몸 둘 곳을 찾기 어렵다. 하지만 다채로운 주제들을 요점 위주로 담백하게 다루어, 초보자로서 짧은 시간에 와인의 매력을 깨닫고 싶은 이들에게 유익한 길잡이가 되리라 믿는다.

해박한 지식과 넉넉한 경륜으로 와인의 세계를 흥미롭고 맛깔나

게 소개해주시고 개정판의 허점들을 꼼꼼하게 짚어주신 한국와인협회 김준철 회장님의 따뜻한 배려에 깊은 감사를 느낀다.

한국와인협회 이경호 사무총장님과 김준철와인스쿨 동문회 와이니아의 안빈 회장님, 김권식 부회장님, 유이순 부회장님, 허병렬 부회장님, 진광수 사무총장님을 비롯한 사무위원들, 그리고 모임 때마다 흔쾌히 귀한 와인들을 내놓는 선배 회원들의 넉넉한 아량에서 찬란한 인생의 금맥을 본다.

끝으로, 여러모로 부족한 필자를 신뢰하고 정성을 기울여 멋진 책을 내주신 깊은나무의 박영욱 사장님께 진심으로 감사를 표하며, 편집진 여러분께도 '정말로 고맙다'고 전하고 싶다.

2014년 8월 조 병 인

초판 머리말

아는 만큼 느낄 수 있고 지름길을 알면 쉽다

와인은 사람들의 마음을 훈훈하게 이어주는 우아한 소통수단이다. 일찍이 플라톤은 "와인을 통해 정신적 중용과 신체적 강인함을 얻는다."고 밝히고 "와인은 신(神)이 인간에게 준 최고의 선물"이라고 찬양하였다. 행복(well-being), 영감(inspiration), 고결(nobleness), 감동(emotion)의 머리글자를 차례로 조합하면 'WINE'이 된다.

훌륭한 와인은 하늘(天)·땅(地)·사람(人)의 합작으로 탄생된다. 와인의 향과 맛에는 견뎌낸 세월이 깊숙이 녹아 있고 신화와 전설이 쌓여 있다. 뿐만 아니라 떨어진 입맛을 돋우고 소화를 촉진하며 피로를 씻어주고 건강까지 챙겨준다. 화이트 와인은 체력을 강화시키는 각종 광물질을 많이 포함하고 레드 와인은 노화를 지연시키는 항산화물질(레스베라트롤)을 풍부하게 품고 있다.

와인의 모체인 포도나무는 인간의 삶과 흡사한 일생을 보낸다. 100년 안팎을 살면서 초년에는 뜨거운 혈기를 뿜어내다가 중년에는 절제된 기운으로 열매를 맺고 노년이 되면 고결한 기품을 간직하다 생을 닫는다.

와인의 진가를 알려면 어느 정도 공부가 필요하다. 예술작품의 가치는 아는 만큼만 보이듯이 와인의 매력도 알아야 느낄 수 있다. 내용이 어렵거나 오랜 시간을 요하는 문제가 아니다. 지름길을 알고 따라만 가면 된다.

돈보다 정(情)으로 사는 삶이 더 아름답듯이 지식보다 느낌으로 마시는 와인이 더 감미롭다. 와인이 어울리는 특별한 날이 따로 있는 것이 아니라 와인을 마시는 그날이 바로 특별한 날이다. 신뢰와 애정이 담긴 한 잔이 무한한 축복과 감동을 선사하고 인생과 역사를 바꿔놓기도 한다.

포도알 영글고 노을이 물드는 '와인의 둘레길'을 구름에 달 가듯이 걸으며 궁금한 것들을 하나씩 헤치고 여미다 보니 삼백여 쪽의 분량이 되었다. 다소 겸연쩍어도 조그만 성취의 보람이 아닐 수 없다.

와인의 매력을 소상히 알려주신 김준철 와인스쿨의 김준철 원장님과 닥터뱅 아카데미의 김민환 원장님께 큰 감사를 느낀다. 고명하신 각계 대가들이 함께 하는 SOHO 모임에 특별히 끼워주신 김상희 변호사님과 회원님들의 고마운 배려에 큰 은혜를 느끼며, 각별한 애정으로 감동을 나눠주시는 포도플라자 김혁 관장님과 크로스비 김옥재 사장님께도 마음의 빚을 느낀다.

느슨했던 원고를 꼼꼼히 다듬어 싱그러운 책으로 엮어주신 북오션의 박영욱 사장님과 편집진의 창의적 열의를 오래 기억할 것이다.

모두 건강하고 행복하소서!

2011년 7월 조 병 인

Contents

Part 4 포도 품종과 경작

Part 5 양조의 정석과 변이

Part 6 품질관리와 보호

Part 7 마케팅 전략과 연출

Part 8 세계의 명산지와 특색

Part 9 호중지천(壺中之天) 일취천일(一醉千日)

PART 01

뉴 밀레니엄 트렌드

우리 사회의 와인 열기

급증하는 와인 인구 서구인들이 옛적부터 애호해온 알코올음료 와인이 세간의 인기를 듬뿍 누리고 있다. 서울올림픽을 1년 앞둔 1987년부터 와인 수입이 허용된 이래로 와인을 애호하는 인구가 매년 급속도로 늘고 있다. 국민 1인당 연평균 와인 소비량은 1리터 안팎으로 서구 선진국(와인 생산국)들에 비할 바가 아니지만 와인 인구 및 와인 소비량의 연도별 증가폭은 매우 크다. 와인 수입업체, 와인 매장, 와인 레스토랑, 와인 바, 와인 교육기관 등이 우후죽순처럼 생겨나고 와인셀러 임대 사업과 와인 명산지를 순례하는 단체 관광이 인기를 끌고 있다. 그만큼 와인 애호 인구가 크게 늘어났다. 와인 서적이 넘쳐나고 와인 만화가 선풍적 인기를 누리는 상황도 뜨거운 와인 열기를 말해주는 것이다.

와인 인구의 증가 추세는 생활수준의 변화에 뒤따른 현상이다.

소득 증가로 와인 구매력이 향상되자 외국의 와인업자와 국내의 수입업자들이 손을 잡고 공격적인 마케팅을 전개하고 있는 데 따른 결과로 볼 수도 있다. 하지만 애호가들의 호응 없이는 결코 와인 인구가 늘 수 없다. 변화의 주역은 누구보다도 와인을 유쾌하게 마셔주는 소비자들이다.

직장에서 개최되는 공식·비공식 만찬이나 가족 단위의 크고 작은 식사 모임에 반주로 와인을 곁들이는 경우가 날이 갈수록 늘고 있다. 미성년자와 선천적으로 알코올 적응력이 약한 사람들을 제외하면 성별과 계층의 구분 없이 와인을 즐기는 분위기다. 사업과 영업의 실적을 늘리기 위한 접대 때에도 와인을 마시고 가족·친지·동료·선후배와 화목을 다지거나 호감이 가는 이성과 달콤한 사랑을 키울 때도 와인을 마신다. 단지 와인을 마시는 것으로 그치지 아니하고 와인 서적을 읽거나, 와인 동호회에 가입하거나, 와인 교육과정을 이수하여 와인 상식을 늘리는 사람도 많다. 북한에서도 상류층은 유럽산 고급 와인을 즐긴다니 그야말로 백두에서 한라까지 와인 향기가 가득한 느낌이다.

와인과 대중, 가까이 더 가까이 와인의 유통 실태를 봐도 와인 소비의 대중화 추세가 보인다. 해외에서 수입되는 와인의 약 40퍼센트는 와인 바와 레스토랑, 호텔 등 업소를 통해 유통되고 나머지 60퍼센트는 할인점과 백화점, 주류 판매점을 통해 가정용으로 판매된다. 대도시 대중식당 가운데도 와인셀러를 갖춰놓고 품질이 검증된 와인들을 저렴한 가격으로 판매하는 곳이 늘고 있다. 젊은 샐러리맨들을 주 고객으로 하는 와인포차와 와인을 무제한으로 제공하는 뷔페들도 성업 중이다. 각종 스터디와 미팅, 프러포즈로 활용되는 이벤트 룸을 예약하면 와인을 무료로 증정하는 테마형 룸카페와 무한 리필을 특화한 셀프바(self bar)도 등장하여 젊은 여성들 사이에 인기가 높다. 소박미와 세련됨을 겸비한 매력이 레스토랑과 카페형 업소의 분위기와 잘 맞아떨어지고 이벤트와 홍보의 도구로도 적합하다는 인식이 와인 소비의 대중화를 이끌고 있다.

와인 바를 겸한 소박한 분위기의 와인 숍

세련되고 깔끔하게 세팅된 와인 레스토랑

각기 저마다의 특성과 매력을 가지는 다양한 종류의 알코올음료 가운데 특별히 와인의 인기가 높은 이유는 탄생 배경과 관련이 깊다. 희석 소주는 제외하더라도 맥주나 정종 같은 술은 일년생 '풀[草]'에서 수확되는 곡류(쌀, 보리, 밀, 옥수수, 조, 귀리 등)나 채소(고구마, 사탕수수 등)로 만들지만 와인은 다년생의 '나무[木]'에서 수확되는 과실로 만든다. 일년생 식물은 생장주기가 짧아서 땅 표면의 수분과 영양소로 곡식을 살찌울 뿐이지만 다년생인 포도나무는 땅속 깊은 곳까지 뿌리를 뻗어서 수분과 영양소를 찾아내 열매를 맺는다.

포도 묘목을 심고서 5년이 지나면 뿌리와 줄기가 연간 1미터씩 자라고 15년쯤 후에는 뿌리를 지하 10~15미터까지 뻗어서 깨끗한 청정수와 미네랄 같은 희귀한 성분들을 열매에 모아들인다. 이렇게 탄생한 와인은 250여 종류의 화학 성분을 함유하는데, 그중에는 인체에 이로운 것들이 많다. 맥주와 정종은 곡물에 물을 타서 만들지만 와인은 포도 열매 이외에 물을 한 방울도 섞지 않는다.

술의 종류

제조법	원 료	술 이름
양조주 (발효주)	건조 곡물 원료	맥주, 청주, 막걸리, 사오싱(Shaoxing)주
	생과일 원료	와인, 시드르(cidre)
증류주	곡물 원료	위스키, 보드카, 진, 소주
	과일 원료	브랜디(코냑 포함), 그라파(grappa)
혼성주	양조주 주원료	베르무트(vermouth)
	증류주 주원료	리큐어(liqueur)

●

레드 와인의 독주 많은 종류의 와인 가운데도 유독 레드 와인의 소비량이 압도적으로 많다. 국내에서 연간 소비되는 와인의 약 80퍼센트가 레드 와인이고, 화이트 와인 약 15퍼센트, 발포성 와인 약 5퍼센트 정도이다. 근래 들어 젊은 여성층을 중심으로 로제 와인과 아이스 와인 소비가 늘어나고 있으나 전체 소비량에서 차지하는 비율은 여전히 미미하다.

레드 와인을 유독 좋아하는 정서는 건강과 장수에 대한 본능적 기대감과 관련이 깊다. 발효의 원리를 규명한 19세기 프랑스의 화학자 루이 파스퇴르(Louis Pasteur)는 "와인 속에는 박테리아가 서식할 수 없기 때문에 와인은 모든 음료 가운데서 가장 위생적이고 건강에도 좋다."고 했다. 레드 와인을 많이 마시는 지역에는 심장병과 암 환자가 드물고 주민의 평균수명이 길다는 이야기가 상식처럼 받아들여진다. 하루 두세 잔의 레드 와인으로 치매를 예방할 수 있다는 연구 결과도 있다.

1991년 11월 미국 CBS TV의 시사 프로그램 '식스티 미니트(Sixty Minutes)'에 출연한 프랑스 보르도대학 부속병원의 심장 전문가 세르주 르노(Serge Renaud) 박사에 따르면 "프랑스인들은 미국인들보다 지방을 더 많이 섭취하고 콜레스테롤 수치도 비슷하지만 인구 10만 명당 심장병 사망자 수(102~105명)는 미국(182명)보다 훨씬 적으며, 특히 와인 생산량이 많은 프랑스 남쪽 도시 툴루즈(78명)는 현저하게 적다." 이후로 '프렌치 패러독스' 라는 말이 널리 알려지게 되었다. 르노 박사는 "하루에 레드 와인을 두세 잔 정도 마시면 폴리페놀(Polyphenol) 성분이 인체에 해로운 콜레스테롤(LDL) 함량을 낮추고 이로운 콜레스테롤(HDL) 함량을 높여 동맥경화를 예방하고 혈액순환을 원활하게 한다."는 소견도 밝혔다.

wine information

와인 덕분?!

2002년 세계보건기구(WHO) 발표에 따르면, 동물성 지방을 프랑스인은 1일 평균 108그램씩 섭취하고 미국인은 72그램씩 섭취하는데 35~74세 남성 10만 명 가운데 심혈관계 질환으로 사망하는 인원은 프랑스(83명)가 미국(115명)보다 훨씬 적다.

●

외국 와인 천하, 한국 와인의 약진 전통적으로 프랑스 제품이 지명도가 가장 높아서 '와인' 하면 누구나 프랑스 와인을 떠올렸다. 그중에서도 원산지명칭통제(AOC) 와인이나 보르도(Bordeaux)와 부르고뉴(Burgundy)의 유명 와인들이 인기가 높아서 격조를 따지는 행사나 연회에는 주로 이들 와인이 단골로 쓰였다. 하지만 근래에는 이탈리아·에스파냐·독일 등 구대륙 국가의 다양한 브랜드를 비롯해 미국·칠레·오스트레일리아·뉴질랜드·남아프리카공화국·아르헨티나·캐나다 등 신대륙 국가들로부터 다양한 종류의 와인이 수입되어 국내시장에서 혼전을 벌이고 있다.

오랜 양조 역사를 등에 업고 문화재나 예술품인 양 행세하는 구대륙 와인과, 역사는 짧지만 안정적 기후와 적극적인 기술 투자로 품질 수준을 높이고 가격도 낮춘 신대륙 와인 사이의 판촉 경쟁이 치열하다. 국내의 주류업체가 프랑스, 독일, 에스파냐, 이탈리아 등의 명산지로부터 주문자 상표 부착 생산(OEM)으로 와인을 생산해 들여오는 사례도 있고, 외국에 포도원을 소유하고 와인을 생산해 들여오는 경우도 있다.

다채롭고 솔깃한 Tip

DANA 신화

국내 와인 시장을 두고 외국 와인들이 불꽃 튀는 경쟁을 벌일 때 국내 기업이 고급 와인의 본고장에 진출하여 초특급 명품 와인을 생산하는 사례가 있다. 운산그룹이 미국 캘리포니아의 나파 밸리(Napa Valley)에 설립한 다나 이스테이트(Dana Estates)가 그 주인공이다.

다나 이스테이트는 2005년에 운산그룹 계열사인 (주)동아원이 현지에 포도원을 구입하면서 탄생했다. 동양철학에 입각한 장인 정신으로 2006년부터 본격적으로 와인을 만들기 시작한 지 불과 3년 만에 세계적인 와인 평론가 로버트 파커(Robert Parker, 24쪽 참조)로부터 100점 만점을 받는 기적을 일궈냈다. 2008년에 파커가 평점을 매긴 와인 가운데 100점을 받은 와인은 세계를 통틀어서 열여덟 개에 불과하다. 그중에서도 일곱 개가 나파 밸리의 와인이었고 다나 포도원의 다나 이스테이트 로터스 빈야드 2007(Dana Estates Lotus Vinyard Cabernet Sauvignon 2007)도 포함되었다.

'Dana'라는 명칭은 이희상 회장의 호를 영어식으로 표현한 것이고 레이블에 배열된 아홉 개의 연꽃무늬는 병 속 와인의 맛처럼 단아하다.

다나 포도원의 또 다른 와인 온다 도로(Onda D'oro)와 바소(Vaso)도 품질이 뛰어나기로 유명하다. 온다 도로 와인은 흰색 바탕의 레이블에 둥그런 원과 그 원을 관통하는 물결무늬가 금색으로 그려져 있다. '골든 웨이브'라고 불리는 이 그림은 불교의 윤회 사상과 더불어서 '둥글게 살자'는 의미를 담고 있다.

'바소'는 '화병' 또는 '항아리'를 뜻하는 이탈리아어로 와인 레이블에 조형미가 빼어난 조선백자가 그려져 있다. '다나 이스테이트 로터스 빈야드'는 연간 3천 병 정도를 생산하여 미국에서만 유통시켜 국내 구입은 어렵지만 온다 도로와 바소는 주로 국내로 수입되고 있다. 세 종류 모두 레드 와인이라는 공통점을 갖는다.

다나 포도원이 있는 태평양 연안의 나파 밸리는 따뜻하고 온화한 전형적 해양성 기후 덕분에 포도가 잘 익어서 미국에서 소비되는 와인의 65퍼센트를 생산하는 곳이다. 특히 러더퍼드(Rutherford)와 욘트빌(Yountville) 지역에 유서 깊은 포도밭들이 많은데 다나 포도원도 이곳에 있다.

다나 온다 도로 바소

국내에 양조 시설을 마련하고 순수 국산 와인을 생산하여 시장 경쟁에 뛰어드는 경우도 점차 늘고 있다. 우리나라는 사계절이 뚜렷하지만 강수량이 여름철에 집중되고 양조기술 수준이 낮은 데다가 와인에 대한 시장 수요도 적어서 국산 와인의 양산을 기대하기는 어려운 상황이었다.

세계적으로 알려진 와인 전문가

이 름	국 적	특 징
에밀 페노 Emile Peynaud	프랑스	프랑스 보르도 와인을 현재 수준으로 만든 와인 양조학의 아버지. 2004년 사망.
로버트 파커 Robert Parker	미국	시음 와인에 부여하는 파커 점수(100점 만점)로 유명.
미셸 롤랑 Michel Rolland	프랑스	프랑스 와인의 세계화에 적극적. 와인 관련 매체를 활용하며 유명세를 누림.
휴 존슨 Hugh Johnson	영국	와인 작가. 와인을 점수로 평가하는 데 반대함.
잰시스 로빈슨 Jancis Robinson	영국	여자 와인 전문가.
마이클 브로드벤트 Michael Broadbent	영국	올드 와인(old wine)의 권위자
클라이브 코츠 Clive Coates	영국	와인 작가. 《그랑 뱅(*Grand Vin*)》의 저자.
오즈 클라크 Oz Clarke	영국	배우 출신 와인 칼럼니스트
앤드류 제퍼드 Andrew Jefford	영국	기자 출신 와인 작가
지아코모 타키스 Giacomo Tachis	이탈리아	와인 양조자 출신. 이탈리아 와인의 대부.
제임스 할리데이 James Halliday	호주	호주 와인의 대변인. 파커 점수에 비판적임.

그리고 또 누가?

프랑스의 미셸 베탄(Michel Bettane), 영국의 마이클 슈스터(Michael Schuster), 닐 마틴(Neal Martin), 미국의 엘린 맥코이(Elin McCoy), 타일러 콜만(Tyler Colman) 등도 유명하다.

그런 가운데도 경상북도 경산과 포항 등지에서 와인 생산이 이어졌으나 1987년에 와인 수입이 자유화되면서 품질 경쟁에서 밀려설 자리를 잃고 천주교에서 사용하는 미사주로 겨우 명맥을 이었던 시기도 있었다. 하지만 2000년대 들어 와인 열기가 확산되면서 농촌진흥청이 여러 지역의 영농 조합과 합심하여 포도 재배와 와인 양조에 필요한 기술 개발 및 보급에 힘쓴 결과 강원도 횡성, 경기도 화성(제부도), 경상북도 경산과 청도, 전라남도 함평, 전라북도 임실, 충청북도 영동과 음성 등지에서 포도, 머루, 다래, 복분자, 배, 감, 복숭아 등으로 와인을 빚는 사례가 늘고 있다.

wine information

영천의 힘

국내 최대 포도 산지 경북 영천이 한국의 '와인 메카'로 발돋움하고 있다. 1996년부터 영농조합을 조직해 와인 사업을 해온 까브스토리를 비롯하여 (주)한국와인, 대향, 와인학교 등이 국산 와인 도약의 꿈을 키우고 있다.

와인 시장은 어디로 가고 있나 급증하는 와인 소비에 따라 빠르게 성장해온 국내 와인계에서 무엇보다 눈에 띄는 점은 와인을 마시는 데 그치지 않고 와인 지식을 갖추려는 이들이 많다는 것이다.

이들은 대학이나 학원에서 와인 관련 강의를 듣고 와인 동호회에 가입하여 와인 지식의 깊이를 더한다. 이런 동향에 발맞추어 애호가들을 위한 와인 관련 강좌가 꾸준히 늘고 있으며 관련 카페나 모임도 활성화되고 있다. 와인 바, 와인 갤러리, 와인 레스토랑 등의 수도 폭발적으로 늘고 있으니, 덩달아 와인 관련 제품 시장(와인 보관용 냉장고, 와인 잔, 시음 도구 등)이 커지는 것은 당연지사다.

와인을 즐기는 층의 저변 확대와 더불어 와인 소비의 양극화 현상도 감지된다. 즉, 서민층은 할인 매장에서 판매되는 저가 와인을, 경제력이 앞서는 재력가나 기업의 최고 경영자들은 고가의 명품 와인을 마시는 것이다. 와인 소비의 증가와 함께 영화나 드라마를 통한 와인 간접광고도 빈번하게 보이는데, 이때 와인의 스타일과 음식의 완벽한 조화를 강조하면서 상류층의 고급 와인 소비를 부추기기도 한다.

그런가 하면, 골드미스와 전문직 여성들의 와인 소비를 겨냥한 다양한 규격과 형태의 와인 용기들도 등장했다. 특히 작고 예쁘고 들고 다닐 수 있는 와인 제품이 인기다. 기존의 와인 병(750ml)보다 크기가 작은 알루미늄캔과 종이로 만든 소형 용기(375ml와 187ml)의 제품이 있는가 하면 플라스틱(PVC 및 PET) 용기 제품도 있으며 빨대를 꽂아서 마실 수 있는 스크루 캡 제품(스트리트 와인)도 출시되었다.

현재 우리나라 와인 전체 소비량의 90퍼센트 정도가 외국 와인이다보니 와인 제품군의 변화가 개인 소비자의 취향보다는 와인 수입상에 의해 주로 이루어지는 실정이다. 때문에 환율변동이나 자유무역협정(이하 FTA) 발효 등에 따라 와인 제품의 원산지에도 변화가 올 것이다.

다채롭고 솔깃한 Tip

수입 와인들의 각축

1976년부터 2006년까지 최근 30년간 전 세계의 와인 생산량 및 소비량의 추이를 보면, 와인 공급 초과 상태가 이어졌고, 그 결과 와인 생산국들의 수출 경쟁도 치열해지고 있다. 와인 수출업자들이 이윤을 줄이거나 결제 조건을 완화해주고 수입상들을 포도원에 초청하여 선심 공세를 펴는 사례가 흔하다. 주된 표적은 우리나라처럼 와인 열기가 뜨거운 나라들이다.
국내 와인 시장을 둘러싸고 와인 수출국들이 각축을 벌이는 현장은 불꽃을 튀긴다. 와인 판촉을 위한 시음회, 사은 행사, 프로모션, 잡지 광고, 할인 행사, 와인 강좌 등이 도처에서 개최되고 외국 포도원의 주인과 관계자들이 앞을 다투어 우리나라를 찾는다. 한·칠레 FTA의 발효로 칠레 와인의 약진이 두드러진 상황에서 협상이 타결된 한·미 FTA와 한·유럽연합(EU) FTA까지 발효되면 와인 시장의 각축전이 한층 더 치열해질 전망이다.

와인 문화의 확산과 영향

와인 문화 실크로드 와인 인구가 폭발적으로 증가하면서 서양인들이 공유하는 와인 문화가 국내의 여러 계층으로 확산되고 있다. 와인 문화란 와인의 구매·보관·음용·접대·선물 등에 수반되는 보편적인 관행·격식·예절·행태 등을 일컫는 말이다. 식탁을 차릴 때 좌우를 가려서 접시와 잔을 배치하고, 와인과 음식(치즈 포함)의 조화를 맞추고, 식사의 진행(식전·식중·식후)에 따라 마시는 와인이 다르고, 와인의 종류별로 잔의 모양을 구분하는 전통 습관은 우리의 전통 주도(酒道) 못지않게 정교하다.

여러 나라의 와인이 동시에 수입된다고 해서 와인 문화도 다양한 형태가 들어오는 것은 아니다. 구대륙의 와인 생산국들은 와인 역사와 와인 문화를 오랜 세월 공유해온 입장이고, 신대륙의 와인 생산국들은 구대륙 국가들의 식민지였다가 와인을 생산해 수출까지 하게 된 터라서 국내로 들어오는 와인 문화는 대체로 대동소이(大同小異)하다.

전국의 레스토랑과 바(bar)를 통해 유통되는 와인의 약 60퍼센트가 서울의 청담동·압구정동·신사동을 아우르는 '강남 와인 존'에서 소비된다. 특히 청담동은 와인 애호가들이 모여들고 와인 파티가 인기를 끌어 와인업체들 사이에 마케팅 1번지로 꼽힌다. 이른바 '보졸레 누보 파티'도 1999년 청담동의 한 레스토랑에서 시작돼 유행처럼 퍼졌었다.

강남의 중심부에서 시작되어 강북의 삼청동과 홍대를 거쳐 서울 전역으로 확산되는 와인 문화의 전파 경로를 '와인 실크로드'라 부르기도 한다. 이들 지역에는 숙련된 소믈리에(sommelier)와 셰프(chef)를 고용하고 다양한 가격대의 와인들로 애호가들을 불러 모으는 레스토랑과 와인 바가 즐비하다. 운영 체계가 탄탄한 레스토랑이나 와인 바들은 참가비를 받고 와인 강의도 해주고 와인 정보도 공유하는 시음 행사를 주기적으로 개최한다. 경기도 가평, 강원도 횡성, 충청남도 태안 등지에는 와인 애호가가 펜션에 와인셀러와 잔 등을 갖춰놓고 손님이 원하면 와인을 팔기도 하고 와인 강의까지 해주는 곳도 있다.

우리나라를 방문하는 외국 와인업체의 대표나 임직원, 와인 전문가나 유명 저자들을 내세운 사인회와 이벤트, 그리고 와인 영화나 유무선 텔레비전의 와인 프로나 와인 다큐멘터리 등을 통해서도 와인 문화가 전파된다. 대학 및 대학원의 와인 전공 학위과정이나 시중 학원에서 와인을 가르치거나 저서 혹은 잡지 등을 출간하는 전문직업인들은 서양의 와인 문화를 보급하는 주역들이다. 외국 와인을 들여다가 박람회·시음회·판촉행사를 개최하는 업체의 관계자들, 와인 매장의 숙련된 점원들, 와인 동호회 혹은 와인 카페를 운영하거나 회원으로 활동하는 애호가들도 서양의 와인 문화를 확산시키는 주역들이다.

wine information

포도나무를 형상화한 포도플라자 전경

포도플라자

포도플라자(서울 강남구 신사동 소재)에는 와인 아카데미, 와인 숍, 와인 바 등이 모여 있다. 특히 영국의 대표적 와인 교육기관(Wine and Spirit Education Trust, 이하 WSET)이 자리한 곳으로 유명하다. WSET 수료생들에게 수여되는 영국 공인 와인 증명서인 'WSET인증서'는 전 세계 와인업체에서 통용되는 소믈리에 자격증이다.

우리나라와 와인의 인연 《고려사》 충렬왕 편을 보면 "1302년 8월에 원나라 황제가 왕에게 포도주를 선물로 보내주었다."는 기록이

나온다. "1308년에 중찬 최유엄이 원나라에서 돌아왔는데 황제가 왕에게 포도주를 보냈다."는 대목도 보인다. 몽고에서 와인을 생산하였을 가능성은 희박하니 유럽 정복 길에 약탈해 온 와인이었을 가능성이 높다. 고려시대에 이미 서양 와인이 국내에 들어왔던 것은 틀림이 없어 보인다. 원나라의 뒤를 이은 명(明)·청(淸)과도 교류 왕래가 이어졌으니 소량이라도 유럽 와인이 계속 들어왔을 개연성이 높다. 서구와 교역이 빨랐던 일본을 통하는 경로도 있었을 법하다. 효종 4년(1653년) 제주도에 표류한 하멜 일행이 타고 왔던 배에 프랑스 보르도의 레드 와인 클라레(claret)가 실려 있었다는 기록이 있다. 유럽 와인이 국내의 여러 계층에 소개된 것은 19세기 말엽 서양 선교사들이 경쟁적으로 입국하고 주요 항구가 개항된 이후부터였다.

사회학의 관점에서 보면 최근 들어 국내에서 서양 와인이 총애와 호사를 누리는 것은 참으로 특이하고 신기한 현상이다. 어쩌면 우리 민족의 '얼' 속에 와인을 좋아하는 기질이 깔려 있어서 너나없이 와인에 심취하는 것인지도 모를 일이다. 그렇지 않고서야 먼 옛날 그리스와 이탈리아에서 나타났던 와인 열기가 두 번의 밀레니엄을 뛰어넘어 한반도에 격세유전처럼 나타나 인기몰이를 할 리가 없다. 그리스도 이탈리아도 우리나라처럼 삼면이 바다인 반도 국가라서 민족의 취향과 기질이 유사할 가능성이 농후하다.

선조들의 포도 사랑 우리나라는 전통적으로 곡주 중심의 음주 문화가 전수돼왔으나 포도주를 포함한 과실주도 다양하게 담가서 마셨다. "머루랑 다래랑 먹고 청산에 살어리랏다."로 친숙한 고려가요 〈청산별곡〉의 '머루'는 양조용 서양 포도와 거의 똑같은 것이다. 간송미술관의 《해동명화집》에 들어 있고 5만 원권 지폐의 앞면을 장식한 사임당의 포도도(葡萄圖)는 윤곽선을 그리지 않는 몰골법(沒骨法)을 이용한 묘사가 놀랍도록 섬세하여 호리병을 받치면 향긋한 포도주가 주룩 쏟아질 것 같다.

백자 철화 포도문 항아리

이화여자대학교 박물관의 백자 철화 포도문 항아리(18세기, 국보 제107호)는 어깨에 싱그럽게 둘러진 포도를 넝쿨째 항아리에 쓸어 담아 뚜껑만 닫으면 금세 농익은 주향(酒香)이 주변을 그윽하게 물들일 듯 싶다.

다나 포도원의 바소 와인 병에는 바로 그 조선백자가 그려져 있다. 온다 도로와 함께 바소의 양조를 책임지고 있는 필리프 멜카(Philippe Melka)는 동양 철학에 깃든 자연에 대한 애정을 포도밭에 그대로 적용하여 자연 농법으로 재배한 포도로 와인을 만들고 있다. 오랜 시간을 동양의 와인 애호가들과 교류하며 조화와 균형이라는 콘셉트를 염두에 두고 와인을 만드는 것이다.

만해(萬海) 한용운의 시 〈포도주〉는 우리의 선통 불교에서도 와인에 대하여 각별한 애정을 가지고 있음을 말해준다. 포도주에 대한 지고지순한 애정이 없다면 '향기로운 포도로 빚은 술 괴는 향기가 가을 하늘을 물들인다.'라는 은유를 어찌 떠올릴 수 있으랴. "연잎 잔에 가득히 부어서 님에게 드리겠습니다."라는 구절은 포도주가 기독교뿐 아니라 불교와도 친숙한 음료임을 알려준다. 만해 스님도 한겨울의 차디찬 법당에서 용맹정진(勇猛精進)에 몰두하다 혹한이 버거워 곡차와 포도주를 번갈아 마시며 염불과 정신 수련에 전념하였을지도 모를 일이다.

포도주

한용운

가을 바람과 아침 볕에 마치맞게 익은 향기로운 포도를 따서 술을 빚었습니다.
그 술 고이는 향기는 가을하늘을 물들였습니다.
님이여, 그 술을 연잎 잔에 가득히 부어서 님에게 드리겠습니다.
님이여, 떨리는 손을 거쳐서 타오르는 입술을 축이셔요.

님이여, 그 술은 한 밤을 지나면 눈물이 됩니다.
아아, 한 밤을 지나면 포도주가 눈물이 되지마는 또 한 밤을 지나면
나의 눈물이 다른 포도주가 됩니다. 오오, 님이여.

시인이면서 독립운동에 몸담았던 이육사는 〈청포도〉에서 자신

이 바라는 손님(해방)이 오면 청포도가 익어가는 평화로운 고향에서 그와 함께 두 손을 흠뻑 적셔가며 포도를 따 먹겠다고 노래했다. 이육사가 광복을 향한 갈망을 잘 여문 청포도에 투영한 것은 우리 민족과 함께해 온 이 과일의 역사성을 보여준다.

청포도

이 육 사

내 고장 칠월은
청포도가 익어가는 시절

이 마을 전설이 주저리 주저리 열리고
먼 데 하늘이 꿈꾸며 알알이 들어와 박혀

하늘 밑 푸른 바다가 가슴을 열고
흰 돛단배가 곱게 밀려서 오면

내가 바라는 손님은 고달픈 몸으로
청포를 입고 찾아온다고 했으니

내 그를 맞아 이 포도를 따 먹으면
두 손을 함뿍 적셔도 좋으련

아이야, 우리 식탁엔 은쟁반에
하이얀 모시 수건을 마련해 두렴

다채롭고 솔깃한 와인 이야기

PART 02

와인의 매력과 진가

신의 선물, 최상의 음료

와인은 건강과 장수를 약속한다 철학의 아버지 소크라테스는 와인을 '사람의 성격을 부드럽게 해주고, 근심을 어루만져주며, 기쁨을 되찾아주고, 죽어가는 생명을 일으켜 세우며, 한 모금씩 적당히 마시면 부드러운 이슬처럼 가슴속에 퍼져나가는 음료'라고 예찬하였다. 그의 제자인 플라톤도 "와인을 통해 정신적 중용과 신체적 강인함을 얻는다"며 와인을 "신이 인간에게 준 최고의 선물"로 추켜세웠다. 이 말이 "와인은 신이 인간에게 준 선물 가운데 연인 다음으로 좋은 것"이라고 각색되어 회자되기도 한다.

의학의 원조 히포크라테스는 와인이 살균 및 이뇨 작용을 하며 열을 내려주고 빠른 회복을 도와준다고 믿었다. 만병(萬病)의 근원은 수질과 관련이 있다고 믿었던 고대 그리스인들은 물에 와인을 타서 마셨고, 로마시대 검투사들은 결투에서 부상을 입으면 상처에 와인을 부어서 치료하였다. 옛날 유럽의 왕들은 독살 음모를 경계하여 와인이 혼합된 해독제를 만들어 매일 마셨고, 러시아의 황제들은 헝가리의 토커이(Tokaj) 와인을 만병통치약으로 여기고 '생명의 술'로 받들었다.

1472년 양조된 와인(프랑스 알자스)

1975년에 140세로 타계한 그루지야(Gruziya)의 장드부나 할머니는 생전에 와인을 매일 다섯 잔씩 마셨다고 한다. 레드 와인은 사람의 몸을 따뜻하게 하고 신경을 이완시키며 대뇌 활동을 촉진시켜 행복감을 안겨주고, 화이트 와인은 이뇨 및 해독 효과가 뛰어나다고 알려져 있다. 특히 레드 와인에 함유된 천연 폴리페놀은 면역조절, 알레르기질환(아토피성 피부염이나 천식 등) 치료, 노화방지, 스트레스 및 우울증 해소 등에 효과가 있다고 전해진다. 와인 애호가들은 우울할 사이가 없어서 자살할 가능성이 낮고, 밤낮없이 와인의 종류와 특징을 헤아리기 때문에 치매에 걸릴 여지가 적다는 재미난 분석도 있다.

모든 종류의 알코올음료는 적당히 마시면 정신적인 긴장이 풀리고 혈관에서의 혈액응고를 억제하여 혈액순환이 원활해진다. 그러나 자체에 활성산소를 억제하는 성분이 들어 있는 술은 와인밖에 없다. 그중에서도 레드 와인은 항산화 효과를 통해 노화를 지연

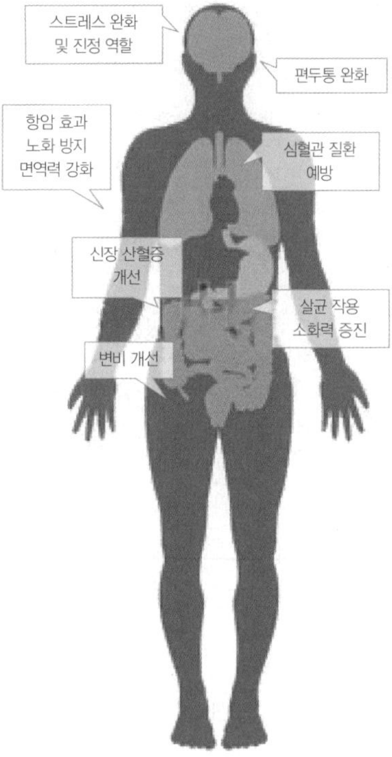

와인의 효능

하는 폴리페놀 계열의 레스베라트롤(resveratrol)을 풍부하게 함유한다.

폴리페놀 중에서도 플라보노이드형 안토시아닌이 활성산소의 해독으로부터 몸을 지키고 동맥경화를 막아준다. 레드 와인 속의 엘디엘(LDL, 저밀도 콜레스테롤)이라는 물질은 성분이 비슷한 토코페롤이나 카로틴보다 항산화 효과가 다섯 배 정도 뛰어나다. 2004년 10월 에스파냐의 대학 연구팀은 레드 와인의 타닌은 항산화 작용을 하고 레스베라트롤은 암세포의 증식을 막는 데 기여한다는 사실을 밝혀냈다.

화이트 와인은 건강 유지를 도와주는 마그네슘·칼슘 등의 미네랄(광물질)과 페로몬을 풍부하게 함유한다. 또한 주석산(타르타르산), 호박산, 사과산, 초산, 구연산 같은 유기산이 많아서 적당량을 규칙적으로 마시면 생리작용과 소화 기능이 좋아진다. 지중해 연안 청정 지역의 토착민들은 평소 광물질(마그네슘, 칼슘 등)이 풍부한 화이트 와인을 많이 마시는 관계로 미국인들보다 우유를 훨씬 적게 섭취하는데도 골다공증 환자가 극히 드물다고 한다. 영국 런던의과대학 윌리엄하비연구소의 로저 코

더(Roger Corder) 박사는 폴리페놀(프로시아니딘) 함량이 많은 레드 와인이 건강에 좋다며, 프랑스 마디랑 지역에서 '타나'라는 품종을 오래 발효 및 침용시켜 만드는 제품에 프로시아니딘이 많음을 밝혔다.

식탁 와인은 평화의 중재자 식사에 와인이 곁들여지면 음식의 맛을 높여줄 뿐 아니라 마음의 여유와 함께 풍요로운 분위기가 연출된다. 또한, 식사를 보다 맛있게 즐길 수 있도록 식욕을 돋우고 먹은 음식의 소화를 돕는다. 프랑스의 루이 파스퇴르는 일찍이 "와인 없는 식사는 태양 없는 낮과 같다."고 하였고 〈삼총사〉와 〈몽테크리스토 백작〉을 쓴 프랑스의 알렉상드르 뒤마는 "음식은 식사의 물질적인 부분을 구성하고, 와인은 식사의 정신적인 부분을 관장한

식사에 곁들이는 와인은 즐겁고 여유로운 분위기를 연출한다.

다."고 했다.

와인과 음식이 적절한 조화를 이루면 의사소통을 원활하게 만들고 작별과 더불어서 금세 잊힐 수도 있는 순간이 평생 기억되는 감동의 시간이 되기도 한다. 식후 마시는 달콤한 와인은 식욕을 억제시켜 과식에 따른 비만과 나태를 피할 수 있게 해준다.

식사에 곁들이는 와인은 오랫동안 닫혔던 마음을 열어주고 가슴속의 원한을 풀어주는 마력을 발휘하기도 한다. 살짝 과장하자면, 애정이 담긴 한 잔의 와인이 중생의 마음에 따뜻한 온기를 불어넣어 부처님의 자비와 예수님의 사랑을 갖도록 만든다. 마음속에 용서와 화해의 아량이 생기면 침묵 가운데 소리가 들리고, 정지된 상태에서 움직임이 보이고, 절망 가운데서 희망을 보게 되는 것이 인간의 본성이다. 일찍이 고대 그리스의 시인 에우리피데스는

wine information

인 비노 베리타스 In vino veritas

라틴어 표현인 '인 비노 베리타스'는 '와인 속에 진실이 있다'는 뜻이다. 고대 그리스인들은 '청동은 얼굴을 비추는 거울이고 와인은 마음을 보여주는 거울'이라고 믿었다. 모든 종류의 술이 거짓의 탈을 벗게 만들지만 와인처럼 조용하고 얌전하게 진심을 불러내는 술은 없다. 지능적 수법으로 완전범죄를 기도했던 범인이 와인을 마시고 측근에게 범행 사실을 털어놓았다가 경찰에 덜미가 잡혀 쇠고랑을 차는 경우도 많다고 하니 그야말로 인 비노 베리타스!

"한 잔의 와인이 재판관보다 더 빨리 분쟁을 해결해준다."고 했고, "와인 한 통은 성직자로 가득 찬 교회보다 더 많은 기적을 행할 수 있다."는 이탈리아 속담도 있다.

사랑과 예술의 스폰서 와인·초콜릿·굴은 3대 '애정 식품'으로 불린다. 유럽에서는 예전부터 여성용 립스틱과 레드 와인을 성애(性愛)의 상징으로 여겼다. 로마의 카이사르(Caesar)는 흠모하던 이집트 여왕 클레오파트라에게 브라케토(brachetto)라는 포도 품종을 보내서 자신의 사랑을 알렸다.

일반적으로 로제 와인의 핑크색은 사랑에 빠진 연인들의 가슴을 달콤한 설렘으로 적셔주는 와인으로 자리하고 있다. 프랑스어로 '얼룩'을 뜻하는 라 타슈(La Tâche) 레드 와인은 영화에서 애욕의 상징으로 자주 등장한다. 007시리즈 '골든 아이'에서 제임스 본드는 스릴 넘치는 자동차 추격전을 끝내고 차 안의 냉장고에서 볼랭제(Bollinger) 샴페인*을 꺼내 애인과 함께 마시고 뜨겁게 키스를 나눈다.

* 볼랭제 샴페인은 1884년 이래 영국 왕실의 공식 와인이다.

일본 작가인 와타나베 준이치(渡邊淳一)의 소설 《실낙원》에서는 불륜이 탄로나 궁지에 몰린 남녀가 육체를 결합한 상태로 극약이 든 샤토 마고(Château Margaux) 와인을 나누어 마시고 함께 삶을 마친다. 서갑숙의 자전소설 《나도 때론 포르노그래피의 주인공이 되고 싶다》의 여주인공은 남자 친구와 정사를 위해 호텔에 들기 전에

샤토 마고. 영화와 소설에 자주 등장하는 프랑스 보르도산 명품 와인이다.

보르도산 레드 와인을 주문한다. 서영은의 장편소설 《그녀의 여자》에서는 중년 여인이 아들의 애인과 동성애를 나누기 전에 에스파냐산 레드 와인을 준비한다.

고대 그리스인들은 에게 해의 낙소스(Naxos) 섬에 포도나무를 심어서 최초로 포도주를 빚은 디오니소스를 주신으로 받들며 신전을 짓고 축제를 벌였다. 고대 로마인들 역시 바쿠스(Bacchus)를 주신으로 섬기며 웅장한 신전을 세우고 경배를 올렸다. 오늘날에도 경탄을 자아내는 신전들의 웅대한 규모와 뛰어난 예술성은 모두가 와인에서 비롯된 것이다.

독일의 쾰른성당 뒤편에 있는 '로마-게르만 박물관'에 가면 정육면체 모양의 테세라(tesserae) 백만여 개를 사용하여 디오니소스 숭배 사상을 표현한 모자이크 벽화(Dionysos Mosaic)를 만날 수 있다. 생전에 샤토 마고를 즐겼다는 어니스트 헤밍웨이(Ernest Hemingway)의 불후의 명작도, 빈센트 반 고흐(Vincent vna Gogh)가 생전에 유일하게 돈을 받고 판매한 〈붉은 포도밭〉 그림도 와인과 예술의 진한 인연에서 유래한다고 하겠다.

2008년 11월에는 1976년에 미국 와인이 프랑스 와인의 자존심을 눌렀던 와인 미러클이 영화로 제작돼 국내에서도 개봉되었다.(204쪽 참조) 이전에 소개된 〈구름 위의 산책〉(1995년), 〈사이드웨이〉(2005년), 〈어느 멋진 순간〉(2006년) 등도 포도밭과 와인이 있었기에 탄생된 수작(秀作) 영화들이다. 일본 작가 무라카미 류(村上龍)는 오퍼스 원(Opus One), 샤토 마고, 샤토 디켐(Château d'Yquem), 몽라셰(Montrachet)를 비롯한 여덟 종류의 고급 와인과 젊은 여성들의 사랑과 눈물이 뒤얽힌 관능을 소재로 〈와인 한 잔의 진실〉이라는 단편소설을 썼다. 팝송 가수 프랭크 시나트라(Frank Sinatra)의 딸 낸시 시나트라(Nancy Sinatra)는 1980년 리 해즐우드(Lee Hazlewood)와 '서머 와인(Summer Wine)'을 함께 불러서 크게 인기를 끌었다. 프랑스를 비롯한 유럽 각국의 포도원에 산재한 수많은 건축물·그림·조

wine information

와인 미러클 = 파리의 심판 + 보틀 쇼크

원제는 '보틀 쇼크(Bottle Shock, 2008)'로 실화에 기반한 영화. 1976년, 프랑스 파리에 모인 저명한 프랑스 와인 전문가들은 블라인드 테이스팅(blind tasting·품명을 숨기고 시음하는 것) 방식으로 와인들의 점수를 매겼는데, 아무도 관심을 두지 않았던 미국 캘리포니아 나파 밸리에서 온 와인이 프랑스산 와인보다 더 높은 평가를 받는 놀라운 결과가 나왔다. '파리의 심판'이라고 불리는 이 유명한 일은 캘리포니아산 와인의 입지를 급상승하게 만들었다.(204쪽 참조) 영화의 원제인 보틀 쇼크(Bottle Shock)는 운송 과정에서 병이 흔들려 와인의 색과 맛이 일시적으로 변한 현상을 일컫는 말에서 유래한 것. 같은 현상을 '와인이 잠시 병에 걸린 것'으로 이해하여 보틀 시크니스(Bottle Sickness)라고도 한다.

각품 등도 와인이 있었기에 창작된 것들이며, 이런 유산은 오늘날 와인 관련 서적·잡지·칼럼·기사·만화·드라마·카페의 유행 풍속도로 이어지고 있다.

오감충족 절대음료 와인은 깊고 넓은 오감 만족의 절대 영역으로 애호가들을 인도한다. 색과 향에 취하고 맛과 소리에 반하는가 하면 와인 잔과 병의 자태와 감촉에 빠지기 일쑤다.

레드 와인의 붉은색은 세상을 밝혀서 만물의 생장을 떠받치는 태양과 같고, 화이트 와인의 황금색은 어둡고 무서운 밤길에 듬직한 길동무가 되어주는 달을 닮았다. 예로부터 붉은색과 황금색은 '신의 빛'으로 여겨져 성인(聖人)의 광배(光背)나 복식(服飾) 등에 단

레드 와인과 화이트 와인은 각각 태양과 달의 색을 닮았다.

골 색으로 쓰여 왔다. 아득한 옛날부터 인류의 사랑을 받아온 과일(사과·배·복숭아·참외·수박·살구·자두·앵두·감·대추·밤·호두·귤·오렌지·바나나 등), 채소(토마토·가지·고추·상추·옥수수·감자·고구마 등), 화초(해바라기·유채·장미·튤립 등) 가운데도 붉은색 혹은 황금색을 띠는 것들이 많다.

혼례 때 악귀의 근접을 막기 위해 신부의 볼에 붙이는 연지 곤지도 붉은색이고, 싸움소의 흥분신경을 자극하는 투우사의 망토도 붉은 천을 쓴다. 반면에 화이트 와인의 황금색은 곡식이 탐스럽게 익은 가을 들녘을 연상시켜 풍요로운 행복감을 안겨준다. 그래서 새 생명이 태어나 백일이 되고 첫돌을 맞으면 손가락에 금반지를 끼워주며 무병장수를 기원하고, 신랑과 각시가 백년가약을 맺을 때도 금가락지를 교환하며 변하지 않을 사랑을 약속한다.

와인의 향은 고도로 복합적이고 관능적인 체취로 애호가들의 후각을 사로잡는다. 와인의 향에는 와인이 겪어온 세월이 깊숙이 녹아 있고, 신화와 전설이 쌓여 있고, 하늘·바람·땅의 신비한 조화가 짙게 용해되어 있다. 갓 태어난 와인은 과일 가게에서 물씬 풍기는 열매들의 천연향으로 애호가들의 코 안을 파고들고, 오랜 세월을 묵은 와인은 '먼 젊음의 뒤안길에서 인제는 돌아와 거울 앞에 선 누님' 같은 원숙한 향기로 애호가의 심금을 휘젓는다.

포도의 유전자에 본래부터 들어 있던 아로마(aroma)와 숙성 과정에서 요정처럼 태어난 부케(bouquet)가 은은하게 콧속으로 스미면 풋내기 애호가도 어느새 신기루의 세계로 빠져든다. 열, 빛, 진동에 노출되면 향과 맛을 이내 놓아버리는 변덕은 치근대면 토라지는 규방 아낙네의 교태를 닮아서 오히려 에로틱하다. 현란한 와인의 요염한 자태는 금으로 연꽃을 만들어 땅에다 심고서 그 위로 애첩 반비(潘妃)를 걷게 하고 "발걸음마다 연꽃이 피어난다[步步生蓮花]."고 읊었던 제나라 동혼후(東昏侯)의 풍류를 떠올리게 한다.

와인에 함유된 여섯 성분(당분, 알코올, 글리세린, 타닌, 산, 염분)이 조화와 균형을 통해 입안을 채워주는 무게감(body, 72쪽 참조)과 여운(finish)의 감촉은 수작(酬酌)의 감흥을 한층 높인다. 테루아(terroir, 119쪽 참조), 포도 품종, 발효 과정, 혼합 비율, 숙성 기간 등의 차이에 따라 와인의 당도(brix)·산도(acidity)·맛(taste)이 달라지는 조화는 주연(酒宴)의 순배(巡杯)를 재촉한다. 온도 관리와 디캔팅(decanting, 294쪽 참조), 그리고 개봉 후의 시간 경과에 따른 맛과 향의 요술은 곡예사의 재주보다도 경탄스럽다.

wine information

아로마(aroma)와 부케(bouquet)

아로마는 와인의 원료인 포도 자체가 본래부터 가지고 있던 과일 향이 후각으로 감지되는 것이고, 부케는 발효와 숙성 과정에 수반되는 화학적 변화에 의해 형성된 와인의 향기를 가리킨다. 오크 통에서 숙성시킨 와인에서 얻을 수 있는 오크 향이 바로 부케의 예.

잔의 구조나 크기에 따라서 와인의 맛이 하늘과 땅 차이로 달라지는 조화도 신비롭기 짝이 없다. 스피커의 성능이 좋으면 대중음악도 매우 장엄하게 들리는 것처럼, 잔의 재료와 디자인이 좋으면 평범한 와인도 풍부하고 세련된 향미로 후각과 미각을 현혹한다. 와인의 스타일과 음식의 궁합을 맞추면 식사의 품격이 함께 향상되는 마리아주(mariage, 281쪽 참조) 이치도 실은 인간의 감각기관에 전달되는 와인의 질감이 고도로 섬세한 데서 비롯한다.

와인 병의 코르크에 스크루를 꼽아 위로 뽑을 때 생기는 울림은 회식이나 축제의 시작을 알리는 신호탄이 된다. 잘 익은 와인을 투명한 유리잔에 따를 때 들리는 낙수(落水) 소리는 약수가 단아하게 흐르고 가랑잎이 평화롭게 뒹구는 절집의 마당을 연상시켜 지치고 피곤한 심신에 활력을 채워준다.

오늘날의 건배 의식은 신성한 제사나 연회에 앞서서 부근의 마귀들을 쫓기 위해 술잔을 서로 부딪쳤던 관습에서 비롯되었다는 기록은 오래 숙성된 역사의 울림을 담고 있는 듯하다. 와인이 채워진 크리스털 잔을 허공에서 살짝 부딪힌 다음에 귀에다 대고 울림의 여운을 들어보라. 사찰의 조석 예불이나 법요(法要) 행사 때 중생의 혼미한 잠을 깨워주고, 열띤 머리를 식혀주며, 불안한 가슴을 어루만져 주는 절제된 범종 소리가 가슴속을 파고든다. 연회장에서 많은 사람이 동시에 잔을 부딪치면 오케스트라 연주음 같은 우아한 울림이 잠들어 있던 신명과 감흥을 깨워준다. 특히 주석이나 티타늄이 적절히 혼합된 고급 잔들은 부딪침이 한층 더 부드럽고 섬세하여 취객의 감흥을 무중력의 세계로 인도한다.

보르도와 부르고뉴의 기본형을 변형시킨 다양한 모양의 와인 병들은 감각적 곡선미로 애호가들의 눈길을 사로잡는다(152쪽 참조). 포도원 경치, 회화 작품, 인물 스케치, 동식물 그림, 포도 품종, 원산지, 생산자, 기타 상징들이 예술적으로 표현된 레이블의 세련미도 훌륭한 눈요깃감이다. 해마다 유명 화가의 작품이 들어가는 샤토 무통-로트칠드(Château Mouton-Rothschild)와 왕년의 인기 스타 메릴린 먼로의 육감적 이미지가 반영되는 메릴린 메를로(Marilyn Merlot) 와인의 레이블, 그리고 아르누보 양식의 아네모네 꽃무늬가 병 위에 아름답게 새겨진 페리에-주에 벨 에포크(Perrier-Jouët Belle Epoque) 샴페인의 레이블 등은 병 속에 담긴 와인에 못지않은 명성과 인기를 누리고 있다.

코르크 스크루, 코르크 마개, 와인 병, 온도계, 디캔터, 와인 세이버, 와인 잔, 포일커터(좌측 상단에서부터 시계 방향)

와인의 종류에 따라서 계란형, 튤립형, 플루트형 등으로 나뉘는 와인 잔들의 수려하고 요염한 형상도 와인의 매력을 부추기는 요소들이다. 뿐만 아니라 와인의 신선도를 지켜주는 코르크 마개를 비롯하여 포일 커터, 코르크 스크루, 온도계, 디캔터, 칠러, 포러, 진공펌프 같은 소품들도 애교스런 디자인으로 와인 애호가들의 눈을 즐겁게 해준다.

와인은 중용이다 와인에는 중용의 교훈이 곳곳에 배어 있다. 최고급의 와인을 만드는 사람들은 포도가 마음에 흡족하게 영글지 않으면 아예 와인을 만들지 않고 다음 해를 기약한다. 그뿐이 아니다. 포도가 풍작인 경우에도 최고의 포도 열매를 얻기 위해 자식처럼 소중히 키운 포도송이들을 미련 없이 솎아낸다.

와인의 명예와 자존심을 지키기 위해 눈앞의 유혹을 냉정하게 외면하는 업주와 장인들의 냉정한 자제력은 품질이 떨어지는 저급 와인들이 끼어들 여지를 남겨두지 않는다. 와인 생산자들의 이와 같은 고집이 있기에 다른 술을 마실 때와 달리 와인을 마실 때는 절제된 매너와 격식을 따지고, 너 나 할 것 없이 자발적으로 과음을 자제하는 풍토가 역력하다.

평균 알코올 도수가 12~14도에 머물러 다른 알코올음료들의 중간 수준을 유지하는 와인의 특성에서도 절제의 교훈을 발견할 수 있다. 발포성 와인의 알코올 함량은 0도에서 14도까지 분포가 다양하다. 아이스 와인(ice wine, 165쪽 참조)이나 귀부 와인(noble rot wine, 166쪽 참조)처럼 알코올 도수가 10도 이하인 경우도 있고, 주정 강화 와인처럼 20도 안팎에 이르는 경우도 있다. 하지만 일반적인 레드 와인과 화이트 와인의 알코올 도수는 맥주(5~6도)나 탁주(6~7도)보다는 높고 희석 소주(19~25도)나 증류주(20~60도)보다는 낮아서 과연 중용의 미덕을 자랑하는 음료로 여길 만하다.

가격을 보아도 와인은 여러 술들의 중간 정도에 해당하여 중용의 본보기로 여길만하다. 로마네-콩티(Romanée-Conti)나 페트뤼스(Pétrus)처럼 일반인은 넘보기 어려울 정도로 값이 비싼 와인도 허다하고 샤토 무통-로트칠드 1945년산은 경매에서 자그마치 31만 달러에 팔렸지만, 서민층이 애호하는 와인 가격을 보면 브랜디나 위스키 같은 증류주의 높은 가격대에 비해 상당히 저렴하다.

포도 재배의 신비와 감동

디오니소스 신화 그리스의 주신(酒神) 디오니소스는 사람들이 포도주를 마시고 황홀경에 취하여 일상의 고난을 잊도록 해놓고는 자신도 연일 술에 취해서 다른 신들과 희롱하며 지냈다. 이성(理性)에 충실했던 아폴로와는 다르게 디오니소스는 감성으로 포도주와 풍요를 관장하면서 자신을 숭배하지 않는 자는 심술로 응징하였다. 포도주를 나눠주는 인심을 베풀었어도 독재와 억지가 꽤나 심했던 모양이다.

그러던 어느 날 디오니소스는 티탄 족에게 육신이 갈래갈래 찢기는 끔찍한 죽음을 당했다. 이후로 베어지고 헐벗은 겨울철의 황량한 포도밭은 디오니소스의 비극적 죽음을 상징하게 되었다. 반면에 봄철에 다시 싹이 터서 결실을 맺는 모습은 죽음마저도 극복하고 일어서는 디오니소스의 끈질긴 생명력을 상징하게 되었다.

포도나무의 기질 포도나무가 매년 한 차례씩 충실하게 열매를 맺도록 도와주는 환경요소(하늘, 땅, 비, 바람, 구름 등)를 프랑스어로 테루아(terroir)라고 한다. 그런데 포도나무는 환경에 극도로 민감하면서도 개성이 매우 강한 특징을 갖는다. 마치 어린아이가 낯을 가리듯 자신이 좋아하는 토질, 기후, 일조량, 강우량, 밭의 경사도, 바람의 방향 등을 골라가며 주인의 손길과 체온을 먹고 자라는 포도나무는 의존성을 타고났다.

남쪽의 귤을 북쪽에 심으면 탱자가 열린다는 의미의 남귤북지(南橘北枳)나 귤화유지(橘化爲枳)처럼 미세한 기후 차이도 그대로 포도와 와인에 반영된다. 카베르네 소비뇽(cabernet sauvignon) 품종을 프랑스의 보르도(북위 45도 선상에 위치)에 심으면 떫은맛이 강해지고 칠레나 오스트레일리아(남위 30도 선상에 위치)에 심으면 맛이 유순한 포도가 열린다. 피노 누아(pinot noir) 품종은 프랑스의 부르고뉴를 떠나면 순수하고 화려한 분위기와 파워가 좀처럼 형성되지 않는다.

이처럼 토양과 기후의 변화에 고도로 민감하고 병충해 앞에서는 더없이 나약한 모습을 보이면서도 열매를 맺는 데는 기적에 버금가는 저력을 발휘한다. 척박한 토양을 파고 내려가 기어이 자양분을 모아서 줄기와 열매로 보내주는 뿌리의 강인한 근성은 불가사의에 가까워보인다. 훌륭한 와인이 많이 나서 '신이 내린 땅'으로 통하는 프랑스 부르고뉴의 포도밭들은 모두 깊이를 알 수 없는 암반구조 위에 조성되어 있다. 이처럼 척박한 환경에서도 가지와 잎과

프랑스 부르고뉴 포도밭들은 깊이를 알 수 없는 암반 구조 위에 조성되어 있다.

뿌리를 늠름하게 뻗어서 우주와 대지의 고귀하고 열정적인 생명력을 빨아들여 포도 알갱이가 영글도록 만든다.

비옥하고 기름진 토양에서는 포도나무가 끈질긴 생존 본능 대신에 게으르고 나태한 습성을 드러낸다. 그래서 외국의 유명한 와인 산지를 가보면 포도나무의 타고난 경쟁심을 자극하기 위해 포도밭의 잡초들을 일부러 그대로 남겨둔 현장들을 볼 수 있다.

포도나무는 테루아의 특성을 포도와 와인에 우직하게 반영하는 올곧은 성질을 갖는다. 따뜻한 봄이 되어 가지를 잘라주면 겨울잠에서 깨어나 휴식을 마친 줄기와 뿌리가 생명력을 회복한다. 계절의 흐름에 맞춰서 토양과 대기와 태양과 바람과 소통하며 자연의 에너지를 차곡차곡 받아서 모은다. 아침마다 차가운 서리의 훼방을 극복하고 자석처럼 끌어당기는 토양의 흡인력에 이끌려 깊은 곳까지 뿌리를 내려서 흙과 어울리며 수분과 미네랄(광물질)을 모아서 줄기와 잎과 열매로 운반한다. 그러면 줄기는 새로운 가지를 내밀고 꽃을 피워서 100일쯤 지나면 포도당을 응축시켜 주인에게 튼실한 열매를 선사한다.

틈틈이 강력한 바람이나 우박이 몰아쳐 치명적 타격을 입기도 하고 병충해가 찾아와 곤욕을 겪기도 하지만 굳건히 극복하고 충실하게 결실을 맺는다. 자연의 심술을 탓하기보다 기후 환경의 변화에 능동적으로 적응하며 계절의 변화에 맞춰서 차질 없이 꽃을 피우고 열매를 맺는다. 할퀴고 지나간 바람을 미워하는 대신에 구름을 몰아내서 일조량을 늘려주고 포도 알갱이의 수분을 증발시켜 당도를 높여준 은혜를 기억한다.

프랑스의 와인 전문기자 필리프 마고(Philippe Margaux)는 "좋은 와인은 순간마다 계절의 흐름에 따라 연주되는 4박자의 교향곡이며 흙과 대지, 기후 그리고 포도 품종의 결합으로 완성되는 작품"이라고 설파하였다. 사람도 말씨와 품행을 보면 성장 환경을 알 수 있듯이 와인도 색과 향과 맛을 보면 포도가 자라난 토양과 기후를 가늠할 수 있다. 훌륭한 와인은 수십 년을 어둠 속에서 지내고서도 자신을 있게 한 땅과 기후와 품종을 뚜렷하게 투시한다.

포도나무도 인간의 삶처럼 유년기와 청년기를 거쳐 중년에 이르면 왕성한 활력을 뽐내다가 나이를 먹으면 앙상한 화목이 되어 연기와 함께 허공으로 사라진다. 대지에 뿌리를 내리고 100년 안팎을 사는 동안 10~20대 동안은 뜨거운 열기를, 30~40대 동안은 원숙한 세련미를, 50~60대 이르러서는 고결한 기품과 노련미를 드러내다 소리 없이 삶을 마친다.

대지에 뿌리를 박고 살아가는 동안 잡초를 포함한 다른 개체들과 치열하게 경쟁하다가 타고난 수명을 다하면 후손에게 자리를 넘기고 말없이 사라지는 포도나무의 삶은 참으로 경건하고 거룩하다. 너무 늙어서 더 이상 열매를 매달 수 없게 된 포도나무의 헝클어진 피부는 원숙한 세월의 주름이며 신이 마지막으로 하사한 고뇌의 훈장이다.

포도나무를 길러내는 포도밭이 자신의 연륜에 어울리는 와인을 만들어내는 이치도 신비롭다. 새롭게 조성되어 역사가 짧은 포도밭은 땅의 자양분을 왕성하게 빨아들여 어설프게 많은 열매를 맺는다. 와인에 테루아를 반영하는 방법을 모르고 오랜 시간을 버텨낼 뚝심도 딸려서 타고난 기량을 폭발하듯이 드러내고 역할을 접는다. 반면에 오래된 포도밭은 바둑의 고수처럼 꼭 필요한 자양분만 엄격히 가려서 섭취하고 천천히 소화시켜 복합적인 향미와 더불어서 장기 숙성이 가능한 와인을 안겨준다.

훌륭한 와인의 배후에는 예외 없이 연륜이 깊은 포도밭이 버티고 있다. 오래된 포도밭은 하늘을 이불 삼고 산자락을 베개 삼아 편안한 자세로 다리를 뻗고 누워서 대지의 영혼과 교감을 나누며 도도한 기품으로 최고 품질의 포도를 키워낸다.

연륜의 결정판, 묵은 포도나무 와인

오래된 포도나무는 생산능력은 떨어져도 포도 품질은 좋다. 특히 수령이 오래된 포도나무에서 나온 와인을 '묵은 포도나무 와인(old vine wine)'이라고 한다. 'old vine'은 프랑스어로는 'vieilles vignes', 독일어로는 'alte Reben'이라고 하며, 특히 프랑스의 'vieilles vignes' 와인은 수령이 60년 넘은 포도나무에서 수확한 포도로 빚은 것을 가리킨다(사진은 독일의 오래된 리슬링 포도나무).

● **농부의 끈기와 지혜** 포도밭 주인이 포도 묘목을 가꿔서 와인을 빚는 과정은 자신의 영혼을 바쳐서 작품을 완성하는 예술인들의 치열한 창작 활동과 흡사하다. 자연법칙에 순응하며 숱한 시련을 묵묵히 극복하는 농부의 끈기와 뚝심은 자극을 넘어서 신선한 감동으로 다가온다. "인간끼리는 속임수를 써도 자연은 결코 인간을 속이지 않는다."는 믿음으로 포도밭에 영혼을 묻으며 고통을 감내하는 농부의 진지한 모습은 성직자의 일상을 연상케 한다.

프랑스 남부 론(Rhône)의 샤토뇌프-뒤-파프(Châteauneuf-du-Pape) 포도밭에 고랑마다 돌멩이들이 수북이 쌓여 있는 것을 볼 수 있다. 포도가 냉해에 노출되는 것을 막기 위해 밭주인이 일부러 옮겨다가 난로 대용으로 펼쳐놓은 것이다. 포도밭의 입지 조건이 나쁘면 농사의 고통과 위험이 가중될 수밖에 없다.

이탈리아 토스카나 지역에서 맛이 달콤하고 살구향이 가득한 화이트 와인 시아케트라(Sciacchetrà)를 생산하는 친퀘테레(Cinque Terre) 마을의 농부들은 깎아지른 절벽에다 포도나무를 심어놓고 모노레일을 타고 올라가 열매를 가꾼다. 같은 이탈리아 롬바르디아(Lombardia)의 북쪽 알프스 자락에서는 몸의 균형을 잡기도 어려운 가파른 비탈에다 포도밭을 일궈놓고 발텔리나(Valtellina)라는 이름의 훌륭한 레드 와인을 생산한다. 그중에서도 발텔리나 수페리오레 인페르노(Valtellina Superiore Inferno)라는 와인은 이름에 이탈리아어로 '지옥(inferno)'이라는 단어를 집어넣었을 정도로 험난한 산지에 포도밭이 조성되어 있다. 그뿐이 아니다. 독일의 모젤-자르-루

포도 수확하는 농부 모습(프랑스 부르고뉴 디종)

수확한 포도를 운반하는 중세기 수사의 동상(프랑스 부르고뉴 클로 드 부조)

버(Mosel–Saar–Ruwer) 지역에서는 농부들이 경사가 가파른 비탈에 포도밭을 일궈놓고는 허리에다 로프를 묶고서 옆으로 매달려 열매를 돌본다.

포도나무 묘목을 심어서 와인 양조에 필요한 포도가 열리기까지는 아무리 빨라도 3년의 세월을 기다려야 한다. 포도가 열리기 시작한 후에도 반드시 1년에 한 차례씩만 열매를 맺으며 농사를 재촉

한다고 수확 기간이 단축되는 법이 없다. 포도가 탐스럽게 익었다고 곧바로 와인을 만들 수 있는 것도 아니다. 포도송이를 따서 줄기를 제거(파쇄)하고 '압착→침전→발효→숙성→블렌딩(선택적)→주병(bottling)'으로 이어지는 복잡한 과정을 거쳐야 비로소 와인이 탄생된다. 이 모든 과정에 시간이 필요하며 고급일수록 숙성 기간이 길다. 그래서 프랑스 같은 유럽 국가의 국민들은 와인을 평범한 소비재가 아닌 문화재 내지는 예술품의 일종으로 받아들인다.

포도 품종과 혼합 비율에 따라서는 1~2년 정도 숙성되면 훌륭한 스타일이 만들어지고 더 오래 시간을 끌면 오히려 맛이 떨어지는 와인도 많다. 반면에 한두 해 정도로는 맛이 텁텁해서 와인 맛을 느낄 수 없고 수십 년을 숙성시켜야 비로소 부드럽고 우아한 향과 맛이 드러나는 와인도 많다. 따라서 마음이 급하거나 자본력이 딸리는 포도원이 속성으로 와인을 숙성시켜 시장에 내놓을 때 뚝심 있는 포도원들은 느긋하게 때가 되기를 기다린다. 대개는 기다린 만큼 훌륭한 와인이 만들어지지만 결과적으로 낭패가 되더라도 상심하지 않는다.

와인 생산을 위한 의욕적인 포도 재배의 이면에는 무서운 병충해의 위협이 항상 도사리고 있다. 1827년에는 명충나방이 발호하여 유럽의 포도원들이 크게 피해를 겪었다. 1845년에는 오이듐균이 창궐하여 유럽의 포도밭을 휩쓸고 갔다. 19세기 후반에는 미국으로부터 수입된 포도나무에 붙어 상륙한 '포도나무뿌리진디[필록세라 바스타트릭스(Phylloxera vastatrix), 이하 필록세라]'가 유럽의 많은 포도밭을 초토화했다. 필록세라가 땅속의 포도 뿌리를 쉴 사이 없이 갉아먹어 불과 몇 년 사이에 2백만 헥타르에 달하는 포도밭이 폐허로 변했다. 프랑스도 전체 포도밭의 3분의 1을 잃었다. 이후에도 포도벌레, 포도나무구루병, 황금색마름병 같은 병충해가 포도나무의 생장을 끝임 없이 위협하였다.

19세기 중엽의 필록세라 재앙을 계기로 유럽의 실력 있는 와인업자들이 새로운 희망을 찾아서 미국, 캐나다, 오스트레일리아, 뉴질랜드, 칠레, 아르헨티나, 남아프리카공화국 등으로 옮겨가서 새로운 터전을 잡았다. 이들이 가져간 기술과 자본 덕분에 신세계 국가들의 와인 산업이 단기간에 비약적인 도약을 성취하였고 오늘날은 와인의 본고장인 구대륙 국가들과 각축을 벌일 정도로 놀라운 생산 역량을 과시하고 있다.(204쪽 파리의 심판 참조)

오늘날 프랑스를 비롯한 구대륙 국가의 와인업자들은 미국, 캐나다, 오스트레일리아, 칠레, 아르헨티나, 남아프리카공화국에 직접 포도원을 설립하거나 현지 포도원과의 합작을 통하여 최고의 포도와 최고의 기술이 결합된 다양한 종류의 와인들을 만들어 낸다.

●

별난 경작, 별난 와인 프랑스 보르도의 소테른(Sauternes)에서는 보트리티스 시네리아(Botrytis cinerea) 곰팡이가 수분을 고갈시켜 용도가 없을 것 같은 포도에서 황홀할 정도로 단맛을 내는 리큐어(1리터당 30~150그램의 당분 함유) 와인을 만든다. 헝가리의 토커이(Tokaj)에서는 보트리티스 시네레아 균의 침투로 썩어버린 포도[리슬링(riesling), 푸르민트(furmint), 하르스레벨뤼(harslevelu) 등]를 수확해 소쿠리에 담아 며칠 동안 말린 후 즙을 짜서 정상 포도에서 짜낸 즙과 섞어서 역시 고도의 단맛을 내는 화이트 와인을 만든다.*

* 이 과정을 거친 토커이 와인에는 아수(aszu)라는 레이블이 붙는다. 또한 소쿠리를 의미하는 푸토뇨쉬(puttonyos 또는 putt)를 사용하여 와인의 등급을 putt 3~6으로 나누며, 숫자의 서열이 높을수록 숙성 기간이 길고 당도가 높다.

보트리티스 시네레아에 감염된 포도 알갱이를 귀부 포도(noble rot)라 부르고 이 포도로 만든 와인을 귀부 와인이라고 한다. 귀부포도를 만드는 농부들은 다른 농부들이 수확에 열중하며 바쁜 시간을 보낼 때 느긋하게 딴전을 피우며 어서 빨리 반가운 곰팡이가 날아와 공들여 가꿔놓은 포도밭을 사정없이 유린해주기를 기다린다.

특별한 와인을 위해 특별하게 포도를 경작하는 경우가 또 있으니, 아이스 와인(ice wine)을 위한 포도 재배가 그 예다. 아이스 와인 포도는 수확 시기를 미뤄두었다가 기온이 영하 8도 이하로 떨어지면 새벽에 수확을 하는데 포도 알을 일일이 손으로 따야 한다.

근래 들어서는 시공을 초월하는 다양한 협력관계가 추진되는 양상이 두드러진다. 수천 년의 양조 기술을 축적한 구대륙의 포도원들이 양호한 기후 조건에서 양질의 포도를 생산하는 신대륙의 포도원들과 손잡고 훌륭한 와인을 탄생시켜 인기를 누리는 사례가 많다.

프랑스 보르도에서 샤토 무통-로트칠드를 생산하는 바롱 필

보르도 소테른의 귀부포도

캐나다의 아이스 와인용 포도

리프 드 로트칠드(Baron Philippe De Rothschild)사가 미국 캘리포니아 나파 밸리의 로버트 몬다비(Robert Mondavi) 포도원과 합작해 오퍼스 원(Opus One)을 생산하고, 칠레 최대의 포도원 콘차이토로(Conchay Toro)와 합작하여 알마비바(Almaviva)를 생산하는 사례가 대표적 본보기이다. 이탈리아의 양조 기술과 칠레의 포도가 만나서 탄생된 알비스(Albis)와 에스파냐의 양조 기술과 칠레의 포도가 만나서 탄생된 에스쿠도 로호(Escudo Rojo)도 국제 공조의 지혜가 돋보이는 와인들이다.

다채롭고 솔깃한 Tip

유기농 포도 재배

와인의 궁극적 용도는 유용한 식품이다. 그러기에 포도 재배와 와인 양조 과정에서 인체에 해로운 물질이나 성분이 개입되지 않도록 하는 것은 지극히 당연하다. 뿐만 아니라 농부들이 곡식과 채소를 기르는 토지는 농사를 짓더라도 토양의 형질을 본래대로 잘 보전하여 자손대대로 물려줘야 하는 대체할 수 없는 소중한 유산이다.

최근 와인업계의 흐름을 보면 토지의 잠재력을 최대한 살리면서 와인을 만드는 유기농법이 유행처럼 확산되어 반갑고 다행스럽기 그지없다. 유기농 와인(Organic Wine) 혹은 생체역학 와인(Biodynamic Wine)을 만드는 이들은 맹독성 농약이나 화학비료 대신 퇴비나 가축의 배설물을 섞어서 만든 자연비료를 사용하고, 기계보다 인간·가축·자연의 힘으로 포도밭을 가꾸는 방법을 따른다. 또한 수확량보다는 수확 과정을 중시하며 자연의 이치에 따라 포도나무를 가꿔서 와인을 빚는다.

다채롭고 솔깃한 와인 이야기

PART 03

와인의 종류와 쓰임새

와인의 구분

천태만상 와인 분류하기 지구촌 곳곳에서 생산되는 와인의 종류는 맑은 밤하늘에 떠 있는 별의 숫자만큼이나 많다. 애호가들의 취향과 기호가 다양한 만큼이나 와인의 색·향·맛·여운도 변화무쌍하다. 다양한 스타일의 와인이 공존하는 상황은 와인용 포도 품종의 다양성에 기인한다. 와인에 반복이란 없다. 정체성이 유사한 와인을 반복해서 만들 수는 있어도 모든 면이 완벽하게 일치하는 와인은 어떤 경우에도 다시 생산될 수 없다.

환경요소와 포도 품종의 결합이 만들어낼 수 있는 '경우의 수'는 셀수 없이 많다. 똑같은 품종이라도 재배지의 토양과 기후의 차이에 따라 개성과 성분이 다른 열매를 맺는다. 양조 방법에 따라 스타일이 판이한 와인이 생산될 수 있다. 많은 생산자들은 두 가지 이상의 포도 품종을 혼합하는 기교를 발휘하여 소비자들의 입맛을 잡으려고 노력한다.*

> * 프랑스의 보르도 한 곳에서만 8,000여 개의 포도원이 각기 다른 혼합 방식으로 다양한 스타일의 와인을 만든다. 그 결과 세상에는 거의 무한대에 이르는 와인의 종류가 존재하며, 이런저런 경로로 국내에 소개된 것만도 4~5만 종류에 이를 것으로 추산된다.

와인의 스타일이 천차만별이라면 먼저 와인의 종류와 스타일을 구분하는 방법을 밝히고 이야기를 풀어가는 것이 순서일 것이다. 그런데 와인 유형을 구분하는 데 기준이 될 수 있는 개념들이 너무도 다양하여 도리어 합리적인 선택이 어렵다. 와인을 분류하는 잣대가 될 수 있는 측면이 강변의 자갈만큼 많아서 어지러울 정도다.

일반적으로는 와인의 색·향·맛·용도·양조법 등을 기준으로 와인의 종류를 나누지만 완벽한 분류와는 거리가 멀다. 와인은 생명력을 지니는 관계로 양조가 끝나서 병 속에 담겨진 후에도 시간의 경과에 따라 끊임없이 색, 향, 맛이 변하기 때문에 언제 어디서나 똑같이 적용될 수 있는 투명하고 객관적인 분류 기준은 있을 수 없다. 병을 막고 있던 코르크를 뽑거나 디캔팅을 진행하는 순간부터 전혀 다른 모습으로 빠르게 변하는 와인도 많다. 그럼에도 불구하고 와인업계와 애호가들은 와인 식별과 의사소통에 편의를 제공하는 기준들을 다음과 같이 정해서 와인의 종류를 나눈다.

●

와인 출신지를 보자 와인은 그것이 만들어진 원산지의 지정학적 위치를 기준으로 구대륙 와인과 신대륙 와인으로 크게 구분할 수 있다. 구대륙 와인이란 오랜 세월에 걸쳐 와인을 생산하고 와인에 관련되는 역사와 전통과 관습을 가지고 있는 유럽 지역에서 생산된 제품들을 일컫는 말이다. 프랑스·이탈리아·에스파냐·독일이 중심이다. 대표적인 산지로는 프랑스의 보르도와 부르고뉴, 이탈리아의 피에몬테(Piemonte)와 토스카나(Toscana), 에스파냐의 리오하(Rioja)와 리베라 델 두에로(Ribera del Duero), 독일의 라인가우(Rheingau)와 모젤-자르-루버 등을 들 수 있다.

신대륙은 구대륙과는 비교가 안 될 정도로 와인의 역사가 짧지만 와인용 포도 재배에 적합한 자연환경을 토대로 훌륭한 와인을 생산하는데, 그 중심에는 미국·칠레·오스트레일리아·뉴질랜드·아르헨티나·남아프리카공화국·캐나다 등이 있다. 신대륙 와인의 주요 원산지로는 미국의 나파 밸리, 칠레의 마이포 밸리(Maipo Valley), 오스트레일리아의 바로사 밸리(Barossa Valley), 뉴질랜드의 말버러(Marlborough), 남아프리카공화국의 스텔렌보스(Stellenbosch), 캐나다의 오카나간(Okanagan) 등을 들 수 있다.

신대륙의 포도와 와인도 실은 구대륙 사람들에 의해 전파된 것이다. 하지만 와인에 대한 정서와 인식은 판이하다. 구대륙에서는 와인을 소중한 문화재나 예술품의 하나로 여기는 풍토가 강한 데 비하여 신대륙에서는 와인을 단지 기호음료의 하나로 여길 따름이다. 그럼에도 불구하고 신대륙 국가의 와인업자들은 구대륙 와인의 종주국 격인 프랑스의 포도 품종과 양조기술을 적극 도입해 야심차게 도전장을 내밀고 있다. 프랑스 밖에서 창조적 발상과 불굴의 집념으로 훌륭한 와인을 만드는 사람들 가운데는 보르도의 대표 품종들을 재배하여 보르도의 양조 방식으로 와인을 생산해 대박을 터뜨린 사람들이 많다. 오랜 연륜의 구대륙 국가들이 뿌리 깊은 전통과 문화를 보전하고 발전시켜 왔다면, 연륜이 짧은 신대륙 국가들은 끊임없는 도전과 혁신을 통해 창조적인 전통과 문화를 만들어낸다.

레드, 화이트, 로제 그리고 또 무슨 색? 가까이에 와인이 놓여 있을 때 가장 먼저 반응하는 감각기관은 눈[目]이다. 사람의 눈은 색을 기준으로 사물의 차이를 식별한다. 그러므로 눈으로 식별이 용이한 '와인의 색'은 와인의 차이를 구분하는 유용한 잣대가 된다. 색을 기준으로 삼을 경우 와인의 종류는 크게 화이트 와인(백포도주)과 레드 와인(적포도주)으로 대별할 수 있다. 그 밖에 백색과 적색의 중간색을 띠는 로제 와인(장미색 와인)을 별도로 구분하기도 하고, 화이트 와인과 로제 와인의 중간색을 띠는 블러시 와인(연분홍 와인)을 특별히 구분하기도 한다.* 그런데 와인 매장이나 레스토랑에서 판매되는 와인 가운데 완전한 백색이나 완전한 적색을 보이는 제품은 찾아보기가 매우 어렵다. 화이트 와인과 레드 와인 모두 실제로 보이는 색상은 원래의 이름과 다소 거리가 있다. 원료가

* 블러시 와인(blush wine)은 엷은 핑크빛에서 살구색 정도에 이르는 와인을 일컫는 용어로 미국 이외의 다른 나라에서는 잘 쓰지 않는 용어다. 적포도를 으깬 후 색소가 많이 녹아나기 전에 고형 성분을 제거한 주스를 발효시킨 것인데, 1970년대 말엽부터 과잉 생산된 적포도를 처리하기 위한 대안으로 유행하기 시작하였다. 프랑스에서는 뱅 그리(vin gris, 회색 와인)라고 부른다.

와인 색상 비교

되는 포도의 품종이 다른 데서 생기는 차이도 있고 시간의 경과에 따라 색상이 변하는 와인의 기본 속성에서 비롯되는 차이도 있다.

일반적으로 화이트 와인의 색상은 옅은 초록빛이 감도는 노랑, 옅은 노랑, 황금색, 호박색, 갈색 등을 망라하는 빛깔의 스펙트럼을 이룬다. 레드 와인의 색상 역시 갈색, 진보라, 암적색, 루비, 자주색 등을 두루 포함한다. 별도로 구분해서 취급되는 로제 와인의 경우도 옅은 오렌지색, 분홍색, 옅은 자주색 등의 다양한 분포를 보인다.

화이트 와인은 시간이 흐를수록 색이 진해지고 레드 와인은 반대로 색이 옅어진다. 막 양조된 화이트 와인은 옅은 노랑(프랑스인들은 '녹색을 띠는 노랑'이라고 표현한다.)을 띠지만 시간이 흐르면서

짚색 노랑을 거쳐 점점 짙은 노랑으로 변해간다. 단맛이 강한 화이트 와인은 일반적으로 진한 황금색을 띤다. 막 양조된 레드 와인은 대체로 자주색 계열의 루비색을 띠지만 시간이 지나면서 점차 벽돌색으로 변한다. 똑같은 레드 와인 품종이라도 카베르네 소비뇽이나 메를로로 빚은 와인은 짙은 붉은색을 띠고 피노 누아로 빚은 와인은 옅은 붉은색을 띤다.

와인 맛, 달거나 무미건조하거나 혀[舌]에 느껴지는 '와인의 맛'은 와인의 스타일을 구분하는 또 다른 잣대로 쓰인다. 맛을 기준으로 삼을 때는 와인의 종류를 크게 스위트(sweet) 와인과 드라이(dry) 와인으로 구별한다. '단맛 쓴맛 다 봤다' 혹은 '달다 쓰다 말이 없다' 같은 관용구나 '달면 삼키고 쓰면 뱉다' 같은 속담은 '달다'의 반대말이 '쓰다'임을 보여준다. 하지만 와인의 경우는 '달다(sweet)'의 반대되는 맛을 '무미건조하다(dry)'는 형용사로 나타낸다. 단맛이 약한 와인이 입안에 들어가면 타닌 혹은 산(酸)의 영향으로 갈증 비슷한 느낌으로 전달되기 때문이다. 단맛과 무미건조한 맛의 중간 정도에 해당하는 맛이 느껴지면 미디엄 스위트 혹은 미디엄 드라이로 간주한다.*

* 리터당 당분 함량이 0~30그램 미만은 'Dry(드라이)', 31~50그램은 'Medium Dry(미디엄 드라이)', 51~150그램은 'Sweet(스위트)' 등으로 표현한다. 프랑스에서는 순서대로 'Sec(섹)', 'Moelleux(무알뢰)', 'Liqueur(리큐어)'라고 한다.

와인마다 질감이 달라요 입안에 전달되는 와인의 무게감(body)을 기준으로 와인의 스타일을 나눌 때도 있다. 특히 레드 와인의 차이를 구분할 때 질감의 차이가 중요한 잣대로 이용된다. 레드 와인의 무게감은 '라이트 바디(light body·가벼운)'와 '풀 바디(full body·묵직한)'로 양분하고 중간 정도의 질감은 '미디엄 바디(medium body)'로 간주한다. 무게감을 보다 정교하게 표현코자 할 때에는 미디엄 라이트(medium light), 미디엄 풀(medium full) 등의 카테고리가 추가된다. 라이트 바디는 생수를 마실 때의 느낌에, 풀 바디는 걸쭉한 막걸리를 마실 때의 느낌에, 미디엄 바디는 우유를 마실 때의 느낌에 각각 비유하기도 한다. 풀 바디는 매운탕의 얼큰한 맛으로, 라이트 바디는 지리의 담백한 맛으로 비유하는 애호가도 있다. 두루뭉술한 느낌이라면 라운드 바디(round body)로 간주한다.

와인의 질감과 품질은 별개의 문제다. 질감이 묵직한 와인들의 품질도 천차만별이고 질감이 가벼운 와인들도 마찬가지다. 질감의 영역을 확대시켜 와인이 목으로 넘어가고 나서 느껴지는 여운(뒷맛)이 감각기관에 잔류하는 시간 또는 전체적인 균형감을 기준으로 와인의 스타일을 나누기도 한다.

삼킨 후에 식도를 타고 아래로 내려가는 느낌이 길수록(long and lasting) 좋은 와인으로 친다. 뒷맛이 계속되는 시간을 기준으로 품질의 등급을 매기기도 한다. 그 한 예가 '코달리(caudalie)'라는 개념이다. 1코달리라고 하면 와인의 뒷맛이 1초 동안 이어진다는 뜻이다. 막 출시된 젊은 와인은 대개 코달리가 5~6 수준이고, 오래 숙성된 고급 와인 중에는 코달리가 20을 넘는 것이 많다.

wine information

와인 맛의 표현에도 에티켓이 있다!

일반적으로 화이트 와인은 혀의 신경에 감지되는 '맛'을 기준으로 느낌을 나타내고, 레드 와인은 입안으로 느껴지는 '무게감'을 기준으로 느낌을 표현할 때가 많다. 따라서 일반적으로 화이트 와인을 마시고 나서는 당도에 관해 이야기를 하고, 레드 와인의 경우엔 느낌이 가벼운지 또는 무거운지를 이야기한다.
와인을 삼키고 나서 뒷맛 혹은 여운(finish)을 말할 때는 균형감(balance)이 '출중하다(excellent)', '훌륭하다(good)', '어색하다(awkward)' 등으로 표현한다. 균형감이 부족하다고 느꼈어도 그대로 말하기보다 우회적으로 표현하는 것이 세련된 에티켓에 해당한다.

●

개봉 때 얌전하거나 튀거나 와인 병의 입구를 막고 있는 코르크 마개를 제거하였을 때 생기는 반응 차이를 기준으로 와인의 유형을 나눌 때도 있다. 코르크 제거에 수반되는 반응을 기준으로 삼을 때의 와인의 종류는 크게 스틸(still) 와인과 스파클링(sparkling) 와인으로 구별한다. '스틸 와인'에서 스틸은 '얌전하다' 혹은 '차분하다'는 의미로써 마개를 열어도 병 속의 와인이 별다른 반응을 보이지 않는 와인을 총칭하는 용어다. 반면에 '스파클링 와인'에서 스파클링은 '불꽃이 튀는' 혹은 '불꽃을 튀기는'의 뜻으로 마개를 여는

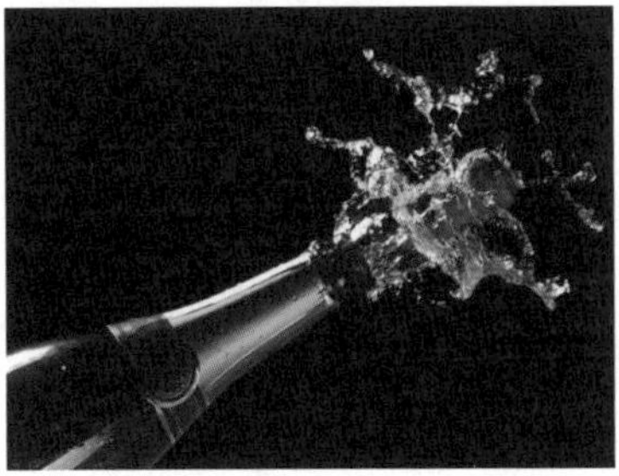

스파클링 와인

순간 병 속에서 번쩍이는 섬광처럼 거품이 발생하며 요동을 치는 와인을 일컫는 말이다. 스파클링 와인에서 나타나는 섬광 현상은 스틸 와인과 달리 양조 과정에서 생성된 탄산가스를 공중으로 배출하지 않고 병 속에다 가둬두기 때문이다. 레드 와인과 화이트 와인의 중간색을 띠면서 마개를 열면 약간의 섬광 현상을 보이도록 만들어진 와인을 '로제 스파클링 와인'이라고 한다.

식전, 식중, 식후 와인을 알아두자 식사에 와인을 곁들일 때는 마시는 순서를 기준으로 와인의 유형을 나누기도 한다. 식사에 들어가기 전에 식욕을 돋우기 위하여 마시는 와인을 식전 와인, 식사 중에 마시는 와인을 식중 와인, 식사를 마치고 나서 소화제 삼아 마시는 와인을 후식 와인이라고 부른다. 식사 전에는 위액 분비를 촉진시켜 식욕을 돋울 필요가 있으므로 당도는 낮되 산도는 높은 와인들이 권장된다. 반대로 식사를 마치고 나서는 위

스트로 와인은 당도가 높아 식후 와인으로 적당하다.

액 분비를 억제시켜 식욕을 차단해야 과식을 피할 수 있으므로 산도는 낮고 당도는 높은 와인들을 권한다. 식사 중에는 요리의 종류 및 재료와 조화를 맞춰서 와인을 마시게 되지만 보통은 당도와 산도가 중간 정도에 속하는 와인들이 권장된다.

별종 와인 레드 와인이나 화이트 와인에 속하면서도 일반 와인에는 없는 예외적 요소를 가지고 있거나 혹은 희귀종으로 취급될 만한 이유가 있어서 별종(別種)으로 분류되는 와인들이 있다.

귀부 와인, 아이스 와인, 스트로 와인(straw wine)은 이런 별종 와인의 대표 격이다. 프랑스에서 뱅 드 파유(vin de paille)라고 부르는 스트로 와인은 수확한 다음에 밀짚 위에서 건조시켜 당도를 높인 포도로 만들어진다.

그 외에도, 발효가 진행 중인 포도 주스에 알코올을 첨가(체적의 5~10%)하는 방법으로 발효를 중지시켜 단맛을 강화한 천연 감미 와인(vin doux naturel)과 주정 강화 와인(fortified wine)이 있고, 과실즙이나 쑥 등 천연향을 첨가한 가향 와인(flavored wine)이 있다. 또한 화학물질이나 화학비료를 일절 사용하지 않고 포도를 재배하여 양조하는 유기농 와인(organic wine)과 생체역학 와인(biodynamics wine)도 있으며 세계 최고의 와인을 지향하는 사람들이 극소량의 와인을 지극정성으로 생산하여 비싼 값으로 유통시키는 컬트 와인(cult wine)도 있다. 별종 와인은 제5장에서 다시 다루기로 한다.

와인 구매 요령

1. 직접 매장을 방문한다.

상온 진열대에 오래 세워둔 와인은 변질되는 경우도 있다

와인을 사려면 와인 매장을 가야 한다. 많은 종류의 물건을 인터넷으로 살 수 있지만 주류는 예외다. 국세청 고시 제2005-5호(2005. 1. 21. 신설)에 따라 온라인을 통한 주류 판매는 금지되어 있기 때문이다. 요즈음은 백화점의 와인 매장, 시중의 와인 숍, 할인 매장의 주류 코너를 가면 세계 각국의 와인들이 갖춰져 있으며 동네의 슈퍼마켓이나 편의점 또는 제과점에서도 와인을 기본 품목으로 갖추고 있다. 자금 회전이나 유통 촉진을 위해 와인을 싼값에 처분하는 업소도 많고 와인 수입상이나 와인 전문학원 등이 판촉 행사를 기획하여 참가자들에게 질 좋은 와인을 싼값에 판매하는 경우도 많다.

2. 와인 평점이나 입상경력 등을 알아본다.

와인 평론가들이 와인을 직접 마셔보고 매겨놓은 점수는 와인의 품질을 가늠하는 데 유용한 참고가 될 수 있다. 보통은 100점 혹은 20점 만점을 기준으로 점수를 매긴다. 로버트 파커, 오즈 클라크, 잰시스 로빈슨, 휴 존슨, 마이클 브로드벤트, 톰 스티븐슨, 미셸 베탄, 제임스 할리데이 등이 매긴 와인 평점의 위력은 대단하다.

와인의 품질을 겨루는 공인 대회에서 입상한 경력도 와인의 품질 수준을 짐작하는 데 유용한 참고가 될 수 있다.* 대회에서 입상한 와인에는 흔히 레이블과는 별도로 메달 모양의 장식이 부착되어 있다. 권위 있는 기구나 단체 등이 매겨놓은 서열도 와인의 품질을 추정하는 준거로 삼을 수 있다. 미국의 저명한 와인 잡지 《와인 스펙터클》이 매년 발표하는 100대 우수 와인 목록 등이 대표적 본보기이다.

* 세계 최대 블라인드 테이스팅 대회인 인터내셔널 와인 챌린지(International Wine Challenge, 이하 IWC)의 입상 경력이 표시되는 경우가 많은데, 주로 프랑스·오스트레일리아, 이탈리아 등에서 메달을 많이 받는 편이다. 메달을 획득한 와인들의 목록은 IWC 홈페이지에서 확인할 수 있다.

하지만 점수는 어디까지나 채점자의 주관적 의견일 뿐이고, 채점 과정이 언제나 공정하고 투명하다고 믿기 어려울 때도 많다. 평점을 맹목적으로 신뢰해서는 안 된다는 것이다.

3. 모르는 것은 물어본다.

와인 숍의 현란한 진열대 앞에서 자신에게 적합한 와인을 고르기란 쉬운 일이 아니다. 하지만 걱정할 일도 아니다. 와인에 대하여 잘 모르면 점원에게 구매 목적을 밝히고 적합한 와인의 스타일과 가격 등을 물어보고 원하는 것을 선택하면 된다. 와인을 사려는 목적과 마음속으로 생각하는 가격 범위 등을 점원에게 먼저 알려주면 친절하게 적당한 제품을 골라줄 것이다.

와인 매장 점원의 도움을 받으면 용도와 가격에 적당한 제품을 선택하기가 쉽다.

4. 제품 상태를 확인한다.

구매할 와인의 종류와 수량을 결정한 다음에는 반드시 제품의 보관 상태를 꼼꼼히 살펴보아야 한다. 수입에 따르는 보관 혹은 운송 과정에서 빛·열·진동·충격 등에 노출되어 변질된 제품을 구입하게 될 수가 있고 반품마저 여

와인은 코르크가 마르지 않게 누인 상태로 보관해야 한다

의치 않을 수도 있다. 규모가 큰 매장들은 대개 별도로 와인셀러(cellar)를 갖추고 있지만 고급 와인만 넣어놓고 유통 물량이 많은 저가 제품은 매장의 상온 진열대에 둔다. 와인셀러 안의 와인들은 온도와 습도가 최적화된 환경에 편안하게 누워 있어 코르크가 마를 여지가 적지만, 진열대 제품들은 세워진 상태로 오래 두면 코르크가 말라서 품질이 변할 수 있다.

병의 겉면에 이물질이 묻어 있거나 긁힌 자국이 있으면 유통 과정에 문제가 있었다는 증거다. 레이블의 색상이 퇴색되었거나 심하게 훼손된 제품도 마찬가지다. 코르크가 병 위로 돌출되었으면 높은 온도에서 오래 보관되었다는 증거이고, 코르크가 병 안쪽으로 들어가 있으면 외부로부터 무리하게 힘이 가해졌다는 증거다. 와인이 병 밖으로 흘러나와 알루미늄 포일 아래로 흐른 자국이 있으면 온도가 높은 데에 있었다는 증거다. 포일 덮개를 손으로 돌려서 돌아가지 않으면 와인이 새어나와 굳어서 포일에 눌어붙었다는 증거다.

포일 덮개의 아래쪽 끝선과 병 속 와인의 맨 윗부분 사이의 공간(ullage·얼리지)이 지나치게 넓으면 와인이 산화하여 증발하였다는 증거다. 저가이면서 빈티지(vintage)*가 5년 이전으로 표기된 제품은 품질이 저하되었을 가능성이 높다. 병 속에 찌꺼기가 떠다니거나 바닥에 침전물이 가라앉은 것은 품질 상태와 무관한 것이다.

*** 빈티지란?**
와인의 원료가 되는 포도를 수확하고 와인을 만든 해.

와인의 쓰임새

와인은 생필품이다 동양에서도 점잖은 식사에는 반드시 곡주가 곁들여졌듯이 서양에서도 격식을 갖춘 식사에는 반드시 와인이 따르는 전통이 이어져 왔다. 1930년대 프랑스 '음식과와인협회' 회장을 역임한 앙드레 시몽(André Simon)은 "마실 와인도 없고 화제로 삼을 만한 와인도 없이 식사를 할 때보다 더 지루한 순간은 없다."는 말로 서양 식탁에서 와인이 차지하는 비중을 강조하였다.

음식을 먹으면서 와인을 함께 마시면 양자가 상대의 장점을 부추겨 양쪽의 맛이 함께 향상되는 효과를 기대할 수 있다. 그래서 오늘날은 마케팅 전략으로 와인과 음식의 조화를 내세우고, 소믈리에가 손님을 맞을 때도 먼저 마실 와인을 고르게 한 다음 어울리는 음식을 추천하는 경우를 흔히 볼 수 있다.

와인은 누적된 피로와 스트레스를 씻어주는 간식으로도 인기가 높다. 특히 레드 와인에 풍부하게 함유된 레스베라트롤은 긴장감을 풀어주고 수면을 도와주어 간식 음료로 제격이다.

서양에서는 요리를 할 때 기본적으로 와인을 재료로 이용하는 경우가 많다. 와인 특유의 향이 음식의 거북한 냄새를 없애고, 맛을 향상시키며, 알코올 성분이 음식을 소독해주는 효과도 있다. 또한 와인이 졸아들면 단맛이 난다.

프랑스 전통음식이며 크리스마스 정찬에 반드시 등장하는 코코뱅(coq au vin)은 닭고기와 야채에 와인을 부어서 조리는 방법으로 만든다. 스테이크에 뿌려서 먹는 드미글라스 소스(demi-glace sauce)에도 와인이 들어간다. 생선, 해물, 닭고기 요리에 화이트 와인을 넣으면 음식의 깔끔하고 시원한 맛이 더해진다. 닭고기로 육수를 만들 때 드라이한 화이트 와인*을 넣으면 훨씬 좋은 맛을 낼 수 있다. 소, 돼지, 사슴처럼 색깔이 어두운 육류를 레드 와인에 재워서 구이, 스테이크, 찜 등을 만들면 진하고 깊은 맛을 더할 수 있다.

* 레드 와인을 옷이나 식탁보에 흘려 붉은 반점이 생겼다면 화이트 와인에 담갔다가 세탁하라. 말끔히 지워진다.

우리나라에서도 레드 와인에 재워서 육질이 연하고 냄새가 나지 않는 삼겹살 구이가 널리 유행했던 적이 있다. 돼지의 목살이나 닭의 가슴살 또는 소고기 스테이크를 레드 와인으로 재워두었다가 요리를 해서 먹으면 살결이 부드럽고 향미가 풍부한 맛을 즐길 수 있다.

오늘날 웬만한 요리책에는 와인 관련 요리가 소개되어 있으며 와인을 베이스로 한 소스와 드레싱 종류도 수 없이 많다. 레드(화이트) 와인은 오렌지 주스와 탄산수 등을 이용하여 여러 종류의 칵테일과 상그리아 등의 간식 음료를 만드는 데 유용하게 사용된다.

다채롭고 솔깃한 Tip

상그리아 레시피 sangria recipe

1. 유리 용기에 와인을 부은 후 레몬·오렌지·라임의 즙을 섞는다.
2. 설탕, 오렌지 주스, 진, 슬라이스 딸기 혹은 라즈베리를 취향에 따라 추가한다.
3. 하루 정도 냉장고에 넣어두면 여름철 간식으로 상큼하게 즐길 수 있는 상그리아 완성!

프랑스인들은 레드 와인에다 오렌지, 레몬, 정향, 계피를 넣고 끓인 뱅쇼(vin chaud)를 겨울철 감기약으로 널리 애용한다. 독일에서는 이것을 글뤼바인(glühwein)이라고 부른다. 레드 와인에 들어 있는 폴리페놀은 항산화 작용을 통해 기미의 원인이 되는 활성산소를 없애준다. 레드 와인은 피부에 주름이 생겨 아래로 처지는 현상을 막아주며, 신진대사를 원활하게 만들어 피부 세포의 빠른 재생을 도와준다. 각종 무기질과 유기산이 풍부해 와인을 피부에 발라도 미용 효과가 뛰어

* 일본 가나가와(神奈川) 현 하코네(箱根)에서는 매년 보졸레 누보 스파 오픈 기념일(11월 셋째 주 목요일)이 되면 온천수에 와인을 부어서 와인 스파를 만들어놓고 방문객들을 맞는다.

나다. 국내에서 유통되는 와인의 5퍼센트 정도는 피부 관리나 마사지용으로 소비되고 있다.*

다채롭고 솔깃한 Tip

와인 장식

시중에서 저가에 유통되는 와인을 구입하여 꽃과 나뭇가지 등의 장식품을 만들어 인테리어 소품으로 사용하는 경우도 많다. 와인을 마시고 나서 빈 병을 이용하여 예술성이 뛰어난 창작품을 만들기도 한다. 병에서 뽑아낸 코르크에 모조품 보석을 붙이고 핀으로 고정시켜 깜찍한 장신구로 쓰기도 하고, 수 백 개의 코르크를 물건 형상으로 조합하여 장식품으로 걸어놓는 경우도 있다. 와인의 독특한 레이블들을 우표처럼 수집하여 액자에다 끼워놓으면 눈길을 끌 만한 장식품이 만들어진다.

와인은 마음이다 지난 2000년 국빈 자격으로 우리나라를 방문한 자크 시라크 프랑스 대통령은 보르도 특1급 와인 샤토 오브리옹(Château Haut-Brion)을 가지고 와서 김대중 대통령에게 선물로 전했다. 2003년에 토니 블레어 영국 총리가 50번째 생일을 맞이하자 시라크는 보르도 특1급 와인 샤토 무통-로트칠드(Château Mouton-Rothschild) 여섯 병을 선물로 보냈다.

2003년 2월 제16대 노무현 대통령 취임 축하연과 2008년 2월 제17대 이명박 대통령 취임 축하연에서는 클로 뒤 발 카베르네 소비뇽(Clos Du Val Cabernet Sauvignon) 와인이 반주로 제공되었다.

기업이나 기관 중에는 명절이나 기념일 등에 직원들에게 격려의 표시로 와인을 보내는 경우가 많다. 세간에서도 명절이 되면 부모형제·은사·선후배·친구·동료·연인 등에게 보은 혹은 인사로 와인을 보내는 경우가 많다. 이건희 삼성그룹 전 회장은 2007년 1월 전국경제인연합회 회장단을 신라호텔로 초대해 만찬을 대접하면서 1982년산 샤토 라투르(Château Latour) 와인을 내놓았다. 정몽구 현대·기아차 회장도 2008년 3월 서울 그랜드하얏트호텔에서 같은 사람들에게 만찬을 베풀면서 1998년산 샤토 코스-데스투르넬(Château Cos-d'Estournel)(레드)과 샤블리(Chablis) 1급(화이트) 와인을 대접했다.

프랑스 대통령 관저인 엘리제궁에서는 외빈을 접대할 때 동 뤼이나르(Don Ruinart) 샴페인을 내놓는 것으로 알려져 있다. 불꽃이 튀는 듯한 섬광 현상과 코르크를 제거할 때의 울림이 일품인 샴페인은 희망·성취·성공·대박·축복 등의 이미지를 상징하여 축하나

wine information

샴페인 돌잔치

러시아의 이타르타스통신에 따르면, 1998년 7월 모스크바 동물원의 사육사들은 첫돌을 맞은 아기 코끼리에게 10리터짜리 양동이에 샴페인을 가득 채워 선물했다.

기념 행사에 단골로 등장한다. 자동차경주 대회의 입상자들은 환호하는 관중에게 샴페인 거품을 뿜어대는 세리머니로 답례를 한다. 골프 선수가 국제 대회에서 우승했을 때도 동료 선수들에게서 샴페인 세례를 받는다. 축복의 이미지가 너무도 강해서 샴페인의 본고장인 프랑스 샹파뉴에는 "샴페인 따는 소리를 듣고 태어나서, 샴페인 따는 소리를 듣고 결혼하고, 샴페인 따는 소리를 들으며 떠나간다."는 이야기가 회자될 정도다.

샴페인의 축복을 무시하면 불행이 따른다는 속설도 있다. 19세기 초엽 유럽을 석권했던 나폴레옹은 적과의 전투가 벌어질 때마다 사브르 르 샹파뉴(Sabre le Champagne) 의식을 치르고 전장으로 달려가 연승을 거두었다고 한다. 휘하의 병사들을 거느리고 친한 친구가 경영하던 샹파뉴의 샴페인 하우스를 찾아가 동 페리뇽(Dom Pérignon) 와인이 담긴 병의 목을 칼로 자르고서 무패(無敗)의 기적을 이뤘다는 것인데, 마지막 싸움이었던 워털루전투 때는 시간에 쫓겨서 출정 의식을 생략했다가 그만 웰링턴에게 패하여 몰락으로 치달았다고 한다.

선박 회사가 새로 건조한 배를 처음 바다에 띄울 때는 안전한 항해를 기원하는 의미로 뱃머리에 샴페인 병을 던져서 깨뜨리는 의식을 행하는데, 1912년에 영국의 사우샘프턴(Southampton) 항을 출발해 미국의 뉴욕으로 향하다 암초에 부딪쳐 침몰한 타이타닉호는 첫 번째 출항인데도 의식을 무시하고 항해에 나섰다가 봉변을 당했다는 이야기가 있다.

와인은 강한 상징성과 기념성을 갖는다. 옛날 이집트의 왕들은 생전에 수집한 고급 와인을 자신의 무덤에 묻게 했다. 와인은 왕이 생전에 누린 부귀와 영화의 상징이기도 했다. 와인을 땅에 묻는 일이 우리나라에서도 있었다. 1975년 국회가 세종로에서 여의도로 옮겨갈 당시 해태주조가 해태상과 함께 한국 최초의 국산 와인(노블와인) 72병을 선물로 보냈는데, 그 와인들이 현재 국회의사당 해태상 아래 묻혀 있다. 국가의 큰 경사가 있거나 남북통일이 될 때 혹은 100년이 지난 뒤인 2075년에 민주주의가 꽃을 피우면 꺼내서 자축용으로 쓰일 것이라고 한다.

천주교회의 성찬식에는 와인이 반드시 등장한다. 빵은 성스러운 예수의 '살'이고 와인은 성스러운 예수의 '피'라고 적혀 있는 성경 구절에 따른 오래 된 의식이다. 우리나라 천주교회는 (주)두산이 경상북도 경산과 경상남도 밀양에서 재배한 리슬링(reisling) 품종과 머스캣(muscat) 품종으로 만드는 미사주를 매년 20만 병씩 구입하여 전국 성당에서 사용하고 있다.

대학들도 와인 레이블에 학교 상징물을 새겨 기념하는 사례가 늘고 있다. 고려대학교는 2005년에 개교 100주년을 맞아 보르도 레드 와인 샤토 라 카르돈 2000(Château La Cardonne 2000)의 레이블에다 캠퍼스 사진과 기념 로고를 넣어서 동문들에게 판매하였다. 같은 해 개교 120주년을 맞은 연세대학교는 캘리포니아산 호크 크레스트 카베르네 소비뇽 2000(Hawk Crest Cabernet Sauvignon 2000)에다 학교 휘장을 상징화한 레이블을 붙여 기념물로 사용하였다. 2006년에 개교 60주년을 맞은 건국대학교는 서양화가인 김경희 이사장이 직접 그린 캠퍼스 풍경을 레이블로 부착한 칠레산 레드 와인 에스쿠도 로호(Escudo Rojo)를 대학 관계자들에게 선물하였다.

그런가 하면 와인 병에다 결혼을 기념하는 문구를 새겨서 불멸의 달콤한 사랑을 다짐하는 부부도 있고, 아이가 태어난 해의 포도로 빚은 와인을 구입해두었다가 입학식이나 결혼식 때 개봉하게 하는 가정도 늘고 있는 추세다.

●

와인은 소통이다 나폴레옹 시절 프랑스의 외상(外相)이었던 탈레랑(Talleyrand)은 나폴레옹이 몰락하고 인접 국가 대표들이 모여 국경 조정 등을 의논하던 자리(빈회의)에 샤토 오브리옹(Château Haut Brion) 와인을 내놓아 프랑스에 유리한 협상을 이끌어냈다. 프랑스 대통령을 지낸 자크 시라크는 파리 시장으로 재직할 당시 정치와 외교의 수단으로 1년에 500회 가량의 연회를 개최해 1만 5,000병에 가까운 와인을 소비하였다고 한다.

미국 마이크로소프트(MS)사의 창업자 빌 게이츠는 사업 기반이 취약하던 사업 초기에 아이비엠(IBM)의 영업 이사를 접대하는 자리에서 가격 대비 품질 만족도가 뛰어나다고 알려진 프랑스 보르도의 무통 카데(Mouton Cadet) 와인으로 상대의 마음을 움직여 납품에 성공하고 성장 신화의 초석을 다졌다.

다채롭고 솔깃한 Tip

와인 선물 요령

1. 기호, 취향 그리고 가격을 먼저 살펴라.

와인을 선물할 때는 가능하면 상대방의 기호나 취향 혹은 분위기에 어울리는 제품을 고르도록 한다. 가격이 비슷하다면 상대방의 기호에 맞으면서 세련된 이미지를 풍기는 제품이 좋을 것이다. 필요와 상황을 고려하여 같은 금액으로 고급 제품 한 병을 살지 중저가 제품 두 병을 살지를 정하도록 한다.

축하 파티용 선물로 적격인 발포성 와인

2. 오마주 와인으로 존경과 감사를 전하라.

어버이날이나 스승의 날 같은 때는 존경과 감사의 의미가 담긴 오마주 와인(homage wine)을 고르는 것도 방법이다. 역사적인 행사에 쓰였던 제품이나 상대방의 평소 취향에 어울리는 제품을 고르는 것도 요령일 것이다.

3. 건강과 성별을 고려하라.

중년 남성에게는 레드 와인이 적합할 것이다. 폴리페놀 성분이 콜레스테롤을 억제해 심장병, 고지혈증, 고혈압 등에 효과가 있다고 회자되기 때문이다. 상대가 여성이라면 단맛이 강한 화이트 와인이 잘 어울릴 것이다. 당뇨병 환자에게 단맛이 강한 화이트 와인은 금물이다. 천식환자에게 이산화황이 많이 함유된 화이트 와인을 선물하는 것도 금기에 속한다.

4. 파티용 와인은 따로 있다.

축하 파티에 들고 가서 나누어 마실 거라면 거품이 치솟는 발포성 와인이 잘 어울릴 것이다. 와인의 빛깔과 병의 디자인이 특이한 제품을 골라 분위기를 한껏 띄워주는 방법도 있다.

5. 와인 마니아를 위한 선택

와인에 익숙한 사람에게는 영화나 드라마 혹은 소설이나 와인 만화에 등장하는 와인을 선물하는 것도 괜찮은 방법이다. 재미난 에피소드를 가진 와인을 신경 써서 고른다면 금상첨화라 하겠다.

6. 선물 카드를 활용하라.

와인을 선물하면서 와인에 깃들인 흥미로운 이야기나 에피소드 등을 적어 함께 보내면 받는 쪽에서 느끼는 감동이 훨씬 더 커질 것이다. 생일·합격·결혼·취업·승진 등을 축하하는 메시지까지 적어서 넣는다면 더 깊은 감동을 안겨줄 것이다.

7. 꼭 와인을 고집하지 마라.

세상엔 와인 말고 다른 종류의 술도 많고 소주나 맥주만 고집하는 사람도 많다. 그들에게 굳이 와인을 선물하면 도리어 결례가 될 수 있다.

이성에게 마음을 전하거나 연인의 마음을 사로잡는 데도 빠지지 않는 것이 와인이다.

와인을 마시고 핑크빛 기분으로 이성의 체온을 느끼면 자율신경 작용(혈압, 심장박동 등)이 촉진되어 스트레스 유발 호르몬의 분비가 줄어든다고 알려져 있다.

이탈리아의 문필가로서 유럽 각지를 방랑하면서 엽색(獵色)과 모험의 생애를 보내고 《내 생애의 역사》라는 회상록(12권)을 남긴 카사노바(1725~1798)는 보르도 소테른(Sauternes) 와인 샤토 디켐(Château d'Yquem)으로 사교계의 여인들을 유혹하였다. 아닌 게 아니라 이 와인의 짙은 황금색은 아름다운 로망과 타오르는 사랑을 끝없이 바라는 여인들의 본능적 애욕을 넘치도록 충족시키고도 남을 것 같다. 머스캣 품종으로 만드는 이탈리아의 빌라 엠(Villa M)과 모스카토 다스티(Moscato d'Asti), 리슬링으로 만드는 독일의 헨켈 트로켄(Henkell Trocken), 미국의 컬럼비아 크레스트(Columbia Crest), 칠레의 레이트 하베스트(Late Harvest) 등도 값이 싸면서 단맛과 과일향이 풍부해 여성의 와인으로 불린다.

●

와인은 투자다 와인을 재테크 수단으로 이용하는 사례도 늘어나는 추세다. 선진국에서는 이미 와인 경매나 와인 펀드 같은 투자 인프라가 정착되었고 우리나라도 와인 경매나 와인 펀드 판매가 점차 활기를 띠어가고 있다.

2006년 9월 20일 '부르고뉴 와인의 신'으로 추앙받던 앙리 자이에(Henri Jayer)가 사망하자 그의 이름으로 생산된 와인들의 가격이 폭등하였고 시장에서 유통되던 재고들이 순식간에 사라졌다. 서양에서는 오래전부터 와인 투자가 성행하였고, 그 결과 주식이나 부동산처럼 투자 수익을 현금화하기도 쉽다. 누구라도 와인 가게나 경매장에서 와인을 쉽게 사고팔 수 있다. 와인이 편리한 재테크 수단으로 자리잡은 만큼 일반 소비용과 투자용을 구분하여 생산과 취급이 이루어진다. 2003년 영국에 조성된 '와인인베스트먼트 펀드'는 아직 시판되기 전의 보르도와인을 저장고 단위로 입도선매하여 헤지 펀드(hedge fund)처럼 고수익을 추구한다. 2006년 8월 선보인 '파인와인 펀드'도 성격이 비슷하다. 대개 1인당 최소 투자 한도를 2만 달러 이상으로 제한하는 사모펀드다.*

* 소수의 투자자로부터 모은 자금을 유망종목(품목)에 투자하여 수익을 내는 펀드로 고수익 기업투자펀드라고도 한다. 금융기관이 불특정 다수의 투자자로부터 자금을 모집한 뒤 일정한 제한을 두고 운용하는 공모펀드와 달리 상대적으로 투자 목적이 분명하며 운용상 제약을 받지 않는다는 특징을 갖는다.

2007년에 와인 상속세를 없앤 영국에서는 와인 거래가 전년보다 1.5배 이상 늘었고 와인에 투자하는 펀드도 생겼다. 와인 투자의 전망을 낙관적으로 비춰주는 지표도 많다. 중국, 러시아, 인도 등지에서 속출하는 신흥부자들도 앞을 다투며 와인 투자에 나서고 있다. 2007년 1년 동안 영국 런던국제빈티지거래소(The London International Vintage Exchange) 라이브 엑스(Liv-ex) 지수**가 49.1퍼센트 상승하였으며 2008년에도 9월말 기준 41.2퍼센트 높아졌다. 영국의 와인 전문지 《디캔터》에 따르면 최근 20년간 와인 투자 수익률이 연 10~12퍼센트를 기록하여 주식이나 채권 수익률을 상회한다.

** 1999년 영국에서 설립된 와인 생산자들의 전자거래 시스템인 런던국제빈티지거래소의 Liv-ex 100 투자 지수는 가장 많이 거래되는 100개 와인의 가격을 추산해 산정된다.

다채롭고 솔깃한 Tip

억대 와인들

뮤지컬 '오페라의 유령'과 '캐츠'를 작곡한 앤드루 로이드 웨버(Andrew Lloyd Webber)는 1997년에 자신이 소장하던 와인 1만 8,000병을 경매에 내놓아 당시 세계기록에 해당하는 370만 파운드(약 70억 원)에 팔았다. 출품된 와인 가운데는 1811년, 1832년, 1864년, 1865년산 샤토 라피트-로트칠드(Château Lafitte-Rothshild) 와인도 포함돼 있었다.

1985년 런던 크리스티 경매에서는 샤토 라피트-로트칠드 1787년산 한 병(750밀리리터)이 미화 15만 달러(약 1억 5,000만 원)에 낙찰되었다. 2007년 2월에는 샤토 무통-로트칠드(Château Mouton-Rothschild) 1945년산 한 상자(12병)가 뉴욕 소더비 경매에서 31만 7,000달러(약 3억 원)에 낙찰되었다. 영국의 와인 전문지 《디켄터》가 죽기 전에 꼭 마셔봐야 할 첫 번째 와인으로 꼽았고, 당대 최고로 통하는 와인평론가 로버트 파커도 100점 만점으로 평가했던 바로 그 와인이다. 두 와인 모두 유럽의 금융 재벌 로트칠드 가문이 생산한 제품이니 사촌끼리 교대로 최고의 명예를 얻은 셈이다.

현재까지 와인 경매의 중심지는 뉴욕이다. 금융과 유통의 중심지로서 위상과 역할이 확고한 현실과 관련이 깊어 보인다. 런던도 와인 경매가 활발하지만 스타일이 딱딱하여 뉴욕보다 인기가 떨어진다고 알려져 있다. 세계적 경매회사 크리스티(www.christies.com)와 소더비(www.sothebys.com)가 와인 경매시장을 양분하고 있다. 경매

회사들은 투자자들의 편의를 위해 경매 시간을 바꾸기도 하고 이벤트도 기획한다. 뉴욕에서 와인 경매를 주관하는 재키스(Jaquiss)사는 맨해튼의 최고급 프랑스 레스토랑에서 경매를 하며 로스앤젤레스, 라스베이거스 등에도 경매장을 갖고 있다. 전통적인 경매의 강자 크리스티는 2006년 3월에 저녁 경매를 처음으로 주관했다. 직장인 투자자들이 퇴근 후에 경매장에 들러서 샴페인을 마시며 경매에 참여할 수 있도록 한 것이다.

투자나 소장을 목적으로 와인을 사고자 할 때는 숙성력, 희소성, 지명도를 신중하게 따져봐야 한다. 이를 위해서는 포도 품종, 원산지, 생산자, 품계, 생산량, 인지도 등을 꼼꼼하게 살펴야 한다. 유명한 경매시장에 등장하는 와인의 70퍼센트는 프랑스 와인이며 이 가운데 70퍼센트는 보르도 제품이다. 메도크(Médoc)의 특1급 와

wine information

불경기를 모르는 와인 경매

2000년대부터 세계적으로 관심이 집중된 와인 경매는 매년 큰 시장이 설 때마다 천정부지로 가격이 치솟고 있다. 와인 가격이 뛰는 이유는 확실한 투자가치 때문이다. 2010년 현재 900유로를 훌쩍 넘게 거래되는 보르도 명품 와인 샤토 슈발 블랑(2005년산)이 2년 전에는 550유로였다니 연간 50퍼센트에 가까운 대박을 안겨준 셈이다. 최근에는 뉴욕과 런던을 넘어 홍콩 와인 경매장도 세계 최대 시장의 하나로 떠오르고 있다.

인인 라투르, 마고, 오브리옹, 라피트-로트칠드, 무통 로트칠드 등을 중심으로 소테른의 이켐, 생테밀리옹의 오존(Ausone)과 슈발 블랑(Cheval Blanc), 포므롤의 페트뤼스와 르팽 등이 인기 와인으로 취급된다. 빈티지는 1945, 1961, 1982, 1990, 1995, 2000, 2005가 훌륭하다고 알려져 있다. 부르고뉴 와인 가운데는 DRC(로마네-콩티 생산업체), 앙리 자이에(Henri Jayer), 르루아(Leroy), 루미에(Roumier), 콩트 라퐁(Comtes Lafon), 코슈 뒤리(Coche Dury), 뒤가-피(Dugat-Py) 등의 제품이 인기가 높다. 훌륭한 빈티지로는 1985, 1990, 1999, 2002 등이 알려져 있다.

미국의 와인 중에서는 컬트 와인으로 불리는 스크리밍 이글(Screaming Eagle), 할란 이스테이트(Harlan Estate), 그레이스 패밀리(Grace Family) 등이 투자 대상으로 인기가 높다. 이탈리아 와인 중에서는 자코모 콘테르노(Giacomo Conterno), 브루노 자코사(Bruno Giacosa)의 바롤로(Barolo) 제품, 브루넬로 디 몬탈치노(Brunello di Montalcino) 지역의 비온디 산티(Biondi Santi), 솔데라(Soldera) 등이 인기 목록에 포함된다. 안젤로 가야(Angelo Gaja)가 생산하는 바르바레스코(Barbaresco)도 인기가 높다.

메릴린 메를로

1985년부터 매년 메릴린 먼로의 생일인 6월 1일에 맞춰서 선보이고 있는 메릴린 메를로(Marilyn Merlot) 와인도 출시와 동시에 재고가 바닥나는 와인의 하나로 꼽힌다. 이 와인의 레이블에는 세계적인 디자이너 수잔 오르테가(Susann Ortega)가 디자인한 메릴린 먼로의 요염한 자태가 사진으로 들어가 있다.

서구에서 오랜 역사를 쌓아온 와인 경매와 와인 펀드 등이 국내에서도 머지않아 성행할 것으로 보인다. 지금은 수입 와인에 부과되는 세금(관세, 주세, 교육세)이 많고 주류의 유통 구조도 경직되어 경매가 활발하지 못하다. 하지만 앞으로 상황이 바뀔 것을 기대하고 경매시장 등을 통해 장기 투자 개념으로 와인을 사서 모으는 사람이 늘어나는 분위기이다.

보르도의 샤토 라투르와 부르고뉴의 로마네-콩티를 수입하는 ㈜신동와인은 2005년 말경부터 현대백화점 내 와인 매장을 통해 출시 예정인 보르도 특급 와인을 대상으로 개인들로부터 선주문을 받고 있다. 시가보다 30~40퍼센트 싼 가격에 미리 물건을 판매하고 2년 후 숙성된 와인 현물을 전해주는 조건의 선물 투자에 나선 것이다. 이처럼 현물을 받지 않은 상태에서 미리 대금을 지불하는 투자 방식을 프랑스어로 앙 프리뫼르(en primeur)라고 한다.

와인 펀드에 대한 관심도 점차 높아지고 있다. 와인 펀드는 와인 실물에 투자하는 펀드와 와인 관련 기업에 투자하는 펀드로 나뉜다. 국내에서 공모 혹은 사모 형식으로 판매된 와인 펀드 가운데 운용 중인 설정액이 1억 원을 넘는 상품도 여럿 확인된다. 먼저 한국투신운용이 와인 실물 펀드 두 종류를 사모 형식으로 운용에 들어갔다. 투자 자금으로 보르도의 유명 와인들을 사서 보관하였다가 가격이 오르면 처분하여 수익을 실현하는 펀드다.

도이치투신운용이 2008년 5월 국내 최초의 공모형 실물 펀드로 선보인 '도이치 DWS 와인 그로스 실물투자신탁'도 있다. 이 펀드는 프랑스의 와인전문회사와 와인 전문가들로 구성된 투자 위원회가 투자 전략을 짜는 것으로 알려져 있다. 반면에 유리자산운용은 와인을 직접 생산하는 기업, 와인과 관련된 와인 병 제조업체, 코르크 제조업체, 치즈 업체 등에 투자하는 '유리글로벌와인 신의 물방울 펀드'를 운용하고 있다.

다채롭고 솔깃한 Tip

와인의 가격 구조

수입 와인의 유통 마진은 각종 세금처럼 법으로 명백하게 정해져 있는 것이 아니다. 따라서 수입 와인의 유통 마진을 논하는 데는 현실적 한계가 따를 수밖에 없지만 일반적으로 수입업체는 30퍼센트, 도매상은 20퍼센트, 소매상은 30퍼센트의 유통 마진을 취하는 것으로 알려져 있다. 따라서 관세, 주세, 교육세를 합한 금액에다 유통 마진이 더해지면 소비자는 1만 원에 수입된 와인을 3만 원이 넘는 가격으로 구입할 수밖에 없는 구조다. 우리나라가 세계에서 와인 값이 가장 비싼 나라로 꼽히는 것도 이런 사정 때문이다.

레스토랑이나 와인 바 가운데는 납품 가격대별로 일정한 비율(1만~1만 5,000원짜리는 3.8배, 1만 5,000~2만 원은 3.3배, 2만~3만 원은 2.7배 등)을 정해놓고 판매가를 매기거나, 지명도가 낮은 저가 와인을 터무니없이 높은 값으로 파는 곳도 있다고 한다. 소비자들이 현지 가격에 어두운 데다가 가격이 비쌀

수록 고급으로 인식하는 소비자 심리를 지능적으로 이용한다는 것이다.

유통에 수반되는 임대료, 인건비, 보관비, 운반비, 시설비, 장식비, 홍보비, 영업비, 공과금(수수료, 면허료 등)과 전기·수도·가스 요금 등 제반 비용을 감안하면 유통 마진이 오히려 적어보이기도 한다. 이런 가운데 수입 와인에 적용되는 종가제 과세방식을 종량제로 바꾸고 세율도 낮춰서 와인의 유통 가격을 낮춰야 한다는 주장이 일각에서 제기되고 있다.

이웃나라 일본은 수입 와인에 대하여 종량제 방식으로 관세를 매겨서 와인의 용량이 같으면 세금도 같다. 수입 물량이 많아서 상대적으로 싼 값에 수입을 하는데다 세금도 비싸지 않아 고급 와인의 유통 가격이 국내보다 훨씬 싸다. 750밀리리터를 기준으로 관세 118엔과 주세 35엔이 균일하게 매겨지고 최종 제품 가격(원가+관세+주세+마진)을 기준으로 소비세 5퍼센트가 가산될 뿐이다.

아시아에서 국민 1인당 와인 소비량이 가장 많은 홍콩은 아시아의 와인 허브를 자처하면서 수입 와인에 대하여 세금을 한 푼도 부과하지 않는다. 중국도 종전까지 65퍼센트로 되어 있던 와인의 수입관세를 2004년에 14퍼센트 수준으로 낮췄다. 따라서 국내 애호가들이 주말을 이용하여 도쿄나 홍콩으로 와인 쇼핑을 다녀오는 사례가 생기고, 훗날 세금 제도가 바뀌면 들여올 생각으로 해외에서 고가 와인을 매입해 보관을 위탁해놓는 사례도 있다.

한·칠레 FTA 발효에 뒤를 이어서 한·미 FTA와 한·유럽연합(EU) FTA까지 효력이 발생되어 와인 가격이 낮아지기는 했어도 애주가들의 기대에는 미치지 못하고 있다. 하지만 직수입 매장이 늘고 와인 유통구조가 개선되면 향미가 뛰어나면서 가격이 착한 와인들이 늘어날 것이다.

다채롭고 솔깃한 와인 이야기

PART 04

포도 품종과 경작

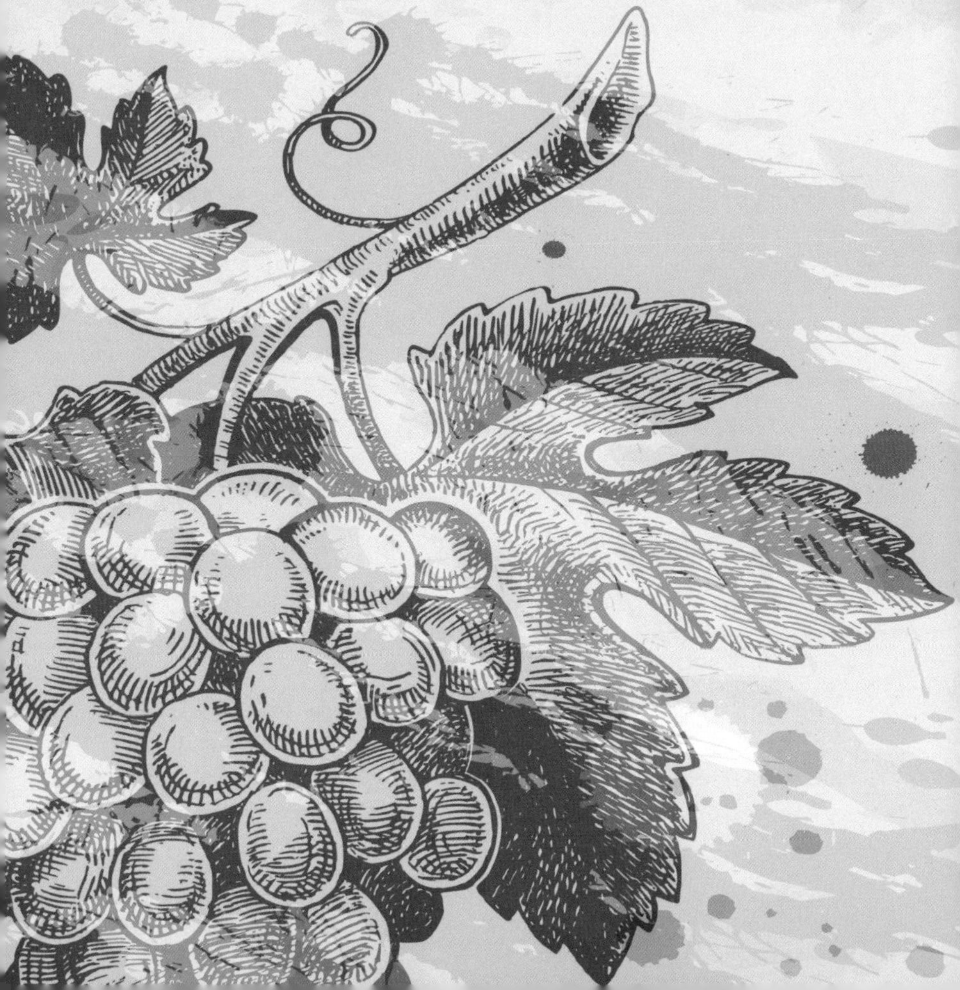

와인용 포도

포도나무 전파 학계에서는 기원전 6000~4000년경 지금의 아르메니아와 이란에 위치한 자그로스 산(Zagros Mountains) 기슭에서 처음으로 와인이 제조된 것으로 추정한다. 흑해와 인접한 그루지야(Georgia)에서 신석기 유물로 보이는 재배용 포도 종자의 씨앗과 표면에 포도무늬가 장식된 항아리가 발견되었다.

포도나무가 유럽 각지로 전파되는 데는 로마인들과 기독교도들의 역할이 컸다. 과거 오랫동안 유럽을 지배했던 로마제국은 영토를 확장할 때마다 포도나무를 가꾸어 자신들이 마실 와인을 만들게 하였다. 기독교에서는 성찬식에 와인을 사용하는 관계로 기독교가 전파된 곳에서는 자연스럽게 포도밭이 일궈지고 와인이 만들어졌다. 중앙아시아로부터 지중해를 통해 유럽과 북아프리카를 거쳐 신대륙으로 전파되는 과정에서 교배와 접목이 이루어져 새로운 품종들이 탄생하였다.

오늘날 세계 각국의 와인 산지에서는 생식과 건포도를 위한 용도와는 확연하게 구분되면서도 각기 다른 스타일의 와인을 만드는 포도 품종이 폭넓게 재배되고 있다. 화이트 와인을 만드는 품종과 레드 와인을 만드는 품종이 각각 다르고, 달콤한 와인을 만드는 품종과 새콤한 와인을 만드는 품종이 각각 다르다. 성격과 기질이 서로 다른 포도 품종들이 세계 도처에서 재배되는 환경은 개성과 스타일을 달리하는 와인들이 다양하게 생산될 수 있는 기본 토양을 제공한다.

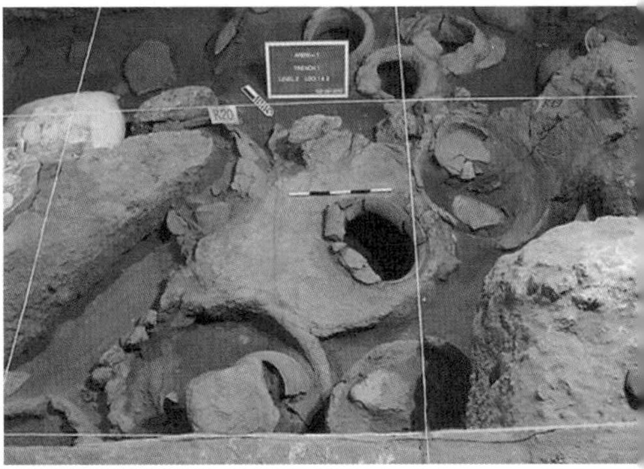
인류 역사상 가장 오래된 6,000년 전의 포도주 양조장이 아르메니아의 산악지방에서 발견됐다(연합뉴스 2011. 1. 11).

중동 지역에서도 옛날에는 포도 재배와 와인 제조가 활발히 이루어졌단다. 그런데 7세기 초 이슬람교를 창시한 마호메트가 술에 취해 주정을 부리는 신도를 목격하고 알코올 섭취를 금지시켜 양조용 포도는 사라지고 생식용과 건포도용만 남았다고 한다. 식용 포도로도 와인을 만들 수는 있으나 알갱이의 수분 비율이 높고 당도가 낮아서 좋은 와인을 만드는 데 한계가 있다.

양조용 포도는 식용에 비해 알갱이가 작고 촘촘하며 껍질이 너무 두껍고 당도와 산도가 높다는 차이가 있다. 재배 지역의 토양과 기후에 따라서 열매가 익는 시기 및 포도의 산도와 당도 등이 각기 다르다. 포도 알갱이마다 400여 종류의 화학 성분이 다양한 비율로 함유되어 와인 양조를 가능하게 만드는 것으로 알려져 있다. 포도의 껍질에는 발효 과정에서 당분을 알코올과 탄산가스로 분해(발효)하는 천연 효모들이 서식한다. 포도의 색깔과 껍질의 두께에 따라 타닌 함량이 다르고 품종에 따라 당도와 산도가 다른 원리에 의하여 와인의 스타일이 정해진다.

세파주 포도 품종은 크게 유럽계 품종과 북미계 품종으로 나뉜다. 북미계 품종은 거의가 식용(건포도 포함) 포도에 해당하고 와인 양조에는 주로 유럽계 포도가 쓰인다. 지구상에는 약 7,000여 종의 포도 품종이 존재하며 이 가운데 와인을 만들 수 있는 품종은 500여 종뿐이란다. 포도 품종 가운데 와인 양조가 가능한 것들을 프랑스어로 세파주(cépage)라고 한다.

와인 양조에 쓰이는 500여 종의 세파주는 만드는 와인의 색에 따라 화이트 품종과 레드 품종으로 구분한다. 원산지에 대한 적응력과 다양한 산지에서 획득한 인지도를 기준으로 토착 품종과 국제 품종으로 나누기도 한다.

토착 품종이란 특정 지역에서 최고의 적응력을 보이며 오랜 세월에 걸쳐 재배되어 온 품종을 말한다. 토착 품종의 최대 가치는 재배 지역의 환경요소(테루아)와 최상의 조합을 보이면서 개성이 독특한 와인을 만들어내는 데 있다. 토착 품종 가운데는 자신이 태어난 토양에서는 탁월한 적응력을 보이지만 다른 지역에 옮겨 심으면 역량의 한계를 드러내는 경우가 많다. 뿐만 아니라 특정의 산지와 최상의 조화를 이루는 품종이라도 산지의 인지도가 떨어지는 경우에는 흙 속의 진주처럼 그 진가가 묻혀 있을 수밖에 없다. 예컨대, 프랑스 보르도 남쪽의 남서부(Sud-West)지방은 말 그대로 프랑스 토착 품종의 보고로 알려져 있다. 그 밖에 이탈리아*와 에스파냐에도 수백여 종의 토착 품종이 있지만 특징이나 개성에 관한 정보는 많지가 않다.

* 이탈리아에는 알려진 토착 품종만 약 350여 종에 달하며 반도 남단의 칼라브리아(Calabria) 지방에만 등재되지 않은 토착 품종이 100여 종이나 있다고 한다.

국제 품종이란 세계의 여러 곳에서 폭넓게 재배되어 국제사회에서 인지도가 높은 품종을 일컫는다. 구대륙 국가의 와인 산지에서 품질이 입증된 품종 가운데 신세계 국가를 비롯한 세계 여러 지역으로 전파되어 성공리에 정착한 품종들이 여기에 속한다. 토착 품종의 장점을 '개성'에서 찾는다면 국제 품종은 '보편성'을 특징으로 들 수 있다. 오늘날 국제 품종으로 분류되는 종류들은 대부분 프랑스에서 유래된 것이며 보르도의 카베르네 소비뇽(cabernet sauvignon), 부르고뉴의 샤르도네(chardonnay), 론(Rhône)의 시라(syrah), 루아르(Loire)의 소비뇽 블랑(sauvignon blanc), 알자스(Alsace)의 리슬링 등이 대표적 본보기다.**

** 국제 품종이 세계 와인 시장을 석권하면서 와인 품질의 획일화를 지적하는 시각도 있다. 하지만 재배지의 환경요소(테루아)를 반영하는 포도의 속성을 믿는 사람들은 국제 품종의 폭넓은 확산으로 오히려 와인의 개성이 다양화되고 있다고 말한다. 똑같은 카베르네 소비뇽으로 양조한 와인이라도 원산지의 자연환경에 따라 각기 상이한 향과 맛을 낸다는 것이다.

민족마다 사람들의 외모와 언어가

다르듯이 포도나무도 종류에 따라 각기 다른 모양과 형질을 지닌다. 평균온도가 낮고 일조량이 적은 곳에서도 열매를 충실하게 맺는 품종이 있는가 하면 날씨가 무덥고 맑은 날이 많아야 열매가 좋아지는 품종도 있다. 따라서 와인을 생산하는 국가들은 자연환경을 토대로 국토 전체를 구획별로 나누어 구역의 특성에 맞는 품종을 법으로 정해놓고 재배와 양조를 관리하는 경우가 많다.

북미계 포도 품종은 병충해에 강하고 유럽계 품종은 열매가 충실한 특성을 갖는다. 따라서 구대륙의 포도원들은 거의가 북미계 품종인 비티스 라브루스카(Vitis labrusca)의 뿌리에다 유럽계 품종인 비티스 비니페라(Vitis vinifera)의 가지를 접붙인 포도나무를 재배한다. 접목이 되지 않고 필록세라 재앙 이전의 상태로 남아 있는 품종은 칠레의 일부 와인 산지를 포함한 극소수 지역에만 서식할 뿐이다.

양조용 포도의 두 계통

지역별	명칭	포도 품종
북미계	비티스 라브루스카 (Vitis labrusca)	노던 폭스(Nothern Fox), 콩코드(Concord) 등
유럽계	비티스 비니페라 (Vitis vinifera)	카베르네 소비뇽(Cabernet Sauvignon), 피노 누아(Pinot Noir), 메를로(Merlot), 샤르도네(Chardonnay), 세미용(Sémillon), 리슬링(Riesling) 등

세파주로 재배되는 품종마다 잎사귀의 생김이 다르고 포도송이와 포도 알갱이의 빛깔, 크기, 모양도 다르다. 화이트 품종인 리슬링은 포도 알갱이가 크고 포도송이는 작은 데 비하여 레드 품종인

카베르네 소비뇽은 포도 알갱이는 작고 포도송이는 큰 외형을 보인다. 리슬링은 포도송이의 평균 무게가 105그램에 불과한 반면에 카베르네 소비뇽은 179그램이나 된다. 리슬링은 포도 알갱이의 평균 무게가 1.4그램인데 비하여 카베르네 소비뇽은 1.2그램에 불과하다. 포도송이에서 줄기가 차지하는 비율도 품종마다 다르고, 포도 알갱이에서 포도 씨가 차지하는 비율도 각기 다르다. 똑같은 레드 품종이라도 카베르네 프랑(cabernet franc)은 포도송이에서 줄기가 차지하는 비중이 3.0퍼센트이고 피노 누아는 2.1퍼센트이다. 역시 레드 품종이지만 카베르네 소비뇽은 포도 알갱이에서 씨앗이 차지하는 비율이 8.6퍼센트이고 메를로는 6.7퍼센트이다.

와인 포도 세계지도 세계 각국에 조성되어 있는 포도밭의 넓이는 모두 800만 헥타르(ha: 1ha는 1만㎡로 약 3,000평)에 달한다. 축구장 잔디 면적 크기의 포도밭이 800만 개 있는 셈이다. 대륙별 및 국가별로 주로 재배하는 품종이 다양하다. 동일한 품종이라도 재배되는 지역에 따라 함유 물질, 맛, 향 등이 다르다. 이러한 차이가 와인의 세계를 다채롭게 만든다. 전체의 66퍼센트에서는 와인용 포도가, 나머지 약 34퍼센트 정도에서는 생식용과 건포도용이 재배되고 있다.

와인 명산지가 몰려 있는 에스파냐, 이탈리아, 프랑스 등 세 나라가 포도밭을 가장 많이 조성하고 있다. 포르투갈을 비롯하여 미국·아르헨티나·칠레·독일·남아프리카공화국·오스트레일리아·캐나다 등은 상대적으로 포도밭 면적이 좁은 것으로 알려져 있다. 지중해 연안의 그리스, 독일과 인접한 오스트리아, 동유럽 지역의 러시아·유고슬라비아·헝가리·루마니아·불가리아, 그리고 남미의 브라질과 아시아의 중국·일본·한국 등에도 적으나마 포도밭이 조성되어 있다.

비넥스포 2007(VINEXPO 2007) 조직위원회가 발간한 '세계 와인 및 주류 시장 현황 보고서'에 따르면 전 세계의 포도 산지에서 매년 약 300억 병 정도의 와인이 생산되며 세계의 와인 소비는 매년 2억 6,600만 병씩 증가하고 있다. 세계 인구를 약 50억 명으로 잡으면 대략 한 사람이 여섯 병을 마실 수 있는 양이다.

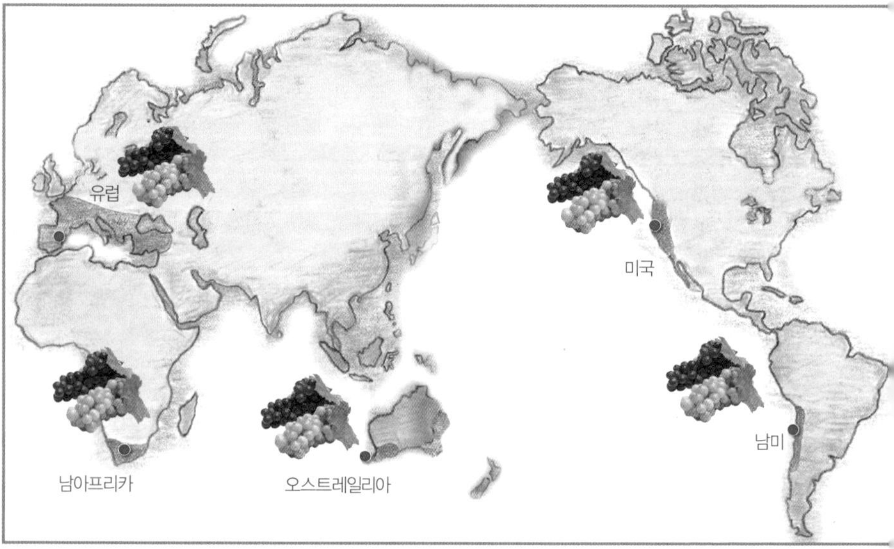

세계의 와인 산지

레드 품종

품종 이름 구대륙과 신대륙의 와인 생산국들은 수많은 종류의 포도 품종을 레드 와인 양조용으로 지정하거나 허가하고 있다. 세계의 주요 와인 산지에서 널리 재배되고 국내에서도 인지도가 높은 품종으로는 카베르네 소비뇽(cabernet sauvignon) [또는 캡 소비뇽(cab sauvignon)], 메를로(merlot), 카베르네 프랑(cabernet franc), 피노 누아(pinot noir), 프티 베르도(petit verdot), 시라(syrah) [또는 시라즈(shiraz)], 가메(gamay), 진판델(zinfandel), 그르나슈(grenache) [또는 가르나차(garnacha)], 카르메네르(carménère), 네비올로(nebbiolo), 산조베세(sangiovese), 템프라니요(tempranillo) 등이 있다.

레드 품종이라고 해서 반드시 레드 와인 양조에만 쓰이는 것은 아니다. 프랑스 프로방스와 미국 캘리포니아에서는 레드 와인용 포도의 껍질을 벗겨내고 발효를 시켜서 화이트 와인을 만든다.

카베르네 프랑

메를로

카베르네 소비뇽

교배 품종 '레드 와인의 교과서' 혹은 '레드 품종의 제왕'으로 불리며 레드 품종의 대명사로 통하는 카베르네 소비뇽(캡 소비뇽으로 약칭하기도 함)은 레드 품종인 카베르네 프랑과 화이트 품종인 소비뇽 블랑의 교배종이다. 1997년 미국의 캐럴 메러디스(Carol Meredith) 박사팀이 51종에 달하는 포도 품종의 디엔에이(이하 DNA)를 조사하고 30종의 DNA 표지를 비교해서 일치하는 두 개의 품종을 찾아냄으로써 이 같은 사실을 밝혀냈다. 인위적으로 접목한 것이 아니라 17세기 보르도의 서로 다른 지역에서 자라던 두 품종 사이에 우연히 교차수분(交叉受粉)이 이루어져 새로운 성격의 품종이 탄생된 것이다. 와인 생산국 가운데 유일하게 남아프리카공화국에서만 재배되는 피노타주(pinotage)는 케이프타운에 있는 스텔렌보스

(Stellenbosch)대학의 페롤드(A.I. Perold) 교수가 1925년에 피노 누아 품종과 생소(Cinsault 또는 Cinsaut) 품종을 접목하여 탄생시킨 것이다.

강점 & 약점 카베르네 소비뇽은 자갈과 모래가 많은 토양에서 잘 자란다. 껍질이 두껍고 가지도 튼튼해서 추위와 병충해에 강하고 만생종이라 냉해에도 잘 견딘다. '소비뇽(sauvignon)'은 프랑스어로 '야생'을 뜻하는 'sauvage'에서 파생된 단어다. 와인의 타닌 맛이 진해서 초보자들이 거부감을 갖기도 하지만 부패가 느려서 장기 보관에 유리하다. 성장이 느려서 여름에 맑은 날이 적거나 가을에 기후가 습하거나 차가운 지역에서는 포도 알갱이가 충분히 여물지 않는다.

메를로는 점토질 토양에서 잘 자란다. 카베르네 소비뇽보다 먼저 싹이 트고 먼저 개화하는 관계로 서리의 피해를 더 자주 받을 수 있다. 와인은 타닌이 적어서 빨리 숙성되고 초보자들 사이에 인기가 높으나 장기 보관에 불리하다.

카베르네 프랑은 카베르네 소비뇽과 닮은 점이 많으나 자갈이 많은 점토질 토양을 좋아하고 수확기가 이르며 서늘한 기후에서 잘 자라는 차이를 보인다. 피노 누아는 서늘한 기후대를 좋아하지만 재배조건이 까다로워 유명 포도원들도 심기를 주저하는 품종 가운데 하나다.

시라는 더운 기후와 척박한 토양에서 잘 자라서 '터프 가이'라는 별칭이 따라다니며 오스트레일리아에서는 시라즈(shiraz)라고 불린다.

가메는 프랑스 부르고뉴의 보졸레[보죄(Beaujeu) 시 인근 지역]에서 대량으로 재배되며 향미가 신선하고 풍부한 보졸레 누보 와인을 만든다. 진판델은 미국 캘리포니아 북쪽의 서늘한 해안가에서 대량으로 재배되며 당도가 높고 알콜 도수도 높은 와인을 만든다. 이탈리아에서는 프리미티보(primitivo)라고 호칭된다. 카르메네르(carménère)는 프랑스 보르도가 원산지이나 유럽 대륙을 필록세라가 휩쓸고 간 이후로 칠레의 상징적 품종으로 자리를 잡았다.

네비올로는 이탈리아어로 '안개(mist)'라는 뜻이며 흔히 '거친' 품종으로 묘사된다. 포도의 껍질이 두껍고 짙은 보라색을 띠며 수확 시기가 늦은 편이다. 바롤로(Barolo), 바르바레스코(Barbaresco)의 원료로 쓰이며 힘이 워낙 강해서 최소한 6년은 숙성시켜야 제맛을 느낄 수 있다.

산조베세의 어원은 'Sanguis Jovis (The blood of Jove)'이며 로마신화에 등장하는 모든 신들의 지배자인 '유피테르(Jupiter)의 피'란 의미를 가지고 있다. 이탈리아에서 가장 폭넓게 재배되는 품종이며 열네 가지 변종이 알려져 있다.

템프라니요는 에스파냐 중북부의 리오하(Rioja)와 리베라 델 두에로(Ribera del Duero) 등지에서 널리 재배되며 척박한 환경에서도 잘 자라고 수확 시기가 빠른 특징이 있다.

레드 품종으로 와인 만들기 프랑스의 부르고뉴는 피노 누아 한 가지로 로마네-콩티(Romanée-Conti) 같은 최고급 레드 와인을 만들고, 루아르(Loire) 지방에서는 카베르네 프랑 한 가지로 향미가 뛰어난 레드 와인을 만든다. 보르도 포므롤(Pomerol)의 페트뤼스(Pétrus)와 이탈리아 토스카나의 마세토(Masseto) 등도 100퍼센트 메를로를 사용한다. 이탈리아 토스카나를 대표하는 브루넬로 디 몬탈치노(Brunello di Montalcino), 로소 디 몬탈치노(Rosso di Montalcino), 산조베세 디 로마냐(Sangiovese di Romagna) 등도 산조베세 품종만으로 양조된다. 이탈리아 피에몬테(Piemonte)의 바롤로(Barolo)도 네비올로 한 가지로 만든다.

일반적으로는 두 가지 이상의 품종을 이상적인 비율로 섞어서 다양한 스타일의 와인을 생산한다. 프랑스 보르도의 메도크(Médoc) 및 오메도크(Haut-Médoc) 지역은 카베르네 소비뇽, 메를로, 카베르네 프랑, 프티 베르도, 말베크(Malbec) 등을 혼합하여 산도가 높고 타닌이 풍부하며 숙성 능력이 뛰어난 레드 와인을 만든다. 지롱드(Gironde) 강 건너편에 위치한 생테밀리옹, 포므롤, 프롱사크(Fronsac) 지역에서는 카베르네 프랑과 메를로를 높은 비율로 섞어서 부드러운 향미가 뛰어난 레드 와인을 만든다. 론 북부의 코트-로티(Côte-Rôtie)와 에르미타주(Hermitage)에서는 시라와 그르나슈(grenache)를 비롯한 다양한 품종을 다양한 비율로 섞어서 산도가 높고 과일향이 풍부한 레드 와인을 만든다.

이탈리아의 슈퍼 투스칸, 미국의 메리티지(meritage) 와인 등도 품종 혼합을 기본으로 생산된다.* 에스파냐의 리오하에서는 향이 떨어지는 템프라니요와 향이 뛰어난 그르나슈를 섞어서 질 좋은 레드 와인을 만든다.

* 메리티지 와인이란 미국에서 생산되는 와인 가운데 프랑스 보르도의 포도 품종 및 블렌딩 방법을 적용하여 2만 5,000상자 한도 내에서 최고 품질의 포도로 만들어진 와인을 일컫는 말이며 '오퍼스 원', '인시그니아' 등이 대표적 본보기이다. 콘 크릭(Conn Creek) 와이너리의 Anthology, BV 와이너리의 Tapestry, 로버트 크렉(Robert Craig) 와이너리의 Affinity 등도 유명하다.(196쪽 참조)

적포도주의 언어별 호칭

영어	프랑스어	에스파냐어	독일어
레드 와인 red wine	뱅 루즈 vin rouge	비노 틴토 vino tinto	로트바인 rotwein

레드 와인의 향과 맛 카베르네 소비뇽 와인은 붉은 과일, 바닐라, 감초, 절인 피망, 파프리카 등의 향이 나며 숙성을 거치면 검은 송로버섯 향을 강하게 풍긴다. 메를로 와인은 타닌 맛이 매끄럽고 향미가 부드러워 원숙한 여인의 이미지가 짙다. 카베르네 프랑 와인은 허브향 같은 아로마와 부케가 뛰어나고 삼나무 향, 약한 담배 향, 블랙 코린트(black corinth), 계피, 딸기 향이 나며 뒷맛에서 블랙베리 향이 드러난다. 피노 누아 와인은 색이 연하면서도 과일 향이 풍부하고 맛이 부드럽다. 어린 와인에서는 체리, 산딸기, 후추 향이 나며 숙성을 거치면 버섯, 초목, 과일 잼 등의 향을 발산한다. 시라 또는 시라즈 와인은 색상이 매우 진하며 과일 향이 풍부하고 후추·정향·계피·제라늄 향 등 꽃향기와 향신료 냄새를 강하게 풍

긴다. 가메 와인은 딸기, 카시스, 산딸기 같은 붉은 과일 향이 강하며 신선하면서도 약간 신맛이 난다. 진판델 와인은 블루베리, 블랙체리, 감초, 라즈베리, 후추 향을 발산한다. 포도의 당도가 높아서 와인의 알콜 도수가 상대적으로 높다.

그르나슈 와인은 과일 잼, 자두, 월계수, 가시덤불 냄새 등을 발산하며 숙성을 거치면 향신료 냄새와 말리 허브 향을 풍긴다. 카르메네르 와인은 강한 색상, 부드러운 산미, 스파이시한 풍미를 드러낸다. 네비올로 와인은 그 어떤 와인 품종보다 강하고 또 감미로운 아로마를 가지며 블랙체리, 아니스, 감초 향을 발산한다. 품질이 좋은 바롤로나 바르바레스코 와인은 20년 이상까지도 숙성시킬 수 있다.

산조베세 와인은 산도가 높으며 과일향이 두드러지고 우아하면서 세련된 강인함을 잘 표현한다. 산딸기, 블루베리, 꽃향기, 시큼한 블랙체리, 라즈베리, 흙냄새 등을 발산하며 마무리 단계에서 쓴맛을 드러내기도 한다.

템프라니요 와인은 산도가 적당하고 딸기, 레드 커런트(red currant), 정향 등의 붉은 과일 향, 흙냄새, 가죽 향 등을 발산한다. 하지만 후각기관으로 감지할 수 있는 향의 종류와 범위는 개인차가 심하다. 그리고 충분한 시음 실습이나 아로마 키트(aroma kit)를 이용한 특별 훈련을 거치지 않으면 와인의 향을 세밀하게 구분하기가 매우 어렵다.

화이트 품종

품종 이름 구대륙과 신대륙의 와인 생산국들은 여러 종류의 포도 품종을 화이트 와인 양조용으로 지정하거나 혹은 허가하고 있다. 잘 알려지지 않은 토착 품종까지 망라하면 그 종류가 얼마나 될지 알기가 어렵다. 재배지가 전 세계에 분포하고 국내에서도 비교적 인지도가 높은 품종으로는 샤르도네(chardonnay), 리슬링(riesling), 소비뇽 블랑(sauvignon blanc), 슈냉 블랑(chenin blanc), 세미용(sémillon), 게뷔르츠트라미너(gewurztraminer), 머스캣(muscat) [또는 모스카토(moscato)], 피노 그리(pinot gris), 비오니에(viognier) 등이 있다. 레드 품종이 그렇듯이 화이트 품종 역시 반드시 화이트 와인 제조에만 쓰이는 것은 아니다. 프랑스 샹파뉴에서는 화이트 품종인 샤르도네를 레드 품종인 피노 누아 및 피노 뫼니에(pinot meunier)와 혼합하여 빼어난 품질의 샴페인을 만든다.

교배 품종 샤르도네는 로마제국의 프로부스(Probus) 황제(276~282)가 크로아티아로부터 구에 블랑(gouais blanc)을 가져다 프랑스 부르고뉴 지방에서 재배되는 피노 누아와 접목시켜 만들어낸 품종이다. 독일에서 많이 재배되는 뮐러-트루가우(müller-thurgau)는 독일 가이젠하임(Geisenheim) 연구소의 스위스계 육종학자였던 뮐러(H. Müller) 박사가 리슬링과 실바너(silvaner) 품종을 접목시켜 만들어낸 품종이다. 역시 독일에서 널리 재배되는 쇼이레베(scheurebe) 품종도 실바너와 리슬링의 접목으로 탄생된 교배종이다. 신품종으로 널리 인기를 모으고 있는 케르너(kerner)는 화이트 품종인 리슬링과 레드 품종인 트롤링거(trollinger)의 교배로 태어난 품종이다.

독일에서는 룰렌더(rulender), 프랑스에서는 피노 그리(pinot gris)라고 불리는 화이트 품종은 접목과 상관없이 블라우어-슈파트부르군더(blauer-spatburgunder) 품종의 돌연변이로 생겨난 것이다.

강점 & 약점 샤르도네는 세계적으로 지명도가 가장 높은 화이트 품종이다. 프랑스의 부르고뉴가 원산지이며 샹파뉴(Charnpagne), 쥐라(Jura) 등지에서도 많이 재배된다. 환경 적응 능력이 다른 어느 품종보다도 뛰어나서 세계 각처의 이름난 와인 산지에서 기후 환경이 반영된 훌륭한 품질의 화이트 와인을 만들어 높은 인기를 누린다.

리슬링은 체질이 강건하여 추위에 잘 견디고 생산력도 매우 뛰어난 강점이 있다. 싹이 늦게 나오는 만생종이며 프랑스 동북쪽의

샤르도네

리슬링

소비뇽 블랑

알자스 지방과 독일 및 오스트레일리아 등지에서 널리 재배된다.

소비뇽 블랑은 야생적 개성이 매우 강한 품종이다. 프랑스 루아르 지방의 상세르(Sancerre)가 원산지이나 근자에는 뉴질랜드의 대표 품종으로 자리를 잡았다.

슈냉 블랑은 석회질이 많은 응회암질 토양을 가진 프랑스 루아르 중부의 앙주(Anjou)와 투렌(Touraine) 지방에서 널리 재배된다. 루아르의 피노(pinot de la Loire) 혹은 블랑 당주(blanc d'Anjou)라는 별명으로 불리기도 한다. 산도가 높은 장점 덕분에 캘리포니아와 남아공[스틴(steen)이라고 부름]에서도 인기가 높다.

세미용은 껍질이 얇고 포도송이가 크고 조밀하게 달리는 관계로 곰팡이의 침입에 취약하여 귀부 와인 제조용으로 널리 재배된다. 프랑스 보르도(소테른)와 헝가리의 토커이를 비롯하여 독일, 오스트레일리아, 미국, 칠레, 아르헨티나, 남아공 등지에서 널리 재배된다.

게뷔르츠트라미너는 추위에 강하여 독일, 프랑스(알자스), 뉴질랜드, 캘리포니아(북부) 등지에 주로 보급되어 있다. 세상에서 가장 진하고 그윽한 아로마를 발산하는 품종으로 통하며 핑크에 가까운 껍질색은 화이트 와인의 색을 풍부하게 하는 데 도움을 준다. 'gewurz'는 독일어로 '향'이라는 뜻이며 긴 이름을 줄여서 '트라미너(traminer)'라고 부르기도 한다.

머스캣은 석회질 진흙에서 잘 자라며 프랑스의 랑그도크루시용(Languedoc–Roussillon)과 이탈리아 피에몬테의 아스티(Asti), 쿠네오(Cuneo), 알레산드리아(Alessandria) 등지에서 널리 재배된다. 비오니에는 수확량이 적고 병충해에 매우 약해서 과거에는 프랑스의 북부 론에서 소량으로 재배될 뿐이었으나 근래에는 프랑스 남부 전역에서 널리 재배되고 미국 캘리포니아에서도 재배가 확대되고 있다.

화이트 품종으로 와인 만들기 화이트 와인은 레드 와인과 반대로 포도 품종을 섞지 아니하고 한 가지만으로 만드는 것이 기본이다. 이런 이유로 포도 품종의 고유한 특성이 와인에 그대로 반영되는 것이 일반적이다. 재배지의 자연환경과 숙성기간의 차이에 따라 향미에 차이가 생길 뿐이다.

부르고뉴의 샤블리와 코트–도르(Côte-d'Or), 뫼르소(Meursault), 퓔리니 몽라셰(Puligny Montrachet), 샤사뉴 몽라셰(Chassagne Montrachet) 등지에서는 샤르도네 한 가지로 품질이 빼어난 화이트 와인을 만든다. 루아르의 푸이–퓌메(Pouilly-Fumé)와 상세르

(Sancerre), 코토 뒤 레용(Côteaux du Layon), 카르-드-숌(Quarts-de-chaume), 부브레(Vouvray), 몽루이(Mont Louis) 등지에서는 슈냉 블랑 한 가지로 품질 좋은 화이트 와인을 생산한다. 뉴질랜드의 배비치(Babich)에서는 소비뇽 블랑 한 가지로 식물성 아로마가 강한 화이트 와인을 만들고, 미국의 캘리포니아와 오스트레일리아의 유명한 화이트 와인들도 거의 한 품종으로 만든다.

포도 품종을 혼합하는 경우가 전혀 없지는 않다. 보르도에서는 세미용과 소비뇽 블랑을 섞어서 신맛이 산뜻하고 짜릿한 화이트 와인을 만든다. 샹파뉴에서는 샤르도네를 레드 품종들과 섞어서 세계 최고의 샴페인을 만든다.

화이트 와인의 향과 맛 샤르도네 와인은 버터와 레몬의 향을 감미롭게 발산하고 견과류·크림·토스트·비스킷·멜론·망고·파인애플 향을 내기도 한다. 똑같은 샤르도네 와인이라도 부르고뉴 샤블리의 제품은 초록사과·배·감귤류와 식물·미네랄 향이 강하고, 남쪽 코트-도르의 샤르도네 와인(샤사뉴 몽라셰, 퓔리니 몽라셰, 뫼르소)은 복숭아·멜론·살구 향을 드러낸다. 그런가 하면 일조량이 풍부한 신대륙의 샤르도네 와인은 잘 익은 열대 과일의 풍미와 부드러운 오크 향을 낸다.

점판암 지질인 알자스의 리슬링 와인은 미네랄 향과 특유의 부싯돌 향이 나며 10년 이상을 저장해도 맛과 향이 변하지 않는다.

반면에 날씨가 더 추운 독일의 리슬링 와인은 상쾌한 사과 향과 복숭아 향을 기품 있게 발산한다. 소비뇽 블랑 와인은 싱싱하고 신선한 청량감과 더불어서 진한 벌꿀, 구아바(guava), 모과 등의 향을 가지며 쇠같이 단단하며 따끔거릴 정도로 강한 신맛과 미네랄 냄새를 풍긴다. 슈냉 블랑 와인은 벌꿀 향, 꽃향기, 젖은 지푸라기 향, 스모크 향 등이 풍부하다. 또한 사과 향, 복숭아 향, 배 향 등이 특히 매력적이다. 고급일 경우 달콤한 과일 향이 남는 뒷맛이 특히 좋다. 알코올 도수와 신맛이 적당하여 발포성 와인과 귀부 와인의 원료로도 쓰인다.

세미용 와인은 미디엄-풀 바디, 낮은 산도, 높은 알콜 도수, 황금색을 띠는 특징을 갖는다. 샤르도네와 비슷하게 레몬, 그레이프프루트, 사과, 복숭아, 배, 열대 과일, 오렌지, 마멀레이드의 향을 발산한다. 참나무통 숙성을 거치지 않은 것은 레몬 향을 살짝 풍기고 맛이 가벼운 편이다. 주병 후 10년 정도 숙성하면 부드럽고 연한 라놀린과 복숭아 향이 생성된다.

트라미네르 와인은 알코올 도수가 높으면서도 맛이 부드럽고 매혹적인 장미향과 진한 석유 냄새를 연속적으로 풍긴다. 머스캣 와인은 신선한 포도, 장미, 사과, 건포도 향이 감미롭다. 단맛이 강하면서 알코올 도수가 낮아 후식용으로 많이 쓰인다. 피노 그리*도 향이 진한 특징을 지닌다. 비오니에 와인은 살구 향과 복숭아 향이 강하며 알코올 도수가 높지만 향이 오래 지속

* 프랑스 알자스산은 벌꿀 향과 탄 냄새로 유명하고, 미국 오리건(Oregon)산은 가벼우면서 상큼한 맛이 뛰어나다.

되지 못하는 단점이 있다. 프랑스 북부 론에서 생산되는 제품은 연한 초록빛이 감도는 황금색을 띠며 미디엄과 풀 바디 사이의 느낌을 선사한다.

재배 환경

테루아 와인과 관련되는 천(天)·지(地)·인(人)의 조건을 한마디로 종합해서 테루아라고 한다. 포도 재배지의 자연환경, 거주인구, 양조 기술, 판매 여건, 그리고 인간의 지식과 정성을 포함하여 와인의 생산과 유통에 수반되는 일체의 환경요소를 총칭하는 개념이다. 와인 산지의 기후·토질·일조량·강우량·밭의 방향과 경사도·바람의 방향 등 자연환경을 비롯하여 재배하는 포도의 품종·재배법·수확법·발효시설·숙성환경·혼합기술·교통여건·유통구조, 심지어는 지역여론과 병충해까지도 테루아 개념에 포함된다.

프랑스의 보르도와 부르고뉴, 이탈리아의 토스카나와 피에몬테, 미국 캘리포니아의 나파 밸리와 소노마 카운티(Sonoma County), 에스파냐의 리오하와 리베라 델 두에로, 독일의 모젤-자르-루버와 라인가우(Rheingau), 칠레의 마이포 밸리와 카사블랑카 밸리

(Casablanca Valley), 오스트레일리아의 쿠나와라(Coonawarra)와 바로사 밸리(Barossa Valley) 같은 와인 명산지들은 하나같이 포도 재배와 와인양조에 이상적인 테루아를 갖추고 있다.

"포도나무는 언덕을 좋아한다."는 라틴 속담이 있듯이 포도밭 자리는 태양열을 받기에 유리한 언덕이 좋은 곳이다. 태양은 동쪽에서 떠서 남쪽을 통과해 서쪽으로 지기 때문에 남서쪽을 향한 밭이 특히 더 좋다. 언덕의 상층부나 자락에 위치한 곳보다 중간 정도가 더 명당(明堂)이다. 행세하던 가문의 묘지들이 모두 산의 중턱에 위치하고 아파트 건물에서도 중간층을 '로열(royal)'로 치는 것과 같다.

언덕은 포도나무를 강인하게 키워내는 장점도 갖는다. 하늘에서 내린 비가 오랫동안 머무는 평지에서는 주변에 수분이 많아서 포도나무가 땅속 깊이 뿌리를 내리지 않는다. 뿐만 아니라 지표의 수분을 과도하게 빨아들여 줄기와 잎과 열매를 비만증에 빠뜨린다. 포도 넝쿨과 잎이 우거지면 태양열을 가로막아 포도가 제대로 영글지 못하게 된다. 반면 언덕바지는 빗물이 순식간에 배수(排水)되어 땅속 깊이 뿌리를 내릴 수 밖에 없고 청정한 지하수와 다양한 종류의 미네랄(광물질)을 줄기로 보내서 향미가 풍부한 포도가 영글게 만든다.

●

토양 비옥한 땅보다 자갈, 모래, 석회석, 진흙 등이 뒤섞인 척박한 토질이 포도나무 재배에 적합하다. 메마른 토양에서는 좋은 품질의 와인이 소량 산출되고, 기름진 토양에서는 보통 품질의 와인이 대량 산출된다. 유명 와인을 생산하는 포도원의 밭들은 하나같이 자갈 혹은 진흙투성이 땅에 조성돼 있다. 포도나무는 생명력이 매우 강해서 지하 10미터 아래까지도 뿌리를 뻗어 지하수를 빨아들여 줄기와 잎새로 전달한다.

양질의 레드 와인은 화강암질 토양에서 수확한 포도송이로 만들어진다. 토양이 메마를수록 뿌리를 깊고 넓게 뻗어 수분과 영양분을 풍부하게 흡수하여 포도 알갱이에 미네랄이 풍부하다. 미네랄에는 이온과 마그네슘이 들어 있어 복합적이고 강렬한 향의 바탕이 된다.

양질의 화이트 와인은 프랑스의 샹파뉴나 샤블리처럼 백악질 또는 석회암 토양이 잘 갖춰진 곳에서 주로 생산된다. 땅 표면(경작층)을 구성하는 점토와 부식토는 포도나무에 질소, 인, 칼륨 같은 자양분을 공급하는 소중한 영양창고다.

기후와 일조량 기후(climate)란 오랜 기간 동안의 평균 날씨를 일컫는 말이다. 일반적으로 30년간의 평균을 기후로 여긴다. 기후는 일정하게 고정되어 있지 아니하고 수십 년 또는 수백 년의 주기에 따라 변화한다. 포도 재배와 와인 생산에 적합한 기후대 내에서도 기후 변수가 포도 농사에 미치는 영향은 절대적이다. 기후가 고르지 않으면 절대로 좋은 와인이 생산될 수 없다.

봄철에는 날씨가 따뜻하면서 비가 부드럽게 적당히 내려야 포도나무가 잘 자란다. 개화기에는 따뜻한 날씨가 이어져야 포도 넝쿨이 활기차게 꽃을 피우고, 여름에는 온도가 높고 맑은 날이 충분히 이어져야 포도 열매가 충실하게 열린다. 가을에는 맑고 건조한 날씨가 오래 이어져야 포도 알갱이가 야무지게 익는다. 포도나무가 생장을 멈추고 휴식을 취하는 동절기에는 적당히 서리가 내려야 병충해의 침입으로부터 포도나무가 안전할 수 있다. 하지만 추위가 너무 심하면 포도나무가 냉해를 입어 이듬해 포도 수확을 기대할 수 없게 된다. 포도 재배에 최고로 이상적인 환경조건을 갖추고 있는 부르고뉴의 로마네-콩티 포도밭은 큰 추위가 닥쳐도 경계의 바깥쪽에만 얼음이 언다.

조생종 포도가 제대로 익으려면 약 1,200시간 정도 태양의 은혜를 입어야 한다. 만생종의 경우는 1,600시간 동안 햇볕을 받아야 한다. 그래서 와인용 포도의 재배지는 주로 지구촌 북반구와 남반구, 위도 30~50도에 걸쳐 분포한다. 프랑스 북부의 샹파뉴는 위도가 높아서 종종 포도가 미처 익기도 전에 겨울이 와서 포도 농사를 망친다. 반면에 남부의 론 지방은 고온건조한 데다가 강수량도 부족하여 포도가 너무 빨리 익어서 피해를 입을 때가 있다.*

* 1977년 여름 보르도에는 폭우가 장기간 계속되어 포도가 태양열을 받을 시간이 없어서 포도원들이 낭패를 겪었다. 1984년과 1985년에는 프랑스 북부 지방에 강추위가 몰아쳐 많은 포도원이 파산의 고통을 겪었다.

기후가 같은 지역 내에서도 포도밭의 지형에 따라 일조량에 차이가 생긴다. 북반구에서는 일조시간이 상대적으로 긴 정남향의 경사면에 포도밭을 일궈야 포도의 당도가 높아진다. 강이나 바닷가에 포도밭을 일구면 일조량이 풍부하고 습도도 높아서 포도가 충실하게 열린다. 같은 포도나무에서도 열매가 달린 방향에 따라 포도 맛이 다르고, 같은 포도송이에서도 포도 알갱이가 매달렸던 위치에 따라 당도와 산도에 차이가 생긴다.

다채롭고 솔깃한 Tip

슈퍼 빈티지는 은총인가, 저주인가?

화석연료 남용, 무차별 벌목, 프레온가스 사용 등으로 대기권이 수증기, 이산화탄소, 오존 따위로 채워진 결과로 지구가 더워지는 온실효과가 포도 재배 및 와인 생산의 판도를 바꿔놓고 있다. 지구 온도의 상승에 따른 여름철의 무더위 덕분에 프랑스의 보르도와 샹파뉴 등지에서는 '슈퍼 빈티지'의 은총이 반복되지만 저주의 전주곡일 개연성이 높다. 영국의 와인 전문가 로버트 조지프(Robert Joseph)는 "50년 후 보르도의 기후가 지금의 북아프리카처럼 바뀌어 더 이상 좋은 와인을 생산하지 못할 것"이라고 전망한다.

포도 재배의 북방 한계선에 위치하여 추위에 잘 견디는 리슬링 품종으로 화이트 와인과 아이스 와인을 많이 만드는 독일은 온실효과의 영향으로 기온이 높아져 피노 누아를 심어 레드 와인을 만드는 포도원이 급속히 늘고 있다. 아이스 와인의 신흥 명산지 캐나다도 여름철의 폭염이 길어지고 밤낮의 일교차가 줄어들어 포도의 당도는 높으나 산도와 타닌이 부족해져 세계적인 명성이 훼손될 위기를 맞고 있다. 현재처럼 기온 상승이 계속되면 머지않아 프랑스, 이탈리아, 에스파냐는 포도 재배가 불가능하게 되고 알래스카, 시베리아, 남극과 북극 등이 포도와 와인의 명산지로 변모할지도 모를 일이다.

영농 착안점과 경작 요령

명당 토지 고르기 훌륭한 와인을 생산하려면 먼저 훌륭한 토지를 확보하여야 한다. 훌륭한 포도를 생산하는 밭들은 흔히 모래, 자갈, 암반 등이 뒤덮인 척박한 땅에 위치하는 공통점을 갖는다. 양분이 풍부한 토양은 오히려 포도나무에 비만 증상을 일으킨다. 열매를 과도하게 맺을 뿐 아니라 포도에 불필요한 성분들을 함유시켜 좋은 와인이 나오기 어렵게 만든다. 심으려는 품종을 정해놓고 토지를 찾는 경우라면 당연히 해당 품종에 적합한 토지를 찾아야 할 것이다. 하지만 이 경우도 밭의 위치와 방향을 고르는 원리는 동일하다.

토지와 품종의 궁합 맞추기 훌륭한 와인은 좋은 포도로부터 나

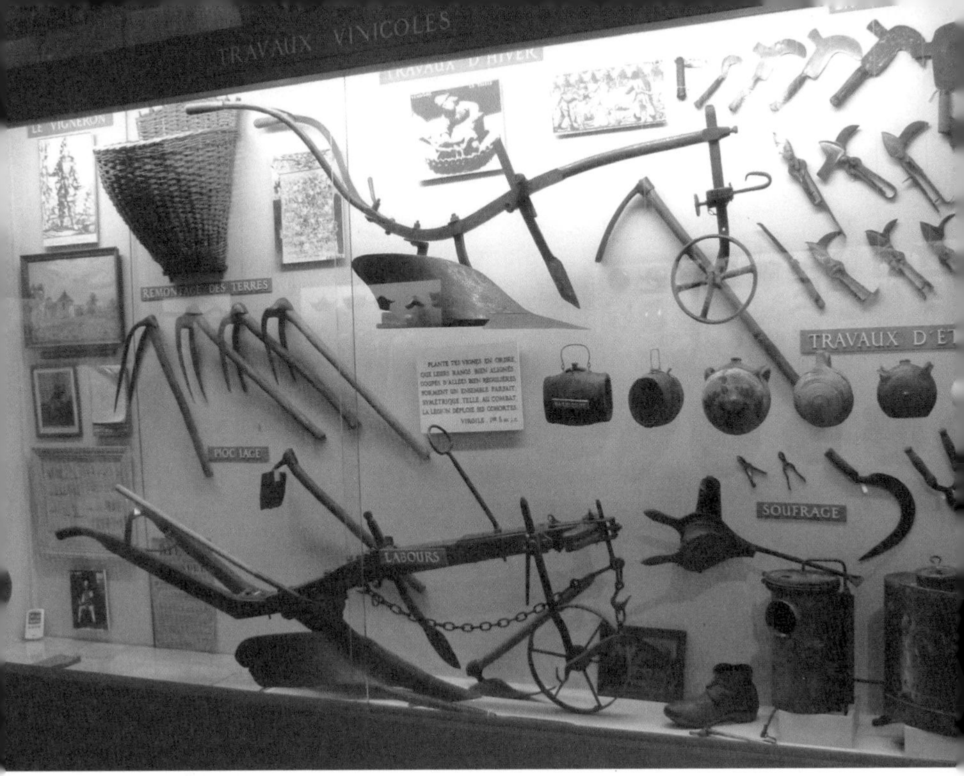

포도 재배에 사용되던 농기구들(프랑스 투르 와인 박물관)

오고 좋은 포도는 건강하게 잘 자란 포도나무로부터 채취된다. 그러므로 훌륭한 와인을 만들기 위한 두 번째 조건은 토질 조건에 적합한 포도 품종을 신중하게 고르는 것이다. 앞에서 이미 언급하였듯이, 포도나무들은 하나같이 자신에게 가장 적합한 환경에서만 최고로 알찬 열매를 맺는다. 같은 품종이라도 재배되는 지역의 환경과 경작 기술에 따라 최종적으로 생산되는 와인의 스타일이 달라진다. 어떤 품종을 선택할 것인지는 밭주인의 현실적 여건과 취향에 따라 결정될 문제다.

언제 그리고 어떻게 심을까 늦가을 이후부터 묘목을 심을 수 있으나 겨울철은 땅이 얼어서 나무가 뿌리를 내리기 어려우므로 식목은 봄에 하는 경우가 많다. 묘목을 심기 전에 먼저 적당량의 비료를 뿌리고 밭을 갈아엎어 식재할 포도나무가 뿌리를 내리기 쉽게 만든다. 비료를 너무 많이 뿌리면 흙속에서 분해되는 데 오랜 시간이 걸려서 포도나무의 생장을 방해할 수 있다. 묘목을 너무 얕게 심으면 뿌리가 깊게 뻗지 못해 다양한 양분을 섭취하지 못하게 된다. 강한 바람을 예상하여 버팀목을 세워줄 때도 있다.

포도나무를 심을 때 가장 신경을 써야 할 부분은 포도나무의 간격과 밭고랑의 간격을 정하는 일이다. 보통은 포도나무 사이의 간격이 1.5미터 이상 떨어지도록 묘목을 심는다. 간격이 비좁으면 가지와 잎사귀들이 햇볕의 경로를 가로막고 공기의 순환을 차단하여 병충해가 생길 가능성이 높아진다.

반면에 간격이 좁으면 포도나무들이 치열한 공간 다툼을 벌이고 각자가 땅속 깊이 뿌리를 뻗어 부족한 영양분을 빨아들여 열매가 충실해진다. 밭고랑 사이의 간격은 수확 방식과도 밀접한 관계가 있다. 기계 수확을 할 경우는 작업 공간을 고려하여 간격을 넓게 잡는다. 제초 작업까지 고려하여 보통 3미터 정도의 간격으로 묘목을 심는다. 묘목 사이의 간격은 포도 수확량 및 수확할 포도의 품질과도 밀접한 관련이 있다.

포도나무 사이의 실질적 간격은 포도원마다 많은 차이를 보여서 표준화된 거리 간격을 말하기는 어렵다. 보르도의 특1급 포도원 샤토 라투르는 헥타르당(약 3,000평) 1만 그루를 심어서 힘과 응축감이 뛰어난 레드 와인을 만들고, 같은 보르도의 특4급 포도원 샤토 탈보는 헥타르당 7,700그루를 심어서 애호가들이 선호하는 레드 와인을 만든다. 그런가 하면 오스트레일리아의 펜폴즈 그랜지(Penfolds Grange) 포도원은 헥타르당 2,200그루를 심어서 농축미가 뛰어난 레드 와인을 생산한다.

포도나무 관리 노하우 포도 농사는 포도나무가 성장을 멈추고 휴식을 취하는 겨울철에 시작하여 수확기 이후까지 계속된다. 포도가 익어가는 과정은 "열매의 팽창→당분 축적→산의 감소→타닌 형성/색깔 변화→아로마(향) 형성"으로 압축할 수 있다. 각 단계마다 힘들지만 정성 어린 노동과 작업들이 뒤따른다. 지역에 따라서는 병충해의 침입을 감지할 목적으로 포도밭 둘레에 병충해에 민감한 장미나무를 심기도 한다.

칠레 같은 신대륙 국가에서는 가뭄이 들면 물을 끌어다가 포도나무에 주어도 되지만 구대륙 국가에서는 가뭄으로 포도밭이 말라도 하늘에서 내리는 빗물로만 포도나무를 가꾸도록 법으로 정해져 있다. 세계 각지의 포도원 가운데는 양보다 질을 중시하여 포도 수확량을 인위적으로 제한하는 방법을 쓰는 곳이 많다. 평범한 포도를 많이 수확해서 평범한 와인을 많이 만드는 것보다 소량의 충실한 포도로 소량의 고급 와인을 만드는 편이 일도 쉽고 수익성도 높기 때문이다.

포도 수확량 제한은 '선택과 집중'의 원리에 입각하여 가지치기와 열매솎기 기술을 통해 이루어진다. 무성하게 뻗치고 달린 가지와 열매 가운데 충실한 성장이 기대되는 가지와 송이만 남겨두고 나머지는 과감하게 버리는 것이다. 이처럼 수확량을 억제시키면 당분이 충분하면서도 골고루 퍼진 양질의 포도를 수확할 수 있다. 프랑스, 이탈리아, 에스파냐 등 구대륙 국가에는 수확량 조절을 위한 가지치기 방법이 법으로 정해져 있다. 와인의 품질이 떨어지는 것을 막기 위해 포도밭의 단위면적당 포도 수확량도 정해져 있다(6장 참조).

가지치기는 포도밭이 위치한 지역의 자연환경에 따라 다양한 요령으로 이루어진다. 같은 프랑스에서도 보르도나 부르고뉴는 기요(Guyot) 방식을 따르고 남부 지방은 고블레(Gobelet) 방식 혹은 '루아야의 끈(Cordon de Royat)'을 적용하여 포도나무를 기른다. 날씨가 무덥고 바람이 많은 지역에서는 가급적 낮은 위치에서 열매가 열리도록 가지치기를 하여 강한 바람에 나무가 쓰러질 여지를 줄인다. 날씨가 추운 지역에서는 포도나무가 가급적 높이 자라도록 가지치기를 해서 조금이라도 태양열을 더 받을 수 있도록 해준다. 최상의 와인을 생산하는 산지에서는 최대한 응축된 포

어린 포도나무 묘목. 포도나무의 간격과 밭고랑의 간격이 매우 중요하다.

병충해 감지용 장미나무(보르도 샤토 디켐 포도밭)

기요 방식으로 가지치기를 한 포도나무

도를 만들기 위해 가지를 많이 쳐내서 최소량의 열매를 충실하게 키우는 방법을 따른다. 극단적인 경우에는 포도나무 한 그루에서 한 병 내지 반 병 정도의 와인만을 생산할 각오로 과감하게 가지를 쳐내기도 한다.

포도밭의 주인들은 가지치기를 통해 자신의 능동적 역할에 대한 믿음을 확인한다. 포도나무가 나이를 많이 먹었을 경우는 생산능력이 떨어지는 가지들을 과감하게 잘라주어 영양 공급의 부담을 줄여준다. 그것은 연로한 포도밭에 대한 자상한 배려이며 피해 가능성을 줄이기 위한 예방 조치도 된다. 하지만 가지치기가 과도하면 위험이 따를 수도 있다. 가지치기를 마친 직후 예상치 못한 봄서리로 꽃눈이 냉해를 입으면 포도 농사를 완전히 망칠 수도 있다.

●

포도 수확 가을로 접어들어 결실의 계절이 다가오면 포도 수확에 나선다. 일반적으로 북반구의 산지에서는 9월과 10월 사이에 포도를 따고 남반구에서는 2월부터 4월 사이를 수확 시기로 잡는다. 하지만 구체적인 채취 시점은 지정학적 위치와 만들려는 와인의 종류에 따라 달라진다. 돌발변수가 발생하여 채취 시점이 조정되는 경우도 생길 수 있다.

포도를 수확하는 농부는 혹시라도 포도송이가 상하지 않도록 신경을 써가며 정성스런 마음으로 포도송이를 거둬들인다. 전에는 손과 가위로 포도송이를 일일이 잘라내는 방법으로 수확을 하였다. 캐나다, 독일, 오스트리아 등지의 아이스 와인 생산 농장과 보르도 소테른처럼 귀부 와인을 만드는 지역에서는 지금도 기계를 쓰지 않고 예전 방식으로 포도를 딴다. 하지만 대부분의 경우는 작업의 비능률에 기인하는 인건비 부담을 줄이기 위해 기계로 포도를 수확하는 것이 보편적 추세다.*

* 기계로 수확한 포도로는 좋은 와인을 만들 수 없다. 잎사귀와 줄거리가 섞여 들어가 와인에 부정적인 영향을 미칠 수도 있고 수확 과정에서 터져버린 알갱이에서 흘러나온 과즙(주스)이 함께 발효에 들어가 와인의 품질을 떨어뜨릴 수도 있다.

PART 05

양조의 정석과 변이

와인 생산자

포도원 거의 대부분의 와인은 포도원에서 만들어진다. 포도원을 프랑스에서는 샤토(château)·도멘(domaine)·샴페인 하우스(maison de champagne)라 하고, 이탈리아어로는 칸티나(cantina), 에스파냐어로는 보데가(bodega), 독일어로는 슐로스(scholoss), 영어로는 와이너리(winery)·빈야드(vineyard)·이스테이트(estate)라고 한다. 포도밭과 양조 시설을 갖추고 와인을 만들어 파는 곳이라는 점에서 와인을 만드는 기지 혹은 거점에 해당한다. 소규모 포도밭을 소유하고 한 종류의 와인만 생산하는 곳도 많고 해외를 포함한 여러 지역에 광대한 포도밭과 양조 설비를 소유하고 원산지가 각기 다른 수십 종류의 와인을 생산하는 곳도 많다. 프랑스의 보르도 한 지역에만 8,000개 안팎의 포도원이 있다.

세계의 주요 와인 산지마다 포도원들이 협동조합을 결성하여 와인의 품질 향상과 유지 및 제품 홍보를 위해 보조를 같이 하고 있다. 보르도에는 생테밀리옹 와인 생산자 조합(Union de Producteurs de Saint-Emilion)을 비롯한 56개의 협동조합이 있다. 지리적 경계가 넓은 원산지에는 와인 생산자 조합들의 연합체가 결성되어 단위조합들의 구심점 기능을 한다.

다채롭고 솔깃한 Tip

이탈리아 토스카나 키안티 클라시코 생산자 조합

이탈리아 토스카나 키안티 클라시코(Chianti Classico) 생산자 조합은 검은 수탉 로고로 유명하다. 옛날에 키안티 기사단 연맹이 상징으로 사용하여 피렌체(Firenze)의 고대 궁전 응접실 천장에 그려져 있는 것을 조르조 바사리(Giorgio Vasari)가 재현한 것이다. 고대국가 피렌체와 시에나 사이에 영토 전쟁이 끝도 없이 계속되자 양쪽의 지도자가 만나서 "내일 아침 첫닭이 울면 똑같이 도심에서 기수(騎手) 한 명씩을 상대 쪽으로 달리게 하여 서로 만나는 지점을 경계로 삼자"고 신사협정을 하였더란다. 그래서 시에나는 흰 수탉을 저녁을 배불리 먹여서 잠을 재우고 피렌체는 검은 수탉을 굶겨서 재웠는데, 피렌체의 검은 수탉이 배가 고파 일찍 울어버리는 바람에 기수가 먼저 출발하여 넓은 영토를 차지하고 검은 수탉을 기사단의 상징으로 삼았다는 이야기가 내려온다.

키안티 클라시코 생산자 조합 로고

▲ 샤토 뒤 클로 드 부조
◀ 중세 유럽의 포도 수확과 와인 양조 그림(14세기, 작자 미상)

유명 포도원들은 건축미가 넘치는 멋진 지상 건물과 거대한 지하 창고를 구축하고 와인의 양조와 보관에 이용하고 있다. 규모가 큰 곳은 지하 창고의 전체 길이가 수백 킬로미터에 달하기도 한다. 와인 애호가들에게 친숙한 '샤토'는 중세 프랑스의 봉건영주가 기거하던 성(城)을 의미하는 단어다. 성에 부속된 밭에 포도를 심고 와인을 생산하여 직접 소비도 하고 내다가 팔기도 하던 전통이 와인 이름 앞에 수식어처럼 붙여진 것이다. '샤토'라는 용어가 귀족의 이미지를 워낙 강하게 풍기는 관계로 프랑스 보르도의 포도원들은 거의가 앞에 '샤토'를 붙여서 와인의 브랜드(상표)로 사용한다.

포도원 안에 반드시 역사가 오래된 성채가 있어야 '샤토'를 붙일 수 있는 것은 아니다. 오래전부터 와인을 양조했던 장소에 포도밭과 양조 시설을 소유하고 와인을 만들고 있으면 고성 대신 소박한 콘크리트 건물이 있어도 포도원 및 와인의 이름 앞에 '샤토'를 붙일 수 있다. 이 경우 철저한 검증이 있어야 한다.

양조업체와 와인메이커 세계 각지의 와인 산지에는 와인 양조에 필요한 설비를 갖춰놓고 포도 농장으로부터 포도 혹은 와인 원액(bulk wine)을 사들여 완제품으로 만들어 유통시키는 업체들이 있다. 이들을 프랑스에서는 네고시앙(négociant)이라고 부르며 크게 세 가지로 유형을 구분한다. 첫째로, 포도원에서 포도를 사서 와인을 양조하여 유통시키는 네고시앙 엘르뵈르(négociant éleveur)가 있다. 둘째로, 와인 원액을 배럴(barrel)로 사서 자신의 셀러에서 숙성과 주병을 해서 유통시키는 네고시앙 앙부테이외르(négociant embouteilleur)가 있다. 셋째로, 포도원으로부터 와인 원액을 배럴로 구입하여 배럴 단위로 유통시키는 네고시앙 엑스페디퇴르(mégotiant éxpediteur)가 있다.

유명 포도원이 양조 사업을 병행하는 경우도 많다. 다른 농장의 포도를 사들여 자신의 상표로 와인을 양조해 팔기도 하고 양조를 대행하기도 한다. 포도원에서 주병까지 마친 완제품을 구입하여 레이블에 포도원과 네고시앙의 명칭을 함께 붙여서 팔기도 한다. 프랑스 보르도 한 곳에만 400여 개의 네고시앙이 있으며 코르디에(Cordier), 알렉스 리신(Alexis Lichine), 바롱 필리프(Baron Philippe), 드루트 프레르(Drouthe Frères), 장 피에르 무엑스(Jean-Pierre Moueix), 크레스만(Kressmanne), 미셸 린치(Michel Linch), 바르통 & 게스티에(Barton & Guestier), 시셸(Sichel), 칼베(Calvet), 지네스테(Ginestet), 메종 에브라르(Maison Hebrard), 마르키 드 샤스(Marguis de Chasse), 튀느뱅(Thunevin), 보리스-마누(Boris Mauoux) 등이 유명하다.

부르고뉴는 토지를 분할하여 상속하는 전통 때문에 하나의 포도밭을 여러 명이 나누어 소유하는 경우가 많다. 독자적으로 양조 설비를 갖추기에는 포도 농사의 규모가 너무 영세한 포도원이 많다. 따라서 직접 양조 시설을 갖추고 와인을 만들어 자기의 브랜드로 유통시키는 도멘(domaine)과 자기 포도밭을 소유하면서 다른 농장의 포도를 구입해 와인을 양조하여 자기 브랜드로 유통시키는 네고시앙이 공존하고 있다. 전체 생산량의 약 80퍼센트를 네고시앙 회사들이 생산한다.

부르고뉴 전역에 113개의 네고시앙이 있으며 루이 자도(Louis Jadot), 부샤르 페르 & 피스(Bouchard Père & Fils), 루이 라투르(Louis Latour), 조제프 드루앵(Joseph Drouhin), 앙리 자이에(Henri Jayer), 루이 막스(Louis Max), 라부레 루아(Labouré-Roi), 자플랭(Jaffelin), 자크 프레데릭 뮈니에(Jacques-Fréderic Muguier), 슈발리에 뒤 타스트뱅(Chevalier du Tastevin) 등이 널리 알려져 있다. 양조 사업을 하면서 포도밭을 소유하고 직접 포도를 재배하여 양조, 혼합, 주병까지 해서 시장에 파는 대규모 네고시앙을 메종(Maison)이라고 하는데 그 수가 점차 늘어나는 추세다.

한편, 와인메이커는 포도원과 양조업체의 와인 양조를 담당한다. 똑같은 배추와 똑같은 양념으로 김치를 담아도 주부의 솜씨에 따라 맛이 다르듯이 와인메이커마다 개성이 다른 와인을 만든다. 규모가 작은 곳은 여력이 없어 주인이 직접 모든 과정을 관장하지만 규모가 어지간하면 와인 지식과 양조 경험이 풍부한 전문 기술자를 고용하고 있다. 두 명 이상의 양조 기술자가 팀을 이루고 있는 경우도 많다. 와인메이커는 포도가 자란 곳의 환경요소(테루아), 계절의 변화, 포도의 성장 과정을 파악하여 소비자의 입맛에 맞는 와인을 만들어 낸다.

세계적으로 이름이 알려진 양조의 명인(名人)*들은 탁월한 안목과 독창적 비법으로 품질이 빼어난 와인을 만들어 주인에게 막대한 수익을 안겨준다. 와인메이커가 우수해야 와인 사업의 번창을 기대할 수 있고 그렇지 않으면 파산을 맞게 된다는 뜻이다. 자연히 양조 실력이 검증되고 와인업계에 이름이 알려진 양조 기술자들의 몸값이 올라가고 특별 대우를 앞세운 스카우트 쟁탈전이 끊일 날이 없다. 대학이나 연구 기관에 소속된 양조학자가 포도원의 초청을 받아 양조를 지도해주고 대가를 받는 경우도 많다.

* 프랑스의 미셸 롤랑(Michel Rolland)은 자신의 포도원을 소유하고 있으면서 전 세계 와인 산지를 다니며 와인 양조를 지도해준다. 이런 이들을 플라잉 와인메이커(flying winemaker)라고 한다.

와인 제조

와인 양조는 정밀과학이다 프랑스의 대문호 빅토르 위고는 "신은 물을 만들었을 뿐이지만 인간은 와인을 만들었다."는 말로써 와인 양조의 위대함을 찬양했다. 아닌 게 아니라 와인 양조 과정을 살펴보면 첨단의 과학기술만큼이나 정교하고 신비롭다. 와인 양조는 미생물의 영역을 다루는 정밀과학이다. 18세기 이전까지는 포도 주스의 발효 원리와 오염의 원인에 대하여 알려진 것이 없었다. 1860년대에 프랑스의 루이 파스퇴르가 '발효와 부패는 미생물에 의해 일어난다.'는 사실을 밝혀낸 이후로 현대적인 양조 기술이 발전했다. 오늘날은 컴퓨터를 이용한 자동화 기술이 접목되면서 와인(특히 화이트 와인)의 맛이 향상되고 품질도 균일해졌다.

일반적으로 와인 양조는 '포도 수확→파쇄(으깨기)→침용(담그기)→알코올발효→압착→유(젖)산발효→정제(여과)→숙성→혼합(블렌딩)'을 거쳐 용기에 담는 순서로 진행된다. 모든 와인의 양조 과정이 획일적으로 같지는 않다. 기본 원리나 아이디어는 같아도 원산지마다 예전부터 전해져온 양조 방식이 존재하고 와인의 종류나 스타일에 따라 양조 절차나 작업 과정이 다른 경우가 많다. 와인 양조에서 절대적 위치를 차지하는 '열(熱)'을 관리하는 방식도 포도원마다 와인메이커마다 다르다.

레드 와인은 포도를 으깬 다음 포도 껍질, 포도즙, 포도 씨를 함께 통 속에 넣어서 반드시 침용(macération)* 을 거친 다음 발효에 들어간다. 붉은빛을 내는 색소 안토시아닌과 독특한 향미를 내주는 타닌을 충분히 얻기 위함이다.

* 침용 단계에서 중요한 성분들이 충분히 우러나도록 포도 주스를 탱크 하단의 출구로 빼내서 펌프를 이용하여 상단으로 다시 부어넣는데 이 작업을 프랑스어로 르몽타주(remontage)라고 한다. 침용과 발효가 같은 통에서 진행되기도 하고 다른 통에서 이루어지기도 한다. 통을 바꾸는 경우 찌꺼기를 안정시키는 작업을 하는데 프랑스어로 데부르바주(débourbage)라고 한다. 통을 바꾸기 위하여 침용이 진행된 발효통을 비우는 작업은 데퀴바주(décuvage)라고 한다.

화이트 와인을 만들 때는 포도를 압착기에 넣고 신속하게 으깬(파쇄) 후 포도즙을 받아서 침용을 생략하고 곧바로 알코올발효에 들어가며 유산발효도 거치지 않는다. 포도 껍질에 우려낼 색소가 없어서 침용이 필요하지 않고 산도가 충분해야 와인의 향미가 유지되기 때문이다. 발효 탱크로 들어가는 포도 주스의 약 70퍼센트는 압착(pressing) 이전에 자체 무게에 의해 저절로 흘러나온(free run) 것이다. 이렇게 얻어진 과즙을 퀴베(cuvée)라고 하며 보통 압착으로 얻어지는 주스와는 별도로 발효 및 숙성을 시켜서 비싼 값으로 유통시킨다.

정제(여과), 숙성, 혼합(블렌딩)의 과정에 있어서도 절차의 생략이나 변이(變移)가 다양하다. 발효 과정에서 발생하는 이스트의 잔해 등이 와인의 향미를 높이는 데 도움이 된다는 이유로 정제과정을 거치지 않는 경우도 많다. 모든 와인이 숙성을 거치는 것도 아니고 숙성 방법과 기간의 차이도 심하다. 단일 품종으로 와인을 만드는 경우는 블렌딩 과정이 생략된다.

수훈감은 효모 포도원마다 잘 훈련된 양조기술자를 고용하고 있지만 실제로 와인 생산을 주도하는 것은 효모(yeast·이스트)라고 불리는 미생물이다. 효모들이 포도 속의 당분을 알코올로 분해해주지 않으면 아무리 실력이 뛰어난 양조자라도 와인을 생산할 수 없다. 와인 양조에 있어서 효모의 역할은 축구경기에서 팀의 공격과 수비를 견인하는 리베로(libero)의 그것과 흡사하다.

효모는 지름이 1~2마이크로미터(1/1000밀리미터)에 불과한 초미니 달걀 모양의 곰팡이로 포도즙에 함유된 당분을 섭취하며 살아간다.*

모든 포도의 껍질에는 효모들이 자생하지만 와인을 양조할 때는 보통 인공 효모를 첨가한다. 포도 주스의 당도가 높은 상태에서 풍부한 공기(산소)가 공급

* 효모는 빵이나 맥주의 발효에도 이용되며 종류만 해도 약 1,500종에 이른다. 와인을 양조할 때는 사카로미세스(Saccharomyces) 속(屬)에 속하면서 당분을 알코올로 분해하는 능력이 뛰어난 세레비제(Saccharomyces cerevisiae) 종과 바야누스(Saccharomyces bayanus) 종이 주로 쓰인다.

되면 효모는 빠르게 증식하며 물과 탄산가스를 양산하여 당분을 허비한다. 반대로 공기의 공급(산소)이 차단되면 당분을 알코올로 분해하여 와인 생산을 가능하게 해준다. 따라서 와인 양조의 초기 단계에서는 공기를 충분히 유입시켜 효모의 증식을 유도하고 시간이 지나면서 공기 유입을 차단시켜 효모가 전력을 다해 당분을 알코올로 분해하게 만든다.

와인 양조에 쓰이는 효모들은 탱크 속의 온도 변화와 알코올 도수 상승 및 이산화황 투입에 잘 견디는 공통점을 갖는다. 뿐만 아니라 와인의 품질을 떨어뜨리는 물질의 생성을 억제하고 품질 향상에 도움이 되는 물질의 생성을 촉진시킨다. 화이트 와인을 양조할 때는 저온 발효를 거치게 되므로 저온성 효모를 쓰고, 레드 와인을 만들 때는 고온 발효를 거치게 되므로 고온성 효모를 쓴다.

알코올 도수가 높은 와인을 양조할 때는 알코올과 친화력이 강한 효모를 쓴다. 발효 용기의 크기가 작을 때는 거품이 적게 발생하는 효모를 쓰고, 포도의 청결 상태가 좋지 않아 잡균의 침투가 우려될 때는 킬러 효모를 쓴다. 산소 혹은 양분의 결핍이나 온도관리 부실 등으로 발효가 중단되면 발효촉진 능력이 뛰어난 효모를 쓰고, 젖산발효를 시키고자 할 때는 젖산세균의 일종에 속하는 효모를 쓴다.

발효(fermentation)

알코올발효·유산발효(젖산발효) 와인 제조를 위한 발효* 과정은 2단계로 진행된다. 1단계는 포도 알갱이(과육)에 들어 있는 당분이 알코올·이산화탄소(CO_2)·물 등으로 분해되는 알코올발효 과정인데, 흔히 '1차 발효'라고 한다. 포도 껍질에 붙어서 자생한 효모가 포도즙(주스)에 녹아 있는 당분을 섭취하고 이산화탄소와 알코올로 분해하여 몸 밖으로 내보내는 과정은 동물의 배설작용에 비유될 수 있다.

* 프랑스어로 발효를 의미하는 'fermentation'은 '부글거리다'를 뜻하는 동사 'fermenter'에서 파생된 것이다. 실제로 발효 과정에서는 끊임없는 부글거림을 통해서 열과 이산화탄소가 생성되고 당분이 알코올로 분해되는 화학작용이 이루어진다.

양조에 사용된 포도의 당분 함량에 따라 와인의 알코올 도수가 달라진다. 당분 17.8그램이 분해될 때마다 알코올 함량이 1퍼센트 올라간다. 온도가 섭씨 30도를 넘으면 당분을 알코올로 분해하

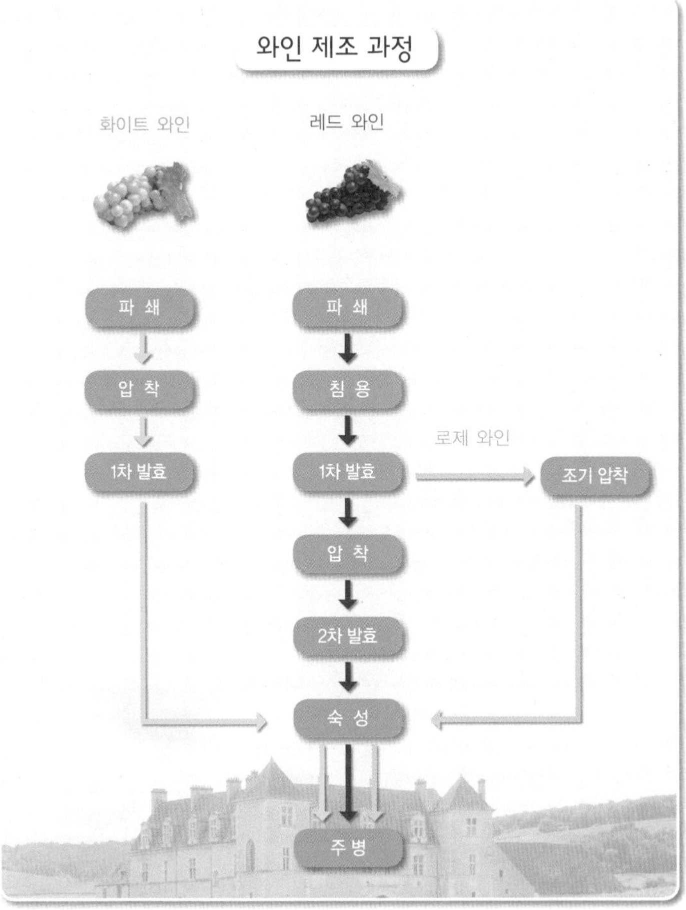

포도 수학

스테인리스 발효 용기

와인 양조용 압착기

지하 셀러의 와인 숙성용 오크 통

와인숍의 진열장

는 효모가 활동을 멈춰 발효가 중단되므로 열(熱) 조절이야말로 양조 기술의 핵심이다. 열을 구체적으로 조절하는 방법은 포도원마다 다르고 양조 기술자마다 남들이 모르는 비법(know-how)을 갖고 있다. 자연 효모가 충분하지 않을 때는 인공 효모를 첨가하여 발효의 진행을 돕게 한다.

알코올발효 단계에서는 분해 과정을 인위적으로 조절하기 위하여 산화방지제 이산화황을 첨가한다. 발효통의 내부 온도를 기준으로 화이트 와인은 섭씨 16~21도, 레드 와인은 섭씨 18~29도 상태에서 좋은 와인을 얻을 수 있다. 포도알 속의 당분이 알코올로 분해되는 동안 포도 껍질과 씨에 함유된 타닌과 색소 등이 복잡한 화학작용을 일으켜 와인의 색·향·맛·질감을 결정짓는다. 포도를 수확한 후 12시간 이내에 발효에 들어가야 좋은 와인을 얻을 수 있다. 와인의 시각적 청결감을 높이기 위해 주병에 앞서 발효통의 밑바닥에 가라앉은 과육 찌꺼기를 제거하는 과정을 거치는 경우를 흔히 볼 수 있다.

레드 와인 제조를 위한 알코올발효가 끝나고 압축을 통해 초벌 와인이 얻어지면 숙성에 들어가기 전에 예외 없이 한 차례 더 발효를 거친다. 알코올발효만으로는 포도에 들어 있던 능금산(malic acid)의 신맛이 강한 상태로 남아 있어 레드 와인 특유의 향과 맛이 가려지기 때문이다. 이와 같은 두 번째 발효 과정을 '유산발효' 혹은 '2차 발효'라고 일컫는다.

화이트 와인을 제조할 때는 일반적으로 알코올발효가 끝나면 곧바로 숙성 단계로 넘어간다. 상큼하고 신선한 맛을 떠받치는 능금산을 온전하게 보전하기 위함이다. 다만, 자극이 약하고 맛이 부드럽거나 무게감(body)이 느껴지는 화이트 와인을 만들 때는 레드 와인 양조 때처럼 유산발효를 통해서 능금산의 강도를 순화한다. 유산발효를 숙성의 첫 단계로 여기는 견해도 있다. 샴페인 같은 발포성 와인을 제조할 때도 유산발효를 거친다.

조기 압착 레드 와인 양조에서 발효에 들어간 포도 알갱이(껍질 포함) 속의 타닌과 색소 덩어리가 완전히 용해되고 과육 속의 당분이 모두 알코올로 분해되는 데는 대체로 4~10일이 걸린다. 그 정도 시간이 지나면 주스를 압착하는데, 고운 장밋빛의 로제 와인을 양조할 때는 4~24시간이 경과한 시점에서 압착을 진행한다. 발효가 끝까지 진행되어 붉은 빛깔이 완전히 착색되면 매혹적인 장미색을 얻을 수가 없고 모든 당분이 알코올로 분해되어 향긋한 단맛이 사라지기 때문이다. 이처럼 압착 시기를 앞당겨서 만들어지는 로제 와인은 발효가 시작된 이후로 경과한 시간에 따라 다양한 스펙트럼의 장밋빛을 드러낸다.

세계적으로 명성이 높은 로제 와인 제품으로는 프랑스 루아르의 로제 당주(Rosé D'Anjou), 론의 타벨(Tavel), 프로방스의 방돌(Bandol)과 코트 드 프로방스(Côtes-de-provence) 등을 꼽을 수 있다. 이론상으로는 양조가 완료된 레드 와인과 화이트 와인을 적당한 비율로 섞는 방법도 가능하지만 법으로 금지되어 있다.* 예외가 전혀 없는 것은 아니다. 프랑스 샹파뉴에서는 샤르도네로 제조한 블랑 드 블랑(Blanc de Blanc)과 피노 누아로 만든 블랑 드 누아르(Blanc de Noirs)를 적당한 비율로 섞어서 로제 샴페인을 만든다.

* 알코올발효에 들어가기 전에 레드 와인용 포도와 화이트 와인용 포도를 섞어서 정상적인 양조 절차를 거쳐 로제 와인을 만드는 것은 일반적으로 허용되고 있다.

당분 보충 와인은 포도 과즙에 들어 있는 당분을 효모가 알코올과 이산화탄소로 분해함으로 만들어진다. 그러므로 양질의 와인을 얻으려면 기본적으로 포도의 당도(brix·브릭스)가 일정 수준 이상으로 높아야 한다. 그런데 기후 조건이 나빠서 포도 열매가 충실하게 영글지 않으면 와인의 알코올 도수가 떨어지기 때문에 포도즙에다 당분(설탕)을 넣고 발효에 들어가는 경우가 있다. 와인의 단맛을 높이기 위해서가 아니라 알코올 도수를 높이기 위해 보당(補糖)*을 하는 것이다.

독일처럼 일조량이 부족한 나라에서는 보당이 일반적으로 이루어진다. 품계가 가장 높은 프래디캇츠바인(Prädikatwein)은 예외이지만, 그 아래의 크발리탯츠바인(Quallitätswein)이나 타펠바인(Tafelwein)의 경우는 보당이 묵인된다. 프랑스의 경우도 기후가 서늘한 부르고뉴에서는

* 보당법을 고안한 프랑스 화학자 샵탈(Chaptal)의 이름을 따서 샵탈리자시옹(Chaptalization)이라고 하며 와인의 품질을 높이기 위한 대안으로 흔히 이용된다. 하지만 포도의 당도가 지나치게 낮으면 보당을 하여도 좋은 와인을 얻을 수가 없다. 오히려 다른 성분 함량은 빈약한 채 알코올 도수만 높아져서 향미와 균형감이 크게 떨어지는 저급의 와인이 될 가능성이 높다.

다채롭고 솔깃한 Tip

발포성 와인의 이모저모

르뮈아주 작업

'샴페인'이란 명칭은 오직 프랑스의 샹파뉴에서 만들어진 발포성 와인에만 쓸 수 있다. 프랑스의 다른 지역에서 샹파뉴 방식(전통 방식, 고전 방식)으로 제조된 발포성 와인을 크레망(crément)이라고 부르며 루아르, 부르고뉴, 알자스, 보르도, 쥐라 등 7개 산지(AOC)에서 생산된다. 그 밖에 다른 지역에서는 2차 발효(당분 및 효모 첨가)를 병이 아닌 발효통에서 속성으로 진행시켜 압력을 가해 병에 담는 샤르마(charmat) 방식으로 발포성 와인을 만들고 뱅 무쇠(vin mousseux)라고 부른다. 레이블에 'charmat' 또는 'bulk'라고 표기되며 샴페인보다 거품이 크게 일고 가격이 싸다.

영어권 국가의 스파클링 와인(sparkling wine), 이탈리아의 스푸만테(spumante), 독일의 젝트(sekt) 등도 샤르마 방식으로 제조된 발포성 와인들이다. 이탈리아 롬바르디아와 트렌티노의 수프만테와 에스파냐 카탈루냐(Cataluña) 페네데스(Penedes)의 카바는 샹파뉴 방식으로 만든다. 프랑스의 페티앙(pétillant), 이탈리아의 프리잔테(prizzante), 독일의 페를바인(perlwein) 등은 각국에서 약발포성 와인을 총칭하는 용어들이다.

프랑스의 유명 샴페인 산지인 샹파뉴의 에페르네(Epernay)

보당이 용인된다. 미국에서도 위도가 높아서 일조량 부족으로 포도의 당도가 떨어지는 오리건(Oregon) 등지에서는 보당이 묵인된다. 하지만 기후 조건이 양호하여 포도가 충실하게 잘 영그는 프랑스의 보르도와 이탈리아·에스파냐 등 남유럽 국가와 미국의 캘리포니아 등지에서는 하나같이 보당을 법으로 금지되어 있다.

샴페인 같은 발포성 와인을 만들 때도 보당 작업이 수반된다. 전통 방식으로 샴페인을 만들려면 1차 발효가 끝난 와인들을 섞어서 병에 담은 후 당분과 효모를 첨가하고 수개월 동안 10~12℃에서 2차 발효를 시킨다. 2차 발효가 끝나면 병을 거꾸로 세워 반복적으로 돌려서[르뮈아주(remuage)] 발효의 부산물인 효모 찌꺼기가 병목에 모이게 만든다.

병을 거꾸로 한 채 6개월에서 수년 동안 세워두어 와인이 충분히 숙성되면 영하 25~30℃의 냉각 소금물에 병목을 담가서 얼린 다음 코르크를 제거하고[데고르주망(dégorgement)] 병에 충격을 가하여 동결된 찌꺼기를 밖으로 배출시킨다. 그런 다음 줄어든 양만큼 당분(시럽)을 효모와 더불어 채우고[도자주(dosage)] 다시 코르크 마개를 닫는다. 이때 첨가되는 액체 당분을 '외부에서 첨가되는 액당'이라는 뜻의 '리큐어 덱스페디시옹(liqueur d'éxpédition)'이라고 부르고 첨가된 액당의 양에 따른 단맛의 정도를 다음 표와 같이 구분한다.

샴페인의 당도와 맛을 구분하는 표기

표 기	발 음	리터당 당분 함량	맛(스타일)
Extra Brut	엑스트라 브뤼	0~6그램	드라이
Brut	브뤼	7~15그램 이하	
Extra Sec	엑스트라 세크	12~20그램	
Sec	세크	17~35그램	
Demi-Sec	드미 세크	35~50그램	미디엄 드라이
Doux	두	50그램 이상	스위트

도수 강화 앞서 말했듯이, 와인의 알코올 도수는 원료 포도의 당분 함량에 의해 좌우된다. 그런데 포도의 과육이 함유할 수 있는 당분의 양은 한계가 있어서 아무리 충실하게 성숙한 포도라도 알코올 도수가 15도를 넘는 와인은 만들 수 없다. 알코올 도수가 15도를 넘어가면 효모들의 활동이 정지되어 당분이 남아 있어도 더 이상 알코올로 분해되지 않는다.

발효가 진행 중인 포도 주스에다 브랜디(체적의 5~10%)나 아황산가스를 섞어도 발효가 중단되고 당분이 그대로 남아서 단맛이 매우 강하면서 알코올 도수가 17~21도에 이르는 와인이 만들어진다. 이런 방법으로 만들어지는 와인을 '주정 강화(fortified) 와인'이라고 부르며 포르투갈의 포트, 포르투갈령 마데이라의 마데이라, 에스파냐 헤레스에서 생산되는 셰리 등이 유명하다. 원래는 유럽 대륙에서 영국으로 수출(운반)되는 과정에서 와인이 태양열에 노출되어 품질이 변하는 것을 막기 위해 고안된 방식이 오늘날 높은 알코올 도수를 원하는 애호가들의 입맛을 사로잡는 것이다.

프랑스 코냐크(Cognac) 지방에서는 발효 중인 주스에 코냑(cognac)을 섞어서 뱅 드 리큐어(Vin de Liqueur: VDL)라는 와인을 만든다. 같은 프랑스의 랑그도크루시용과 남부 론에서는 발효 중인 와인에다 주정(중성 알코올)이나 아황산가스를 혼합하는 방법[뮈타주(mutage)]으로 뱅 두 나튀렐(Vin Doux Naturel: VDN)이라는 와인을 만든다. 흔히 VDN으로 약칭하며 색깔에 따라 화이트, 레드, 로제로 구분한다. 일반적으로 화이트 타입은 뮈스카(muscat) 계통의 포도로 양조되어 당도가 높고 알코올 도수는 낮다.

VDN 레드는 그르나슈 누아르(grenache noir) 품종으로 양조되며 10퍼센트 범위 내에서 카리냥(carignan), 생소(cinsaut)와 시라(syrah) 등을 혼합할 수 있다. VDN 화이트는 그르나슈 블랑(grenache Blanc), 마카보(macabeau), 뮈스카 아 프티 그랭(muscat à petits grains), 뮈스카 달렉산드리(muscat d'Alexandrie), 말부아지(malvoisie) 등으로 만든다. 알코올 도수가 15~18도 사이에 분포하나 21.5도로 낮은 것도 있다.

wine information

셰리(Sherry) 양조

셰리는 솔레라(Solera) 시스템이라고 불리는 독특한 방식으로 만들어진다. 오크 통을 3~4층으로 쌓아놓고 맨 위의 오크 통을 와인에 브랜디를 타서 채워놓고 시간이 흐름에 따라 아래층의 통으로 차례로 흐르게 만든다. 맨 밑 단에 이르러 숙성이 끝나면 병에 담아 판매하고 통에서 빼낸 만큼 새 와인을 꼭대기 오크 통에 다시 넣는다. 매년 생산되는 셰리의 품질이 일정하며, 고급 셰리는 솔레라 시스템을 완전히 통과하는 데 최고 18년까지 걸린다고 한다. 오크 통 속 와인의 표면에는 효모막이 형성되어 와인의 숙성과 더불어서 발효가 계속 진행된다.

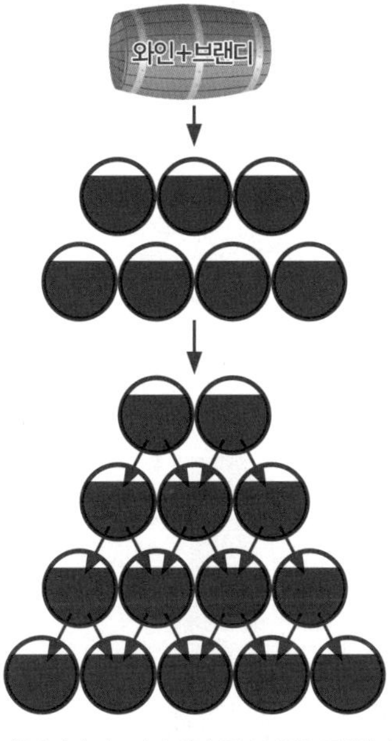

맨 밑 단에 이르러 숙성이 끝난 와인을 주병한다.

셰리는 향미의 특성에 따라 피노(Fino), 만사니야(Manzanilla), 아몬티야도(Amontillado), 올로로소(Olorosos), 팔로 코르타도(Palo Cortado), 크림 셰리(Cream Sherry) 등으로 구분되고, 피노(15~18도)가 전체 생산량의 80퍼센트 정도를 차지한다. 셰리 숙성에 쓰였던 통들은 위스키 생산지로 수출되어 향미가 뛰어난 고급 위스키를 숙성하는 데 쓰인다.

정제 & 여과 발효와 숙성을 거쳐 양조 작업이 종료되면 와인을 병에 담기 전에 부유물을 제거하는 정화(clarification) 작업을 거친다. 발효와 숙성의 부산물인 타닌 찌꺼기, 이스트 잔해, 단백질 덩어리 등이 통 속을 떠다녀 미관을 해치기도 하고 와인의 색깔과 향미에 나쁜 영향을 미칠 수도 있기 때문이다. 부유물을 제거하는 작업을 정제(fining)라고 부른다. 정제는 양이온에 해당하는 젤라틴, 분유, 골분(骨粉), 달걀의 흰자위* 같은 동물성 재료 혹은 벤토나이트, 규조토와 같은 광물성 재료, 펄프로 만들어진 종이 필터 등 식물성 재료, 합성 고분자물질(쉽게 말해 비닐)로 만들어진 필름 등을 통속에 넣어서 부유물(음이온)과 결합하여 바닥에 가라앉게 만들어 윗부분의 와인을 떠내는 방법으로 행해진다. 별도로 설계된 여과(filtering)장치를 이용하는 방법도 널리 이용되고 있다.

* 보르도의 5대 특1급 샤토에 속하는 샤토 마고는 달걀의 흰자위를 이용하는 전통적 정제 방식을 쓴다.

병의 어깨가 각지게 벌어진 보르도 와인(왼쪽)과 병의 어깨가 없이 부드럽게 떨어지는 부르고뉴 와인.

포도원들 중에는 부유물들을 건드리지 않아야 참다운 와인 맛이 난다(정제와 여과는 와인의 풍미를 떨어뜨린다)는 이유로 부유물을 거르지 않고 병에 담는 경우도 많다. 부유물을 거르지 않은 와인은 레이블에 그 사실을 적어야 한다. 영어로는 'Unfiltered', 프랑스어로는 'Non filtrée' 이탈리아어로는 'Non filtrata', 독일어로는 'Ungefiltert'라고 표기한다. 이런 표시가 적힌 와인은 와인에 침전물이 섞여 있을 수 있으므로 일정 기간 병을 똑바로 세워놓아 부유물이 아래로 가라앉은 다음에 조심스럽게 따라서 마시는 것이 바람직하다. 부유물을 걸러내는 정제나 여과 작업을 하지 않고서도 레이블에 아무런 표시를 하지 않은 와인도 많다. 화이트 와인의 최고봉으로 자타가 인정하는 보르도 소테른의 샤토 디켐이 대표적 본보기이다. 프랑스의 부르고뉴는 부유물을 걸러내는 전통이 이어져서 와인 병의 어깨가 없고, 보르도는 그대로 두는 전통이 내려와 와인 병에 어깨가 있다.

다채롭고 솔깃한 Tip

발효 용기

와인 양조를 위한 발효는 참나무(오크), 콘크리트, 철제, 스테인리스 등으로 제작된 대형 용기(탱크) 속에서 이루어진다. 재질의 종류와 상관없이 발효 용기는 오염될 여지가 적고, 안정적 화학작용이 가능하고, 햇볕·진동·충격이 미치지 않도록 설비되어 있다. 포도에 함유된 주석산(tartaric acid)이 칼슘이나 칼륨과 결합하여 발효 용기나 와인 병의 바닥에 가라앉지 않도록 표면이 매끄럽고 세척과 보수가 쉽도록 되어 있다.

모양은 개방형과 밀폐형으로 구분되며 일반적으로 전자보다 후자가 널리 쓰인다. 개방형은 더운 날씨나 고온 발효에 적합하고 발효가 신속하여 소량 발효에 적합하지만 발효 과정에서 알콜이 손실되고 산화의 위험이 수반되는 단점이 있다. 밀폐형은 온도 관리가 쉽고 발효 과정에서 포도 주스가 산

오크 통 와인 발효(숙성) 용기

스테인리스 와인 발효(숙성) 용기

콘크리트 와인 발효(숙성) 용기

화될 가능성이 낮아서 대량 발효에 많이 쓰인다. 유산발효가 용이한 장점이 있지만 냉각장치를 갖춰야 하는 단점이 있다. 근래에는 청결과 편의를 중시하는 경향을 따라서 스테인리스 재질에 자동 온도 조절기가 부착된 발효 용기를 사용하는 사례가 늘고 있다.

숙성(aging · maturation)

원숙한 향미를 위하여 발효를 통해 양조된 와인의 맛과 향이 시간의 흐름에 따라 마시기에 적합하게 개선되는 과정을 숙성(aging · maturation)이라고 일컫는다. 발효가 종료된 직후의 와인은 효모 냄새나 탄산가스 같은 불순물을 함유하여 곧바로 마시기에 부적합하다. 기계로 포도송이를 수확해 줄기째 발효를 시키는 경우는 물론이고 충분하게 성숙한 알갱이만 손으로 골라서 수확을 했어도 와인의 향과 맛이 매우 거칠어서 기대하는 풍미를 충분히 느낄 수 없다. 하지만 어느 정도 시간이 지나면 맛과 향이 순화되고 원숙해져 황홀하고 매혹적인 와인이 탄생된다.

숙성에는 당분으로부터 생성된 '알코올'이 다시 수소와 산소의 결합체인 '물'과 결합하여 분자 상태로 섞이는 화학작용이 동반된다. 시간이 흐르는 동안 산소가 색소인 안토시아닌과 반응하여 다양한 종류의 색깔이 만들어진다. 화이트 와인은 시간이 흐를수록 색이 진해지고 레드 와인은 반대로 색이 옅어진다. 또한 산소가 와인 속의 산과 화학작용을 일으켜 원숙한 복합향을 생성한다.

와인의 숙성은 발효가 끝난 후 압착한 와인을 병에 담는 시점을 기준으로 '주병 전 숙성'과 '주병 후 숙성'으로 나뉜다. 주병 전 숙성에는 참나무 통, 스테인리스스틸, 콘크리트 등으로 만든 대형 용기들이 이용된다. 발효와 숙성을 같은 통에서 거치게 하는 경우도 많다.

시간이 경과하면서 숙성 용기 안의 넓어진 공간에 산소가 채워지면 숙성 중인 와인이 통째로 산화되는 낭패를 겪을 수도 있다. 숙성 기간이 길어지면 수분의 증발로 통의 상단에 공간이 생기게 되는데 증발량을 '천사의 몫'으로 여기고 토핑(topping) 작업을 통해 비워진 부분을 채운다. 숙성을 위한 장기간의 고립으로 와인의 피로감이 누적되고 찌꺼기가 가라앉아 향미가 약해지는 것을 막기 위해 도중에 고무호스를 이용하여 와인을 다른 용기로 옮겨(racking) 주기도 한다.*

* 래킹에는 산소 공급에 따른 산화의 위험이 수반되므로 숙성 용기를 자주 바꾸면 와인의 품질이 도리어 저하될 수도 있다. 특히 화이트 와인은 래킹에 매우 민감하다.

다채롭고 솔깃한 Tip

숙성 기간

세계 각지에서 생산되는 스틸 와인의 90퍼센트 정도는 숙성 기간이 1년을 넘지 않는다. 더 이상 시간을 연장하면 와인의 고유한 풍미가 사라지기 때문이다. 보통의 와인은 2년 정도 시간이 지나면 맛이 개선되는 대신에 부패가 진행된다. 일반적으로 가벼운 느낌(light body)을 주는 레드 와인은 포도 수확 시점으로부터 약 6~8개월이면 와인 시장에 출시된다. 가메(gamay) 품종으로 만드는 보졸레 누보(레드) 와인은 포도를 알갱이째로 통에 담아 1주일 정도 발효시킨 뒤 4~6주 후에 주병하여 한날(11월 셋째 주 목요일) 한시(0시)에 전 세계에서 동시에 판매에 들어간다. 화이트 와인 역시 숙성 기간이 너무 길면 색깔이 갈색으로 변하고 상큼한 신맛이 약화된다. 아무리 향미가 뛰어난 화이트 와인도 2~3년 이상 숙성시키면 특유의 향미를 기대할 수 없게 된다.

대부분의 화이트 와인과 로제 와인은 포도가 수확된 시점으로부터 와인이 출시되는 시점까지의 기간이 비교적 짧다. 고급 와인은 보통 발효가 끝난 뒤 1년 6개월에서 2년 정도 경과한 시점에서 병에 담기며 병 속에서 머무는 동안 완성도가 더해진다.

레드 와인은 숙성과 더불어서 색깔이 진보라에서 벽돌색으로 바뀌고 화이트 와인은 진한 황금빛을 거쳐 갈색으로 바뀌면서 거칠고 쓰던 맛이 부드러워진다. 또한 포도가 본래부터 가지고 있던 아로마(aroma)의 존재가 점차 희미해지고 원숙한 부케(bouquet)가 생성된다. 와인의 구체적인 숙성 효과는 원료 포도의 품종에 따라

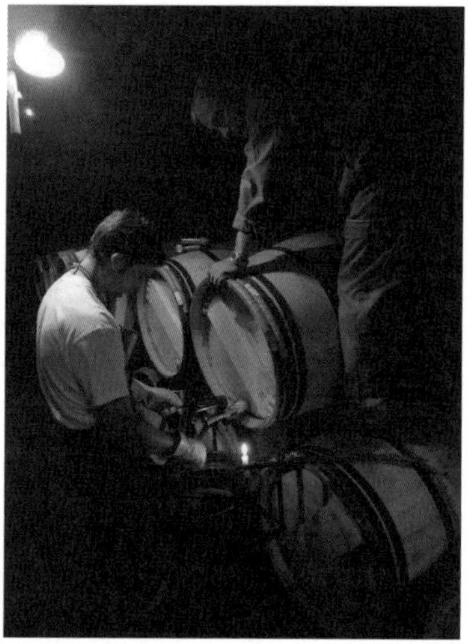
와인의 숙성 상태 확인

다르게 나타난다. 숙성 용기의 재질, 원산지(오크 통), 사용 횟수 등에 따라 숙성 효과가 달라지기도 한다. 오크 통에서 숙성된 와인은 대체로 맛이 부드러우며 참나무 고유의 향과 성분이 혼합되어 나무, 바닐라, 토스트 등의 향을 발산한다. 바닐린 성분의 영향으로 아로마가 풍부하고 산화 속도가 완만하여 페놀 성분이 안정적으로 보전된다. 하지만 오크나무의 원산지, 수종(樹種), 제작법(특히 불의 강도), 용량 등에 따라 차이가 생긴다. 새로 제작한 통을 사용하는 경우와 한 번 이상 사용한 통을 재사용한 경우의 숙성 효과가 다르다.*

* 프랑스의 루아르 지방에서는 밤나무로 만든 통에서 와인을 숙성시키기도 한다. 과거에는 아카시아나무 통을 쓰는 곳도 있었으나 지나치게 강한 향 때문에 오늘날은 사용하지 않는다.

반면에 스테인리스스틸이나 콘크리트 통에서 숙성을 시키면 재질의 특성상 다른 요인이 개입할 여지가 적어 와인 본래의 특성이 원형대로 간직된다. 그래서 와인 자체의 투박한 개성을 중시하는 생산자들은 오크 통 대신에 스테인리스스틸 혹은 콘크리트 통을 선호하며 오크 통을 쓰더라도 스테인리스스틸이나 콘크리트 통을 함께 사용하는 경우가 많다.

보르도 5대 특1급 와인의 하나인 샤토 라투르는 66개의 양조 탱크 전부가 스테인리스스틸로 되어 있다. 하지만 샤토 라피트-로트칠드(Château Lafitte-Rothschild)와 샤토 마고의 양조장에서는 스테인리스스틸 탱크와 오크 탱크를 함께 사용한다. 오크 통은 수명에 한계가 있어서 주기적으로 비용이 들어가는 반면에 스테인리스 통은 영구 사용도 가능하여 선호되는 분위기다. 숙성 비용을 절약하기 위하여 오크 통 대신 스테인리스스틸 통에다 와인과 참나무 장작을 집어넣어 오크 향이 나게 하는 방법도 널리 쓰이고 있다.

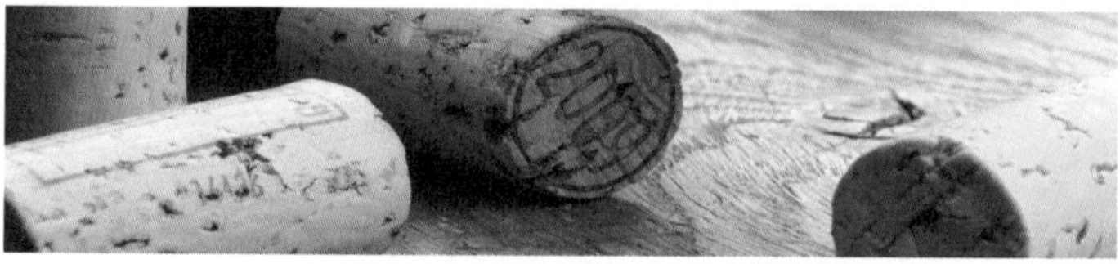

블렌딩(blending)

와인을 섞는 묘미 세계에서 최고로 비싼 프랑스 부르고뉴의 로마네-콩티 와인은 피노 누아 품종 한 가지로 만들고, 이와 쌍벽을 이루는 보르도 포므롤의 페트뤼스 와인은 메를로 품종 한 가지로 만든다. 그 외에도 한 품종으로만 만드는 와인이 많다. 하지만 보르도와 샹파뉴의 포도원들과 세계의 주요 와인 산지에서는 두 가지 이상의 품종을 섞거나 혹은 양조 연도(빈티지)가 다른 와인을 블렌딩하는 방법을 쓴다.

블렌딩의 묘미는 와인의 장점을 향상시키고 단점을 보완하여 황홀하고 매력적인 향미를 이끌어내는 데 있다. 한 가지 품종만 쓰는 경우도 같은 포도밭에서 수확한 포도만 사용하는 경우가 아니면 블렌딩 방식을 쓰는 것으로 여길 수 있다. 예컨대 100퍼센트 네비올로로 양조되는 이탈리아의 바롤로(Barolo) 와인은 소재지가 다른 네 개의 밭에서 각기 재배된 포도를 섞어서 만든다. 블렌딩을 통한 양조 방식이 널리 선호되는 현실은, 단점 없이 오로지 장점만 지니는 포도 품종이나 와인은 없다는 것을 보여준다.

다채롭고 솔깃한 Tip

블렌딩의 예술

세계 양조학계의 최고봉으로 대접받는 프랑스의 미셸 롤랑, 이탈리아의 자코모 타키스(Giacomo Tachis), 카를로 페리니(Carlo Ferrini), 안젤로 가야(Anelo Gaja) 등은 포도 품종에 대한 해박한 지식과 경험을 바탕으로 고도의 블렌딩 기술을 발휘하여 세계의 애호가들이 열광하는 훌륭한 와인들을 만들어낸다. 와인의 다양성을 퇴색시킨다는 비판도 있지만 포도 품종의 특성과 테루아를 정확하게 반영하며 균형감이 빼어난 와인을 만드는 이들이 세계 와인 시장에 미치는 영향은 실로 지대하다.
와인을 블렌딩하는 기술을 여러 재료로 작품을 구현하는 미술 기법에 비유하여 아상블라주(assemblage)라고 부르기도 하고, 여러 악기의 앙상블 협주를 통해 청중을 사로잡는 오케스트라(관현악) 공연에 비유하기도 한다. 유명한 와인메이커들이 와인을 블렌딩하는 과정은 유능한 작곡가가 문학, 미술, 음악, 연극 같은 예술 장르를 총망라하여 불멸의 오페라를 창작하는 것만큼이나 섬세하고 숙연하다.

보르도의 5대 특1급 와인(레드)들은 예외 없이 레드 품종인 카베르네 소비뇽에 역시 레드 품종인 메를로·카베르네 프랑·프티 베르도 등을 독창적인 비율로 섞어서 만든다. 반면에 샹파뉴의 샴페인들은 레드 품종인 피노 누아 및 피노 뫼니에(pinot meunier)와 화이트 품종인 샤르도네를 적절한 비율로 섞어서 만든다. 론에서 생산되는 샤토 네프 뒤 파프 와인은 레드 품종인 그르나슈(40퍼센트 이상)를 기본으로 하여 시라, 무르베드르, 생소, 카리냥 같은 품종을 최대 13개까지 혼합한다.

블렌딩 방법 생산 연도가 각기 다른 와인 원액을 섞기도(수직적 혼합) 하고 생산지가 다른 와인을 섞기도(수평적 혼합) 한다. 같은 품종이라도 재배된 밭의 특성에 따라 향과 맛이 달라지는 포도의 특성을 최대한 이용하여 소비자들의 입맛에 부합하는 다양한 스타일의 와인을 만드는 것이다.

보르도의 특1급 와인 샤토 마고는 카베르네 소비뇽, 메를로, 카베르네 프랑, 프티 베르도를 75 : 20 : 5 : 5의 비율로 섞어서 만든다. 샤토 라피트-로트칠드는 카베르네 소비뇽, 메를로, 카베르네 프랑을 70 : 20 : 10의 비율로 섞고, 샤토 무통-로트칠드는 카베르네 소비뇽, 카베르네 프랑, 메를로를 85 : 10 : 5의 비율로 섞는다. 같은 보르도라도 생테밀리옹의 슈발 블랑(Cheval Blanc)은 카베르네 프랑, 메를로, 말베크, 카베르네 소비뇽을 60 : 34 : 5 : 1의 비율로 섞는다.

이러한 배합 비율은 절대 불변의 고정적 기준이 아니며 포도원들이 같은 비율로 포도 품종을 재배하는 것도 아니다. 가급적 동일한 비율을 유지하려고 노력은 하지만 포도 작황이나 애호가들의 요구에 따라 약간씩 비율을 바꾸기도 한다. 하지만 기후변화 등으로 포도가 충실하게 영글지 않아 양질의 와인 생산이 어렵다고 판단되면 대표 와인을 출시하지 않는다. 들어간 비용이 아까워서 색, 향, 맛, 무게감, 여운 등이 떨어지는 제품을 내놓았다가 소비자들의 신뢰를 잃게 될 것을 우려해서이다.

병 속의 마법 용기 속에서 충분히 숙성된 다음 혼합 과정을 거쳐 병 속에 담긴 후에도 미세하나마 숙성이 진행된다. 이른바 2차 숙성이다. 진행되는 속도는 매우 느리지만 결과적으로 얻어지는 효과는 오랜 기다림의 지루함을 충분히 보상하고도 남는다. 따라서 세계적으로 이름난 유명 와인들은 오크 통이나 스테인리스스틸 통에서 숙성을 마치고 병 속에 담긴 후에도 다시 오랜 기다림의 시간을 갖는다.

오랜 시간을 버텨낼 힘이 없는 와인을 병 속에 담아 장기간 두면 도리어 품질이 저하되고 경우에 따라서는 도저히 마실 수가 없는 상태로 될 수도 있다. 병에 담기고 나서 초기에는 병 속에 들어 있는 산소에 의한 산화가 진행된다. 코르크 마개가 팽창된 상태에서도 온도·습도·압력 등의 차이로 미량이나마 산소 공급이 이루어져 숙성이 진행된다. 다만, 공급되는 산소의 양이 매우 적어서 산화 대신 환원 반응을 통해 숙성이 이루어진다.

다채롭고 솔깃한 Tip

2군 와인

유명 포도원들이 대표 와인을 양조할 때는 최고로 우수한 토질에서 최소한 15년 이상 자란 포도나무에서 수확한 포도 가운데 최고로 잘 영근 것들만 골라서 발효와 숙성을 거치게 한다. 따라서 규모가 큰 포도원에서는 토질이 떨어지는 밭이나 어린 포도나무에서 수확한 포도들을 효과적으로 사용할 필요성이 생기게 되는데, 많은 포도원들이 2군 와인(second wine)을 양조하는 방법을 따르고 있다. 와인의 힘이 다소 허약하거나 숙성 상태가 미흡하여 저렴한 값으로 판매되지만 소비자 만족도는 높은 경우가 많다. 포도 재배와 양조 과정에 적용된 기술에는 차이가 없어 품질 수준이 높기 때문이다.

세계의 와인 산지 가운데 특히 프랑스의 보르도의 그랑 크뤼(Grand Crus) 포도원 가운데 2군 와인을 생산하는 경우가 많다. 샤토 마고의 파비용 루즈(Pavillon Rouge), 샤토-라투르의 레 포르 드 라투르(Les Forts de Latour), 샤토 라피트 로트칠드의 카뤼아드 드 라피트(Carruades de Lafite), 샤토 무통-로트칠드의 르 프티 무통 로트칠드(Le Petit Mouton Rothschild), 샤토 오브리옹(Château Haut Brion)의 르 바앙 뒤 샤토 오브리옹(Le Bahans du Château Haut-Brion) 등이 대표적인 본보기이다. 국내 소비자 사이에 지명도가 높은 무통 카데(Mouton Cadet) 와인도 샤토 무통-로트칠드의 2군 와인으로 탄생한 것이다.

다른 등급 및 다른 지역의 유명 포도원 가운데도 2군 와인을 생산하는 사례가 많다. 보르도의 특3급 포도원 샤토 팔메(Château Palmer)는 알테르 에고 드 팔메르(Alter Ego de Palmer)라는 2군 와인을 생산한다.

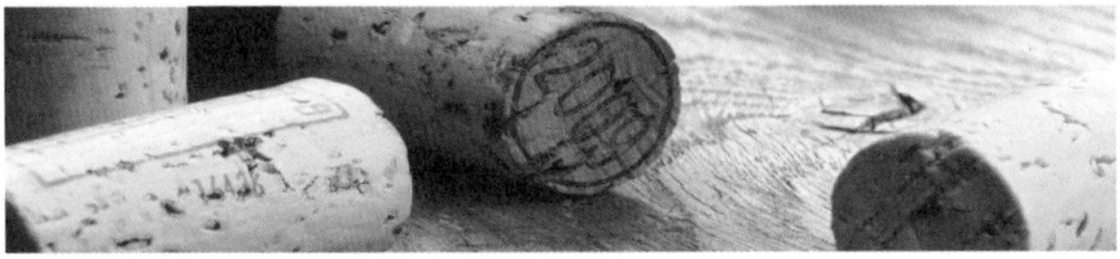

별종 와인 제조

아이스 와인 아이스 와인은 포도가 나무에 열려 있는 상태에서 동결된 포도를 선별적으로 수확하여 해동되기 전에 착즙 및 발효 과정을 진행시켜서 만든다. 포도의 당도가 최고로 높아지기를 기다렸다가 기온이 영하 8도 이하로 내려가면 얼어 있는 알갱이를 일일이 손으로 수확하여 양조에 들어간다. 수확을 늦추었다가 포도가 썩거나 야생동물의 먹이가 되기도 한다. 차갑게 언 포도를 이른 새벽에 장갑을 끼고 수확하는 관계로 작업 능률이 매우 낮다. 게다가 보통 와인은 15일 안팎이면 발효가 끝나지만 아이스 와인은 3개월 정도가 걸린다. 기다림과 고행의 대가로 단맛과 산도가 뛰어난 와인을 얻지만, 낭패의 우려가 따르고 생산량도 적어서(일반 와인의 1/10 정도) 작은 병에 담겨서 비싸게 유통된다.

추운 지역에서도 잘 자라는 리슬링, 게뷔르츠트라미너, 비델 블랑(videl blanc) 등의 품종으로 만들며 단맛과 과일향이 풍부해 디저트용으로 애용된다. 캐나다, 독일, 오스트리아의 추운 지방에서 질 좋은 제품들이 생산된다.

연중 날씨가 온화한 오스트레일리아나 미국에서는 포도를 적기에 수확하여 냉동고에서 얼렸다가 아이스 와인을 만든다. 포도를 1~2주 정도 늦게 수확한 다음 건조 과정을 거쳐 발효에 들어가는 방법으로 단맛이 강하면서 가격은 저렴한 화이트 와인을 만들기도 한다. 바로 레이트 하베스트(late harvest) 와인이다. 아이스 와인은 알코올 도수가 10도 안팎인 경우가 대부분이나 레이트 하베스트 가운데는 알코올 도수가 12도를 넘는 제품이 많다.

귀부 와인 프랑스 보르도와 독일의 여러 지방, 그리고 헝가리에서는 곰팡이균의 일종인 보트리티스 시네레아(botrytis cinerea)가 침투해서 겉모양이 심하게 일그러진 포도 알갱이로 놀라운 단맛의 화이트 와인을 만든다. 바로 귀부 와인*이다. 여름에는 날씨가 온화하고 습도가 높으며 가을에는 안개가 많이 끼어 곰팡이가 서식하기에 적합한 지역에서 이런 와인을 만들 수 있다. 늦은 가을까지 포도 수확을 미루면 곰팡이의 침투로 수분이 고갈되어 포도의 당도가 최고조에 이르러 꿀보다도 단 화이트 와인이 만들어진다. 프랑스 보르도의 소테른과 루아르의 본조(Bonnezeau), 헝

* 일본 작가 무라카미 류의 소설 〈와인 한 잔의 진실〉에는 귀부 와인이 죽음의 와인으로 묘사되어 있다.

가리의 토커이(Tokayj), 독일의 트로켄베렌아우스레제(Trockenbeerenauslese)* 와 베렌아우스레제(Beerenauslese) 같은 화이트 와인이 대표적 본보기이다. 와인의 생산량도 적고 실패율도 높아서 가격이 매우 비싸다.

* 리슬링 포도로 귀부 와인을 만드는 에곤 밀러(Egon Miller)의 제품들은 이미 이전 세기부터 향미가 출중한 와인으로 평이 나 있다.

기록에 의하면 헝가리는 독일에서 귀부병에 걸린 포도로 트로켄베렌아우스레제를 만들기 100년 전, 그리고 프랑스의 보르도에서 소테른 와인을 생산하기 200년 전에 이미 곰팡이가 피어나 썩은 포도로 토커이 와인을 만들었다고 한다.

뱅 드 파유 & 스트로 와인 양조에 들어가기 전에 포도를 마른 짚 위에 널어서 수분 증발로 당분이 응축된 상태에서 양조되어 단맛이 강한 화이트 와인을 일컫는 말이다. '파유(paille)'는 프랑스어로 '짚'을 뜻하며 보통 수확한 포도를 지지대에 걸어서 1.5~2개월 동안 말린 다음에 양조 절차에 들어간다. 화이트 품종인 리슬링이나 모스카토 등이 주로 사용되며 금빛 색상에 향기와 맛이 뛰어난 특징을 갖는다.

프랑스의 쥐라와 론 지방에서 주로 이런 종류의 와인을 만든다. 론 북부에 자리한 엠 샤푸티에(M. Chapouter) 포도원의 제품이 특히 유명하다. 이탈리아 북부 베네토 지방의 아마로네(Amarone)와 레치오토(Rechioto), 중부 토스카나 지방의 빈산토(Vin Santo), 오스트리아의 스트로바인(Strohwein) 등도 뱅 드 파유와 유사한 방법으로 양조된다. 스트로바인은 갈대 위에서 말려서 만든다 하여 갈대 와인(Shilfwein)이라고도 불린다.

●

유기농 와인 농산물 식품 시장의 유기농 열풍이 와인 업계에도 불고있다. 유기농 와인이란 인체와 토양에 해로운 비료나 약품 등의 사용을 피하고 주로 천연비료를 써서 재배한 포도로 만든 와인을 가리킨다. 양조를 할 때도 천연 효모를 주로 쓰고 화학약품의 사용을 자제한다. '유기농 와인(Organic Wine)'이라는 명칭이 법규로 규정되어 있는 것은 아니다. 하지만 프랑스·이탈리아·에스파냐·독일 같은 구대륙의 와인 생산국은 물론이고, 미국·오스트레일리아·칠레 같은 신세계의 와인 생산국들도 유기농 와인을 만든다.

유기농 와인을 만드는 유럽의 포도원들은 1991년 발효된 '2092/91 포도 재배법에 관한 유럽연합규정'에 따라 화학비료, 살충제, 제초제, 성장촉진제, 유전자변형물질(GMO) 등을 사용하지 않는다. 포도에 직접적으로 영향을 끼치는 화학비료 대신에 퇴비나 자연석회, 골분 같은 자연비료를 뿌려서 유기물질로 바뀌면 포도나무가 이를 흡수하게 만든다. 이런 방법으로 토양의 생명력을 높여서 포도의 품질을 최상

CERTIFIÉ AB AGRICULTURE BIOLOGIQUE

프랑스 유기농 와인 표시

으로 끌어올린다.

제초제 대신 손 또는 농기계로 잡초를 없애며, 뽑거나 잘라낸 잡초들은 퇴비로 쓴다. 평소에 포도나무의 저항력을 길러주어 병충해(노균병, 오이듐, 보트리티스 등) 발생에 의한 피해를 예방하는 데 주력한다. 이렇게 수확되는 포도는 산도가 높고 영양과 아로마가 풍부하며 당도와 조화롭게 균형을 이룬다. 양조 과정에서 무수아황산(SO_2) 같은 산화방지제 사용을 절제한다.

프랑스의 경우 유기농 와인 레이블에 유기농업개발청의 'AB' 로고를 표시하려면 GMO가 들어간 효모를 써서는 안 된다. 포도즙의 당도를 높이기 위해 사탕무나 사탕수수의 정제된 설탕을 넣을 때도 잔류 물질이 없고 유기농법으로 인증된 것을 써야 한다. 숙성 과정에서 발생하는 침전물을 정제 혹은 여과할 때도 천연 재료 혹은 유기농 인증을 받은 공산품만 써야 한다.

●

생물기능농법 와인 화학비료와 농약을 쓰지 않을 뿐 아니라, 포도나무의 컨디션과 생장 주기를 따져가며 재배한 포도로 양조한 와인을 일컫는 말이다. 생물기능농법 와인(biodynamics wine) 생산자들은 오스트리아의 철학자 루돌프 슈타이너(Rueolf Steiner)가 1924년에 수립한 원칙에 따라 포도나무의 바이오리듬에 맞춰 가지치기를 하고 퇴비도 달의 주기와 포도의 생장 주기를 따져서 뿌린다. 최소한의 유황이나 구리 혼합물 이외에는 어떤 종류의 화학약품, 인공

비료, 살충제도 사용하지 않으며 트랙터 대신 소나 말에 농기구를 매서 밭을 간다. 와인의 알코올 도수를 높이기 위해 설탕을 첨가하거나 인위적으로 당도를 낮추지 않으며 100퍼센트 자연 효모로만 발효를 시킨다. 포도나무들이 좋은 음악*을 듣고 안정적인 정서를 유지하도록 포도밭에다 음악을 틀어놓거나, 소의 뿔을 포도밭에 묻어두거나, 포도 덩굴을 다루며 주문을 외는 경우도 있다.

* 이탈리아 피에몬테 주의 유명 와인 산지인 몬테라토 언덕과 랑게 언덕에서 4대째 와인을 생산하는 바바(Bava) 포도원은 포도 수확기에 오케스트라를 초대해 공연하는 아트 마케팅을 하고 와인셀러 안에 음악 공연장을 만들어 놓고 마치 태교 음악을 들려주듯 와인들을 위한 연주회를 개최한다고 한다.

생물기능농법을 사용하는 사례로는 프랑스 부르고뉴의 도멘 드 라 로마네 콩티(DRC), 앙리 자이에(Henry Jayer), 도멘 드로아(Deloach), 알자스의 오즈테르타크(Ostertag), 루아르의 쿨레 드 세랑(Coulée de Serrant), 론의 엠 샤프티에(M. Chapoutier), 에스파냐 리베라 델 두에로의 핑구스(Pingus)와 프리오라토(Priorato)의 핑카 도피(Finca Dofi)를 비롯하여 미국 나파 밸리의 조지프 펠프스(Josep Phelps), 퀸테사(Quintessa), 로버트 신스키(Robert Sinskey), 소노마(Sonoma) 지역의 벤지거(Benziger) 등이 유명하다.

●

컬트 와인 최고로 훌륭한 와인을 만들겠다는 집념을 공유하는 사람들이 최고의 기술과 정성으로 최소량만 생산하여 컬트(cult: 숭배, 예찬, 동경)의 대상처럼 취급되는 와인들을 일컫는 말이다. 미국의 와인 평론가 로버트 파커가 와인 전문지 〈Wine Spectator〉에서 처음으로 사용한 이후로 애호가들 사이에 널리 통용되고 있다. 보르도 포므롤의 샤토 르 팽(Château le Pin)이 1979년에 선보인 발당드로(Valandraud)* 와인이 원조다. 수제품 자동차의 대명사인 '롤스로이스'처럼 정교하고 섬세하게 제조되는 것으로 알려져 있다.

* 도시에서 은행원으로 근무하다가 보르도의 생테밀리옹(Saint-Émilion)으로 귀농하여 아주 작은 포도원에서 발랑드로(Ballandreau)라는 고품질의 와인을 생산하여 컬트 와인의 원조로 추앙받는 장뤼크 튀느뱅(Jean Luc Thunevin)의 도전 정신은 와인업계의 전설로 통한다.

포므롤의 또 다른 와인 페트뤼스(Pétrus)도 메를로 품종에다 최고의 기술과 정성을 가미하여 만들어지는 컬트 와인의 하나다. 구하기가 매우 어려워 '블루칩 와인'이라고도 부르고, 작은 창고나 허름한 실험실에서 제조되어 '창고 와인(garage wine)'이라고도 부른

컬트 와인은 생산량이 아주 적고 가격이 매우 비싸서 수집용 와인이라는 비판을 받기도 한다.

* 이탈리아의 안드레아 프란게티(Andrea Franchetti)는 테누타 디 트리노로(Tenuta di Trinoro)라는 컬트 와인을 연간 8,000병 생산하고, 투아 리타(Tua Rita)사도 100% 메를로로 레디가피(Redigaffi)라는 컬트 와인을 만든다. 나파 밸리의 도미너스, 스크리밍 이글, 할란 이스테이트, 인시그니아, 콜긴, 셰이퍼, 오퍼스 원 등도 컬트 와인으로 분류된다. 레드 품종인 카베르네 소비뇽을 주로 사용하여 컬트 캡이라고도 한다. 예약자에게만 선착순으로 판매하므로 돈이 있어도 사기가 쉽지 않다.

다.* 컬트 와인처럼 최고의 정성으로 극소량이 생산될 뿐이지만 가격은 그다지 비싸지 않은 와인도 있으니 바로 '부티크 와인(boutique wine)'으로 불리는 제품들이다.

헌정 와인 와인 생산자가 특별히 기념할 인물이나 창업자 등의 공로를 기릴 목적으로 생산한 와인을 가리키며 오마주 와인(homage wine)의 번역어이다. 생산 방법이 특별히 다른 것은 아니다. 다만, 포도 농사가 특별히 잘된 해에 헌정 와인을 양조하므로 일반적으로 품질이 좋다.

보르도의 샤토 무통-로트칠드(Château Mouton-Rothschild)는 여러 종류의 헌정 와인을 선보였다. 로트칠드 가문은 프랑크푸르트의 유태인 게토 출신 마이어 암셸 로트칠드(Mayer Amschel Rothschild)의 다섯 아들 모두 사회적으로 크게 성공하여 유럽을 대표하는 가문이 되었다. 이에 샤토의 소유주인 필리핀 로트칠드 여남작은 조상의 훌륭한 유업을 받들고 기리기 위해 헌정 와인을 시리즈[바롱 칼(Baron Carl), 바롱 앙리(Baron Henry), 바롱 나타니엘(Baron Nathaniel), 바론 샤를로트(Baronne Chrlotte)]*로 생산하였다.

* 헌정 와인 이름 앞에 공통으로 들어간 바롱(baron)은 프랑스어로 남작을 뜻한다. 남작은 세습되는 귀족의 작위 중 하나로 여자일 경우에는 바론(baronne) 즉 여남작으로 호칭된다.

론 밸리의 샤토 드 보카스텔(Château de Beaucastel) 포도원이 생산하는 샤토뇌프-뒤-파프 오마주 아 자크 페랭(Châteauneuf-du-Pape Hommage à Jacques Perrin)은 포도원 소유주가 1978년에 작고한 아버지 자크 페랭의 업적을 기리고자 생산한 것이다.

샹파뉴의 샴페인 하우스 모엣 에 샹동(Moët&Chandon)의 간판 샴페인 동 페리뇽(Dom Pérignon)은 여러 포도 품종을 섞어서 샴페인의 맛을 획기적으로 개선한 수도사 동 페리뇽(Dom Périgon, 1639~1715)*의 업적을 기리고자 만들어진 것이다. 뵈브 클리코 퐁사르댕(Veuve Clicquot Ponsardin) 제품으로 '위대한 여성'을 뜻하는 '라 그랑 담(La Grande Dame)' 샴페인은 찌꺼기 제거 기술을 개발하여 색깔이 맑은 샴페인을 탄생시킨 전(前) 소유주 클리코 퐁사르댕(Clicquot Ponsardin) 여사의 업적을 기리기 위해 만들어진 것이다.

* 동(Dom)은 프랑스어로 수도사(베네딕트회·샤르트르회·트라피스트회)에게 존경을 나타낼 때 붙여서 쓰는 호칭이다.

이탈리아의 산 주스토 아 렌텐나노(San Giusto a Rentennano) 포도원이 생산하는 페르카를로(Percarlo)는 '카를로를 위하여'라는 뜻으로 창업에 지대한 영향을 끼치고 1981년에 작고한 친척 고용인 카를로의 업적을 기리기 위하여 생산된 것이다. 키안티 클라시코(Chianti Classico) 지역의 카사로스테(Casaloste) 포도원이 생산하는 돈 빈첸초(Don Vincenzo) 와인은 '빈첸초 님'이라는 뜻으로 카사로스테 창건에 결정적인 도움을 제공한 빈센초라는 인물에게 감사를 표하기 위해서 생산된 것이다.

프랑스 샹파뉴의 샴페인 하우스 모엣 에 샹동사에 있는 동 페리뇽 수사의 동상

샤토 무통-로트칠드의 여주인 필리핀 여남작과 선친 바롱 필리프

뵈브 클리코 퐁사르댕 샴페인

미국에는 인물이 아니라 와인 산업의 발전에 기여한 포도 품종에게 바치기 위한 목적으로 양조된 와인도 있다. 캘리포니아의 클로 페가스(Clos Pegase) 포도원은 카베르네 소비뇽과 샤르도네 품종을 위하여 '하미지(homage)'라는 이름의 헌정 와인을 생산한다. 하미지는 프랑스어 오마주(homage)의 영어식 발음이다.

2003
06
CRD
6 x 750 ml

PART 06

품질관리와 보호

와인 인증 제도

배경과 효과 세계 각지의 와인 생산국들은 포도 재배와 양조 및 와인 유통에 대한 인증 제도를 시행하고 있다. 인증제도의 골자는 국가 혹은 단체나 기구가 와인 산업에 대한 보호자 혹은 관리자로서의 역할을 담당한다는 데 있다. 와인 산업이 국가 경제에서 차지하는 비중이 큰 나라일수록 정교한 인증 제도가 확립되어 있다.

와인 인증 제도는 지금으로부터 약 150년 전에 시작되었다. 19세기 중반 필록세라(Phylloxera)의 확산으로 유럽의 유명 포도원들이 큰 낭패를 겪고 있던 틈을 타서 품질이 낮은 와인들이 와인 시장을 교란하자 유명 포도원들이 정부에 건의하여 인증 제도가 도입되기에 이른 것이다.

인증 제도를 시행하는 국가는 와인의 품질을 향상 혹은 유지하는 데 필요한 조건들을 법으로 정해놓고 이들을 충족하는 경우에만 생산정보 표기를 허용한다. 이런 방법으로 지명도가 높은 와인 산지들의 브랜드 가치와 포도원(양조업자 포함)들의 기득권을 법으로 보호해줌으로써 와인 산업의 발달과 국가경제의 지속 가능한 발전을 도모한다. 인증 제도 시행으로 문란하던 와인의 유통 질서가 바로잡혀 주요 산지의 오랜 전통을 이어온 와인 명가들도 전처럼 와인의 정상 공급이 가능해졌다. 뿐만 아니라 와인의 품질에 대한 신뢰가 회복되어 결과적으로 와인 산업의 급속한 성장을 가져왔다.

유럽연합(EU)은 와인산업 관리의 통일성 및 효율성을 도모하기 위하여 포도 재배 및 와인 양조 등에 관한 규제의 범위가 넓고 까다로운 순서에 따라 AOP(Appellation d'origin Protected), IGP(Indication Geography Protected), Vin de Table 등 3단계로 구분되는 와인 인증 체계를 마련하고 2009년 8월 1일부터 와인 생산자들로부터 인증 신청을 받고 있다. 이에 따라 국가별 와인 분류 체계가 변했다.

프랑스 EU가 마련한 분류 기준에 맞춰서 AOP, IGP, Vin de France 등 세 등급으로 구분되는 와인 인증 체계를 채택하고 있다. 규제 범위와 이행 조건의 폭이 넓은 AOP(Appellation d'Origin Protected·원산지명칭보호) 인증은 종전의 AOC가 변한 것이며 국립원산지표기연구소(Institut National des Appellations d'Origin : INAO)가 관련 업무를 관장한다. 2012년 현재 전국에 산재한 약 470여 곳의 와인 산지에 AOP 인증이 주어져 있다.* AOP 산지별로 포도 품

* 보르도와 부르고뉴 등 프랑스의 전통적 와인 명산지에는 AOC 인증과는 별개로 적용하는 와인 품계 제도가 확립되어 있다(189~194쪽 참조).

종, 포도밭 면적당 나무 그루 및 포도 수확량, 포도의 당분 함량, 와인의 알코올 함량 등을 명시한 규정이 존재하므로 AOP 산지 수와 동일한 470여개의 AOP 법규 및 AOP 와인이 존재하는 셈이다. AOP 산지에서 생산되는 모든 와인이 AOP와인이 되는 것은 아니다. AOP 법률의 규정에 따라서 포도를 재배하고 와인을 양조하여 시음 평가를 통과해야 레이블에 AOP 표기를 할 수 있다. 현재 AOP 표기와 AOC 표기가 병행되고 있다.

동일한 지역의 상위 행정단위와 하위 행정단위가 함께 AOP(AOC) 산지로 지정된 경우가 많아서 원산지 명칭의 지리적 범위가 중첩되는 경우가 흔하다. 상위 행정단위를 나타내는 AOP 명칭보다 하위 행정단위를 나타내는 AOP 명칭이 레이블에 표기된 와인을 더 고급으로 치고 가격도 비싸다. 원산지가 '경기도'로 표기된 쌀보다 '여주' 혹은 '이천'으로 표기된 쌀의 품질을 더 높이 쳐주고 가격도 비싼 것과 같은 이치다. 프랑스 각지에서 생산되는 와인의 절반 이상이 AOP 와인이며 매출액으로 치면 전체의 80퍼센트 이상을 차지한다. 프랑스는 와인 이외에 치즈, 올리브 오일, 견과류, 닭고기 같은 농축산물에 대해서도 AOP 제도를 적용하고 있다.

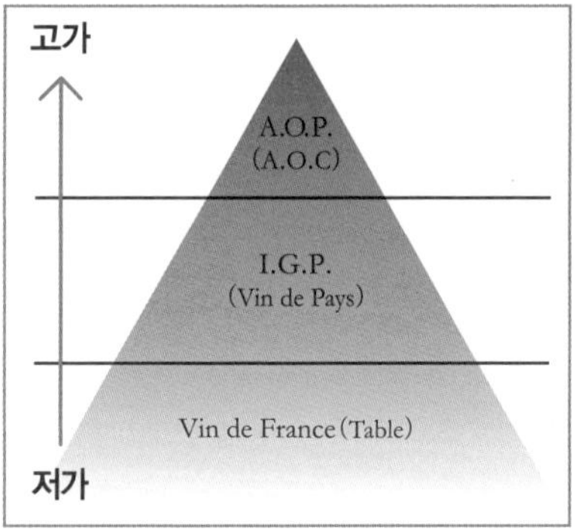

프랑스의 와인 인증 체계

보르도 와인 산지의 원산지명칭통제(AOC) 인증 기준

구분		보르도 (Bordeaux)		메도크 (Médoc)	페사크-레오냥 (Pessac-léognan)
포도 품종	레 드	카베르네 소비뇽 · 카베르네 프랑 · 카르메네르 · 말베크 · 메를로 · 프티 베르도		좌 동	좌 동
	화이트	세미용 · 소비뇽 블랑 · 뮈스카델		–	보르도와 동일
나무 그루 상한 (그루/ha)		제한 없음		6,500~ 만 그루	6,500 그루
최대 와인 생산량 (hℓ/ha)		레 드	55hℓ	50hℓ	45hℓ
		화이트	65hℓ		
최저 당분 함량 (g/ℓ)		178g		170g	178g
최저 알코올 함량 (알코올/100ℓ)		10.5%		10.0%	10.5%

1949년에 AOC 바로 아래 등급으로 신설된 VDQS(Vins Delimites de Qualite Superieure · 우수품질검증와인) 등급은 2012년 AOP 제도의 시행과 더불어 역사의 뒤안길로 사라졌다. 품질 수준은 AOC 와인에 근접하였지만 전체 생산량이 소량(전체의 1~2퍼센트 정도)에 불과하여 품질 수준에 따라 AOP 혹은 IGP급으로 흡수되었다.

IGP 등급은 이전의 Vin de Pays(지역등급와인) 등급이 명칭만 바뀐 것이며, 특정 지방에서 재배된 한 가지 포도 품종만 사용한 와인에 적용된다. 포도 품종, 수확 연도, 원산지 등을 레이블에 적을 수 있으며 거의 전량이 해외로 수출된다. 종전의 뱅 드 페이 도크(Vin de Pays d'Oc) 및 뱅 드 페이 뒤 자르뎅 드 라 프랑스(Vin de

Pays du Jardin de la France)를 합친 수와 동일한 150여 개의 인증 명칭이 존재하며 프랑스 와인의 약 25퍼센트를 차지한다.

Vin de France(테이블 와인)* 등급은 생산지가 상이한 포도나 와인 원액을 섞어서 만든 와인에 적용되며 레이블에 포도 수확 연도(빈티지), 지역 명칭, 포도 품종 등을 표기할 수 없다.

* '테이블 와인'은 공식 인증 명칭과 무관하게 '식사 때 음식과 함께 곁들이는 와인'을 가리키는 말로도 널리 쓰인다.

이탈리아 DOP, IGT, Vino 등 세 단계로 된 와인 인증 체계가 확립되어 있다. 1963년에 프랑스의 AOC법을 모방한 원산지명칭통제법(Denominizaione di Origine Controllata: DOC)을 제정하여 30년 가까이 시행하다가 1992년에 내용을 정비하였다. DOC 인증의 조건으로는 포도 재배지역의 지리 경계와 명칭, 토착품종(산조베세, 네비올로) 사용 의무, 포도 품종 혼합비율, 단위면적당 포도 수확량, 알코올 함유량, 숙성기간, 와인 병의 모양 등이 명시되었다.

토질이 뛰어난 밭에서 특별한 방법으로 포도를 길러 특수한 기술로 DOC 인증을 5년 이상 유지한 와인에 DOCG(Denominizaione di Origine Controllata Garantita · 원산지명칭통제보증) 인증이 주어졌다. EU의 기준에 맞추기 위해 DOC와 DOCG를 통합한 것이 DOP 등급이다.

전국의 와인 산지 가운데 326곳이 DOC(광역시·도, 시·군, 읍·면, 동·리) 인증을 받았으며, 이들 산지에서 생산되는 42종의 와인에 대하여 DOCG 인증이 주어져 있다. 이 가운데 12종류가 북부의 피에몬테(Piemonte)에서 생산되고 7종류가 중부의 토스카나(Toscana)에서 생산된다. 피에몬테에서는 바롤로(Barolo), 바르바레스코(Barbaresco), 바르베라(Barbera), 바르베라 다스티(Barbera d'Asti), 브라케토 다퀴 스푸만테(Brachetto d'Acqui Spumante) 등의 레드 와인과 아스티 스푸만테(Asti Spumante) 같은 발포성 화이트 와인이 포함된다. 토스카나에서는 브루넬로 디 몬탈치노(Brunello Di Montalcino), 키안티(Chianti), 키안티 클라시코(Chianti Classico), 비노 노빌레 디 몬테풀치노(Vino Nobile di Montepulcino) 같은 레드 와인과 베르나차 디 산 지미냐노(Vernaccia di Sangimignano) 같은 화이트 와인이 포함된다. DOCG 와인은 레이블 표기와는 별도로 병의 목 또는 병 입구에 핑크색(혹은 노랑색)의 인증 마크가 부착된다.

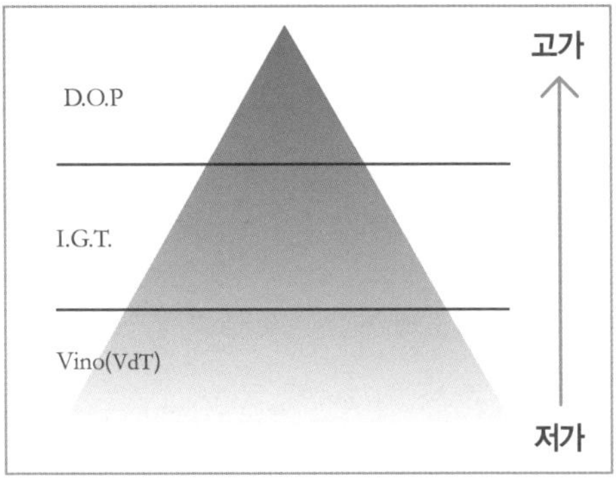

이탈리아의 와인 인증 체계

IGT(Indicazione Geografica Tipica·지리적경계표시) 인증은 프랑스의 뱅 드 페이 인증과 요건이 비슷하며 이탈리아 전국에 약 200여 종의 IGT 와인이 존재한다. IGT 와인 가운데는

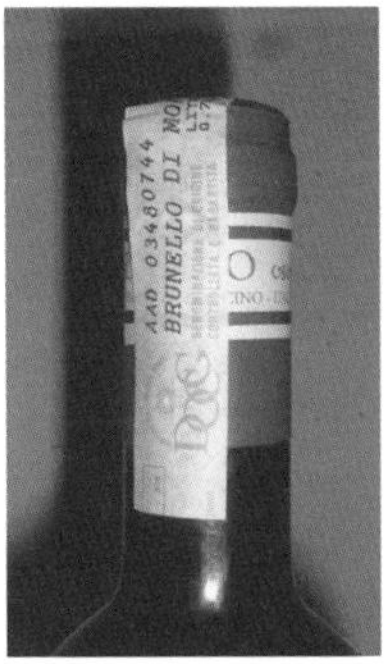

이탈리아 DOCG 인증 와인

품질이 DOC 혹은 DOCG 와인보다 우수한데도 토착 품종(산조베세, 네비올로)을 쓰지 않아서 IGT 급으로 인증된 제품도 많다. 토스카나 볼게리 지역에서 법률에 규정된 산조베세 품종 대신 보르도의 품종(카베르네 소비뇽, 카베르네 프랑, 메를로 등)을 써서 생산되는 오르넬라이아(Ornellaia), 솔라이아(Solaia), 마세토(Masseto) 등을 비롯하여 산조베세 품종에다 보르도 품종을 약간씩 섞어서 만드는 티냐넬로(Tignanello) 등이 대표적 본보기다.

마지막의 Vino 등급은 이전의 Vino da Tavola(테이블 와인)* 등급이 바뀐 것으로 세 단계의 맨 아래 등급에 속한다. 포도 재배 및 와인 양조에 제약이 없고 소비자들의 수요도 많아서 너나없이 생산한다. 수퍼 투스칸의 원조 사시카이아(Sassicaia) 와인은 품질이 뛰어난데도 토착 품종 대신 보르도 품종을 썼다는 이유로 한동안 최하 등급에 속해 있었다.

* 이탈리아 와인의 90% 정도가 이 등급이지만 품질이 좋은데도 DOC 신청을 하지 않아 테이블 와인으로 유통되는 제품도 많다.

에스파냐 법적 조건이 엄격한 순서에 따라 Vinos de Pago(VP), DOCa, DO, VCIG, Vinos del la Tierra, Vinos de Mesa 등 여섯 종류로 구분되는 인증체계를 갖추고 있다. 1972년에 프랑스의 AOC 법 및 이탈리아의 DOC법에 해당하는 원산지지정법(Denominación de Origen Protegida: DO)을 제정해 시행에 들어간 이후로 여러 차례 개정을 거쳤다. 전국에 산재하는 63개 와인 산지를 DO 산지로 지정하고 포도 수확연도, 품종혼합 비율, 숙성기간 등에 따라 Vino de Cosecha(비노 데 코세카), Vino de Crianza(비노 데 크리안차), Reserva(레제르바), Gran Reserva(그란 레제르바) 등 네 단계로 구분되는 인증 체계를 확립하였다. 에스파냐의 DO법은 DO 인증조건과 더불어서 와인의 숙성기간 표시 기준을 명시하고 있다.

에스파냐 DO법상 와인 숙성기간 표시 기준

구 분	Red Wine	White Wine
Grand Reserva (그랑 레제르바)	5년(오크 통 24개월)	4년(오크 통 6개월)
Reserva (레제르바)	3년(오크 통 12개월)	2년(오크 통 6개월)
Crianza (비노 데 크리안차)	2년(오크 통 6개월)	1년(오크 통 6개월)
Joven/Sin Crianza (호벤/신 크리안차)	숙성 과정을 거치지 않은 제품	

DOCa(Denominacionde de Origen Calificada·포도 재배적합지역) 인증은 1991년에 도입되었으며 이탈리아의 DOCG 인증과 유사하다. DO 인증을 10년 이상 유지한 상태에서 지정된 품질수준을 보존하고 주병이 포도원에서 이루어지는 와인에 적용된다. 에스파냐 전국에서 리오하, 리베라 델 두에로, 프리오라토 등 세 곳이 DOCa 산지로 지정되어 있다.

Vino de Pago(VdP·단일포도밭) 인증은 DOCa 산지에서 특히 토질이 뛰어나 최상의 포도와 와인이 생산되는 포도밭에 부여된다.

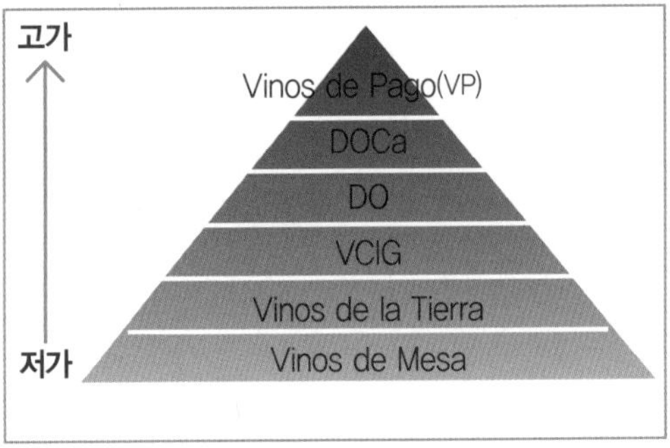

에스파냐의 와인 인증 체계

2003년에 처음 채택된 이후로 카스티아 라만차(Castilla–La Mancha) 자치구의 도미노 데 발데푸사(Domino de Valdepusa), 핑카 엘레스(Finca Elez), 엘 구이호소(El Guijoso) 등 열네 곳에 Pago 인증이 주어졌다.

VCIG(Vinos de Denomi–nationde Origen·지리적명칭표시) 인증은 2003년에 도입되었으며 프랑스의 VDQS 등급과 닮은 면이 많다. 비노 델 라 티에라(Vino del la Tierra) 인증은 프랑스의 뱅 드 페이(지역등급와인) 인증에 해당하며 전국에 걸쳐서 28종의 와인이 지정되어 있다. 마지막의 비노 데 메사(Vino de Mesa) 인증은 프랑스의 테이블 와인 및 이탈리아의 Vino da Tavola(테이블 와인) 인증과 사실상 같은 것이다.

독일 1971년 서독 지역에 있던 11개 포도 산지의 와인 생산과 품질 등급 등에 대하여 규정한 와인법을 제정하여 시행하다가 1989년 국가 통일로 이전의 동독 지역에 있던 두 곳을 추가하였다. 인접국들과 달리 양조에 사용된 포도의 당도[외슬레(Oechsle)]에 따라 와인의 품질을 구분하는 인증체계가 확립되어 있다. 국토 전역의 연평균 기온이 낮고 일조량도 충분치 않아서 알코올로 분해될 수 있는 당분의 함유량이 중요한 요건으로 되어 있다. 대체로 포도를 늦게 수확하여 와인을 양조하는 관계로 단맛을 강점으로 내세우면서도 달지 않은 와인의 존재도 함께 부각시키는 정책을 병행하고 있다. 보당을 하지 않은 상태에서 당도가 10퍼센트를 넘는 포도로 생산되는 제품들을 품질우수와인(Prädikatswein)*으로 분류하고, 이들을 다시 여섯 등급(트로켄베렌아우스레제, 아이스 와인, 베렌아우스레제, 아우스레제, 스페트레제, 카비네트)으로 분류하여 각기 다른 인증 조건을 적용한다.

* 종전에는 QmP(Qualittäswein mit Prädikat · 품질우수와인)라는 명칭을 사용하였으나 2007년 8월 1일자로 명칭이 Prädikatswein으로 변경되었다.

단맛을 싫어하는 소비자들의 기호를 감안하여 품질우수와인(종전의 QmP와인) 가운데 단맛이 덜한(troken) 제품은 'Classic'이라고 표기한다. 그중에서 같은 밭에서 수확한 포도로 만든 와인에는 'Selection'이라고 표기한다.

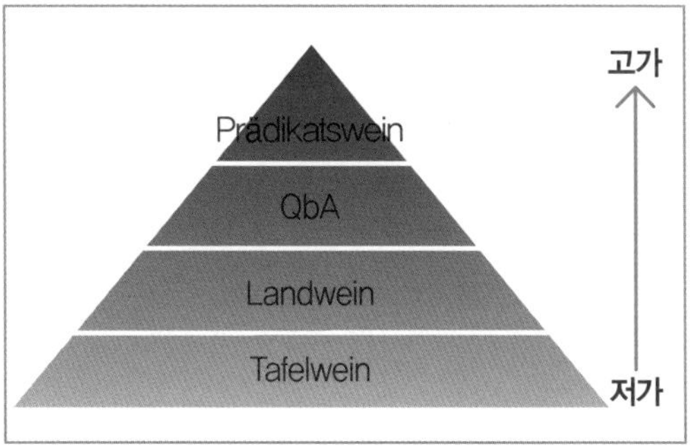

독일의 와인 인증 체계

자연적으로 형성된 당도가 10퍼센트에 이르지 못하는 포도로 만든 와인들에는 포도 재배지역와인(Qualitätswein bestimmter Anbaugebiete: QbA), 지

독일 우수와인생산자협회 로고

역명칭와인(Landwein), 테이블 와인(Tafelwein) 등의 하위 등급을 부여하는 인증체계가 갖춰져 있다. 이 중에서 QbA인증은 국가가 공식 지정한 13개 와인재배지역(Anbaugebiete) 가운데 어느 한 곳에서 수확한 포도로 생산한 와인에 부여되고 있다. 독일 와인의 레이블에서 종종 눈에 띄는 독수리 문양은 독일 와인의 고급화를 선도하는 우수와인생산자협회(VDP)의 인증 표시다.

와인 품계 제도

특급의 지정 프랑스의 일부 와인 산지 가운데는 포도 재배환경(테루아)이 특별히 뛰어난 생산자(포도원) 혹은 포도밭을 특급으로 지정하는 전통이 유지되고 있다. 보르도는 1855년 파리박람회를 계기로 메도크 지구의 61개 포도원을 특급[그랑 크뤼(Grand Crus Classé)]으로 지정하고 그곳에서 생산되는 와인들을 비싼 값으로 유통시켜 왔다. 부르고뉴는 토질과 경사도, 방향 조건 등이 뛰어난 포도밭을 특급으로 지정하고 그곳에서 수확한 포도로 제조한 와인들을 고가로 판매해 왔다. 지리적으로 부르고뉴와 인접하고 발포성 와인을 주로 생산하는 샹파뉴도 부르고뉴 방식으로 포도밭의 등급을 나누고 특급의 밭에서 수확한 포도로 제조한 와인들을 비싼 값에 유통시켜 왔다.

프랑스의 일부 지방에만 예외적으로 존재하는 와인 품계는 원산지 명칭과 더불어서 프랑스의 와인산업을 떠받치는 버팀목 구실을 하고 있다. 품계가 높게 매겨진 와인들은 세계의 애호가들로부터 귀중한 문화재나 예술품처럼 대접을 받으며 와인 시장의 제왕처럼 군림한다. 원산지 명칭은 신생업자라도 법적 요건만 충실히 갖추면 언제라도 인증을 받을 수 있지만 와인의 품계는 진입 장벽이 높아서 품질이 좋아도 정치력과 재력이 뛰어나지 않으면 획득이 어렵다. 애호가들 또한 법적 요건만 충족하면 표기가 가능한 원산지 명칭보다 역사성과 희소성을 내세우는 품계 표시에 더 의미를 두는 경향을 보인다.

•

메도크·소테른 프랑스의 나폴레옹 3세(1808~1873) 황제는 1855년 만국박람회를 파리에 유치한 기회에 보르도의 유명 포도원들의 품계를 지정하여 와인을 출품하게 했다. 이때 메도크[생테스테프(Saint-Estèphe), 포이야크(Pauillac), 생쥘리앙(Saint–Julien), 리스트라크(Listrac), 물리(Moulis), 마고(Margaux)]에서 59곳, 그라브(Graves)에서 1곳(샤토 오브리옹), 소테른에서 26곳을 골라서 특급(Grand Crus Classé)으로 지정하고 이들을 다시 1~5단계로 나누는 품계 제도가 생겨났다. 메도크의 59개 포도원은 5단계로, 소테른의 26개 포도원은 3단계로 품계가 나누어졌다. 메도크에서는 샤토 라투르, 샤토 라피트–로트칠드, 샤토 마고 등 세 곳이 특1급[프르미에 그랑 크뤼(Premier Grand Crus)]으로 지정되고, 소테른에서는 샤토 디켐 한 곳이 특1급[그랑 프르미에 크뤼(Grand Premiers Crus)]으로 지정되었다.* 이후로 보르도는 특급 포도원의 수가 61개로 늘었고 4개이던 특1급 포도원도 5개로 늘었다. 1855년에 샤토 캉트메를(Château Cantemerle) 하나가 5등급에 추가되고 1885년 당시 2급으로 분류되었던 샤토 무통-로트칠드가 1973년에 특1급으로 승격되었다.

* 소테른은 메도크에 와인 품계가 생긴 1855년에 샤토 디켐을 특1급으로 지정하고 1등급(Premiers Crus) 포도원 11개와 2등급(Deuxiemes Crus) 포도원 14개를 지정하였다.

그라브·생테밀리옹 메도크와 인접한 그라브, 생테밀리옹, 포므롤* 등에도 빼어난 포도원이 많았지만 집단이기주의에 매몰된 메도크의 네고시앙들은 철저하게 배타적으로 품계를 나눴다. 다른 지역의 포도원 중에서는 그라브의 샤토 오브리옹 한 곳만 마지못해 특1급에 포함시켰다. 이에 소외감을 느낀 그라브, 생테밀리옹 등도 메도크 혹은 소테른과 비슷한 와인 품계를 만들었다. 그라브는 98년이 지난 1953년에 레드 와인을 만드는 13개 포도원과 화이트 와인을 만드는 8개 포도원을 지역 명칭의 알파벳 순서에 따라 우등(Crus Classes)으로 지정하고 1959년에 등급 분류를 조정하였다. 생테밀리옹은 1955년에 특1급(Premiers Grand Crus Classes) 및 특급(Grands Crus Classes) 포도원을 각각 13개와 55개씩 지정하고

* 포므롤은 페트뤼스(Pétrus), 르팽(Le Pin) 같은 울트라 수퍼급 명품 와인을 생산하면서도 와인 품계를 만들지 않았다. 등급을 나누기에는 포도원의 수와 와인 생산량이 적기도 하고, 와인 브랜드 자체가 특급 이상의 이미지를 드러낸다고 믿기 때문이다.

1969년, 1985년, 1996년, 2006년에 각각 지정 포도원을 조정하였다. 특1급 포도원 13개 가운데 샤토 슈발 블랑(Château Cheval Blanc)과 샤토 오존(Château Ausone)은 세계 와인 시장에서 메도크 및 그라브의 특1급 와인과 동등 이상의 명성과 평판을 누린다.

부르고뉴 동남부 지역의 부르고뉴는 포도밭의 환경조건에 따라 와인의 등급을 나누는 품계 제도를 채택하였다. 토지의 균할 상속 전통으로 하나의 포도밭을 여러 명이 소유하고 각기 와인을 생산하는 경우가 많아 생산자를 기준으로 품계를 정하기가 어려웠기 때문이다. 전체 포도밭이 특급(Grand Cru) 33개(코트-도르 32개, 샤블리 1개), 1급(Premier Cru)* 562개, 마을 단위(AOC Communale) 52개, 지역 단위(AOC Régionale) 26개로 구분되어 있다.

> * 보르도에서는 프리미에 그랑 크뤼(Premiers Grand Crus) 와인이 최상위 품계에 해당하고 그랑 크뤼(Grand Crus) 와인은 그보다 한 단계 아래 품계에 속한다. 하지만 부르고뉴에서는 그랑 크뤼(Grand Crus) 와인이 최상위 품계에 해당하고 프리미에 크뤼(Premiers Crus) 품계는 그보다 아래 품계에 해당한다.

일조량과 전망에 따라 아파트를 로열층과 일반층으로 구분하는 것과 비슷한 발상으로 포도밭의 품계를 나눈다. 예외도 있으나 특급 및 1급 밭에서 나오는 와인은 레이블에 '그랑 크뤼(Grand Cru)' 혹은 '프르미에 크뤼(Premier Cru)' 표기가 되어 있다. 특급 포도밭에 대하여는 개별적으로 AOC 인증이 부여되어 있다. 따라서 특급 와인의 레이블에는 포도밭 이름과 원산지 명칭이 동일하게 표기된다. 마을 단위 포도밭에서 나오는 와인은

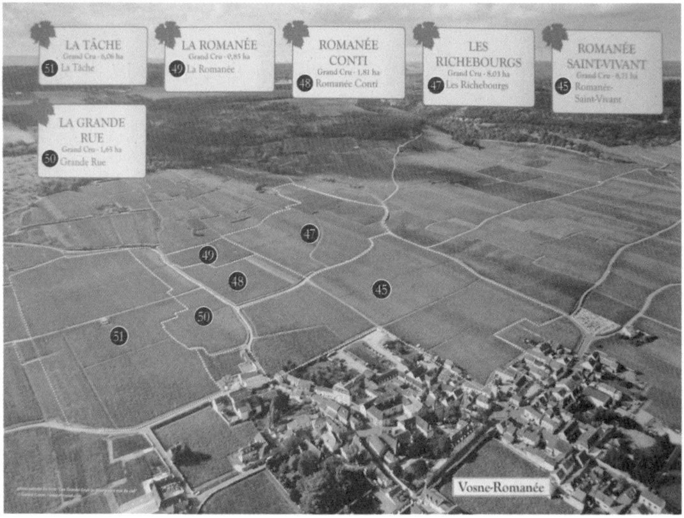

도멘 드 라 로마네-콩티(DRC) 소유의 부르고뉴 포도밭

레이블에 마을의 이름을 기재하고 지역 단위 포도밭에서 나오는 와인은 레이블에 지역 명칭(Bourgogne) 혹은 포도 품종(Pinot Noir)을 적는다.

부르고뉴의 본-로마네(Vosne-Romanée) 마을이 원산지인 로마네-콩티 와인은 보르도 포므롤에서 생산되는 페트뤼스 와인과 더불어 세계에서 가장 귀한 와인의 하나로 대접을 받는다. 로마네-콩티 포도밭은 도멘 드 라 로마네-콩티(Domaine de la Romanée-Conti: DRC)라는 회사의 단독 소유로 되어 있다. DRC가 이 밭에서 수확한 포도로만 만드는 와인이 바로 로마네-콩티다. 로마네-콩티 밭의 면적은 1.8ha(약 140m×130m)에 불과하고 생산량도 연간 6,000병 안팎에 그쳐서 한 병 가격이 최소 500만 원을 넘으며 빈티지에 따라서는 1,000만 원을 넘기도 한다. 그나마도 DRC가 생산하는 다른 와인들을 열한 병이나 끼워서 패키지로 비싸게 유통시켜 일반 서민은 구입해서 마셔볼 엄두조차 내기가 어렵다. 연도에 따라 패키지 구성이 달라지기도 하지만, 최근 출시된 세트는 로마네-콩티 한 병, 라 타슈 세 병, 리슈부르(Richebourg) 두 병, 로마네 생비방(Romanée St. Vivant) 두 병, 그랑 에셰조(Grands Échézeaux) 두 병, 에셰조(Échézeaux) 두 병이 기준이다.

신대륙의 품질관리

품종혼합 제한 미국·오스트레일리아·칠레·뉴질랜드·남아프리카공화국·아르헨티나 등 신대륙 국가에는 프랑스·이탈리아·에스파냐·독일 등에서 볼 수 있는 다단계 형식의 인증체계나 품계제도가 없다. 와인의 역사가 짧아서 구대륙처럼 각 산지의 환경요소(테루아)에 적합한 포도 품종이나 이상적인 재배 조건 등을 구분해서 정하기가 어렵고, 와인의 스타일과 품질로 승부를 하려면 보다 신선한 관리 방식이 필요한 사정 때문이다. 구대륙의 규제 방식은 독창적인 포도 재배와 양조 활동을 제약한다는 계산도 있었을 것이다. 이런 이유로 신대륙의 와인 생산국들은 간편하게 와인의 레이블에 포도 품종, 수확연도(빈티지), 원산지 등을 표기하는 데 필요한 최저 혼합비율만 규제하는 방식을 채택하고 있다.

미국 단일 품종을 75퍼센트 이상 사용하면 품종 표기를 할 수 있고, 이렇게 생산된 고급 와인을 버라이어털(variatal) 와인이라고 한다. 버라이어털 와인 가운데 보르도 포도 품종 두 가지 이상을 보르도 방식에 따라 자유 비율로 섞어서 2만 5,000상자 한도에서 생산된 제품을 메리티지(meritage) 와인이라고 하고, 이 기준에서 벗어

다채롭고 솔깃한 Tip

메리티지 와인

메리티지협회 규정에 따르면 레드 와인은 카베르네 소비뇽, 메를로, 카베르네 프랑, 말베크, 프티 베르도, 말베크, 그로 베르도와 프티티 베르도, 카르미네트 중 두 가지 이상을 혼합하되 한 가지 품종이 90퍼센트를 넘지 않아야 '메리티지' 표기를 할 수 있다. 화이트 와인은 소비뇽 블랑, 세미용, 소비뇽 베르 중 두 가지 이상을 혼합하되 역시 한 가지 품종이 90퍼센트를 넘지 않아야 '메리티지' 표기를 할 수 있다.

지명도가 상대적으로 높은 메리티지 와인으로는 콘 크릭(Conn Creek) 포도원의 앤솔로지(Anthology), BV 포도원의 타페스트리(Tapestry), 로버트 크렉(Robert Craig) 포도원의 아피니티(Affinity), 클로 뒤 부아(Clos du Bois) 포도원의 말스톤(Marlstone), 플로라 스프링스(Flora Springs) 포도원의 트릴로지(Trilogy) 등을 들 수 있다. 단일 브랜드로서는 최고의 명성을 누리는 '오퍼스 원' 및 조지프 펠프스 포도원의 '인시그니아'도 메리티지 와인으로 분류된다. 인시그니아의 경우, 1999년 빈티지는 카베르네 소비뇽 71%, 메를로 21%, 프리 베르도 6%, 말베크 1%, 카베르네 프랑 1%를 섞었고, 1998년 빈티지는 카베르네 소비뇽 78%, 메를로 22%를 섞었고, 1997년 빈티지는 카베르네 소비뇽 83%, 메를로 14%, 프티 베르도 3%를 혼합한 것으로 알려져 있다.

나는 제품을 제네릭(generic) 와인이라고 한다. 당해 연도에 수확한 포도를 95퍼센트 이상 사용하면 레이블에 포도 수확연도(빈티지)를 기재할 수 있다.

주(州), 카운티(郡), 포도 재배공인지역(Approved Viticultural Areas: AVA)으로 구분되는 원산지는 해당 지역에서 수확한 포도를 각각 100퍼센트, 75퍼센트, 85퍼센트 이상 사용하면 레이블에 적을 수 있다. AVA는 1978년에 알코올·담배·무기·폭발물관리청(Bureau of Alcohol, Tabaco, Firearms and Explosives: ATF)이 지리적 여건과 기후 특성 등을 감안하여 전국의 153개 지역을 포도 재배 적합지로 지정(시행은 1983년부터)함으로써 생겨났다. 절반을 넘는 81개 AVA가 캘리포니아에 위치하고 있으며, 대표적 지역으로는 산 조아퀸 밸리(San Joaquin Valley), 나파 밸리(Napa Valley), 소노마 밸리(Sonoma Valley), 러시안 리버 밸리(Russian River Valley) 등을 꼽을 수 있다.

●

오스트레일리아 오스트레일리아는 1994년에 지리적표시시스템(Geographic Indications System: GIS)을 도입하여 포도 품종의 혼합을 규제하기 시작하였다. 레이블에 포도 품종을 적으려면 해당 품종을 85퍼센트 이상 사용해야 하고, 원산지를 적으려면 해당 지역에서 생산된 포도를 85퍼센트 이상 섞어야 한다.

프랑스의 보르도와 부르고뉴 등지에 원산지명칭통제(AOC) 인증과 품계가 병존하듯이 오스트레일리아에도 랭턴 등급(Langton's

Classification)이라는 것이 있다. 오스트레일리아의 랭턴 와인 경매회사(Langton's Wine Auction & Exchange)와 오스트레일리아 출신의 와인마스터이자 저술가인 앤드류 케일라드(Andrew Caillard)가 공동 창안한 것이다. 2007년까지 프랑스 보르도에 존재했던 프랑스의 크뤼 부르주아(Cru Bourgeois) 품계를 닮은 면이 많다.* 정밀한 분석 결과를 토대로 매우 탁월함(Exceptional), 출중함(Outstanding), 우수함(Excellent), 양호함(Distinguished) 등 4단계의 등급을 부여하고 장차 품질이 개선될 가능성이 높은 와인들에는 컬트 와인(Cult Wines) 혹은 유망 와인(Emerging Wines) 등급을 부여한다.

* 보르도의 크뤼 부르주아 품계는 특급에 들지 못한 포도원들이 스스로 조합을 만들어 품계를 구분하였지만, 랭턴 등급은 최소한 10개 이상의 빈티지를 보유한 와인들을 대상으로 최근 5년 동안의 수요와 공급 상황, 거래 시세, 판매 실적 등을 토대로 부여한다.

칠레 칠레는 법정 비율에서 약간씩의 차이를 보일 뿐 기본적으로는 미국의 모델을 따르고 있다. 다만 오랫동안 에스파냐의 식민 통치를 받았던 관계로 에스파냐의 전통을 따라서 와인의 숙성기간 표기에 관한 기준을 정해놓고 있다. 2년 이상 숙성한 제품은 레제르바 에스파샬(Reserva Especial), 4년 이상이면 레제르바(Reserva), 6년 이상이면 그란비노(Gran vino), 역사가 깊은 포도원에서 생산된 고급 와인은 'Don', 정부가 공인한 포도 품종으로 만든 와인은 'Finas'라는 표기를 넣을 수 있다.

재야 와인의 입신(立身)

유아독존 와인 보르도의 포므롤은 포도원도 많지 않고 생산량도 적어서 별도의 품계가 없지만 와인 산지로서의 명성은 다른 어느 지역보다 높다. 높은 품계로 분류된 와인들이 반드시 고급 와인을 대표하지는 않는다는 뜻이다. 부르고뉴의 로마네-콩티와 더불어 세계 최고의 레드 와인으로 불리는 페트뤼스는 말할 것도 없고 르팽 역시 어떤 품계도 갖고 있지 않지만 어느 고급 와인에도 뒤지지 않는 신뢰를 받는다.

메도크 지구의 특급 포도원들이 카베르네 소비뇽에다 카베르네 프랑과 프티 베르도를 섞어서 비싼 와인을 대량으로 만들 때, 포므롤의 포도원들은 메를로 혹은 카베르네 프랑을 주로 써서 한정량의 희귀 와인을 생산해 1.5~2배 정도 비싼 가격에 유통시킨다. 1885년의 등급 지정에서 배제되어 자체 품계 제도를 도입한 생테밀리옹의 샤토 슈발 블랑(Château Cheval Blanc)과 샤토 오존(Château Ausone)도 메도크 지구의 특1급 와인들보다 높은 가격에 거래되는 호사를 누린다.

슈퍼 세컨드 보르도 메도크 지구의 61개 특급 포도원은 1855년 당시 별다른 기준도 없이 단지 와인이 비싸게 팔리는 곳들을 선정하였을 뿐인데도 오늘날까지 요지부동으로 변동이 없다. 1855년에 샤토 캉트메를(Château Cantemerle) 하나가 5등급에 추가되고 1973년에 샤토 무통 로트칠드가 2등급에서 1등급으로 조정된 외에는 바뀐 것이 없다. 지난 155년 동안 기후 상황과 포도밭의 토질이 바뀌고, 포도밭의 경계, 양조 책임자, 양조 방법 등이 수없이 바뀌었건만 특급 포도원의 수에 변동이 없었고 포도원들의 품계 지정도 바뀐 적이 없다. 그 결과 포도원의 공식 품계는 특2급 내지 특5급이지만 품질은 특1급 못지않은 와인들을 지칭하는 '슈퍼 세컨드'라는 용어가 생겨났다. 애호가들 사이에 인기가 높은 코스-데스투르넬(Cos-d'Estournel, 2등급)·뒤크뤼-보카유(Ducru-Beaucaillou, 2등급)·몽로즈(Montrose, 2등급)·팔메(Palmer, 3등급)·린치 바주(Lynch Bages, 5등급) 등이 대표적 본보기이다.

크뤼 부르주아 1855년 메도크 지구의 59개 포도원이 특급으로 지정될 당시 우수한 양조 실력을 갖추고도 지정에서 제외된 현지 생산자들이 1932년에 와인 생산업자 간 협약을 통해 크뤼 부르주아(Cru Bourgeois)라는 와인 품계[크뤼 부르주아 엑셉시오넬(Crus bourgeois exceptionnels) 9개, 크뤼 부르주아 쉬페리외르(Cru Bourgeois Supérieur) 87개, 크뤼 부르주아(Cru Bourgeois) 151개]를 만들었다. 이들 가운데 샤토 샤스 스플린, 시트랑(Citran), 쿠프랑(Coufran), 마르뷔제(Marbuzet) 등처럼 품질은 특급 와인들에 버금가면서 가격은 상대적으로 저렴하여 전 세계 와인 애호가들의 총애를 누리는 것들이 많다.

2003년에 크뤼 부르주아를 선정할 때 이해 당사자들이 심사위원에 포함(18명 중 4명)된 사실이 밝혀져 탈락한 포도원들의 명칭사용금지가처분 신청*으로 당해 연도 이후의 제품들은 레이블에 '크뤼 부르주아' 표기가 들어가지 않았다. 오랜 법정 다툼을 거쳐 2007년 2월 보르도 법원이 등급 판정 무효를 선언한 데 이어서 같은 해 7월 프랑스 정부가 '크뤼 부르주아' 명칭을 실정법 위반으로 규정하여 등급 자체가 사라지는 운명을 맞았다. 이후 우여곡절 끝에 2012년에 등급 구분 없이 246개 크뤼 부르주아 와인의 목록만 부활하여 2008년산부터 표기되고 있다.

* 2003년도의 크뤼 부르주아 등급 재분류는 당시 490개의 샤토가 등급 신청을 했지만 절반 가량이 심사에서 탈락했고, 탈락한 샤토 중 70여 곳이 심사위원단 선정에 있어서 투명성을 문제 삼아 단체로 소송을 제기하였다. 법원의 무효 판결 및 정부의 불법화 조치 이후에 크뤼 부르주아 연합이라는 조합이 결성되어〈레이블 크뤼 부르주아〉라는 등급을 제안했지만 프랑스 정부가 이를 받아들일지는 불투명한 상태다. 이 새로운 등급제 안은 종전처럼 포도원에 등급을 부여하는 것이 아니고 포도원이 생산한 와인에 등급을 주는 것을 골자로 하고 있다.

슈퍼 투스칸 이탈리아에서는 반드시 산조베세, 네비올로, 세미용 같은 토착 품종으로 와인을 생산해야 원산지명칭통제(DOC 혹은 DOCG) 인증을 받을 수 있다. 그 밖에 다른 품종을 사용하여 와인을 만들면 아무리 품질이 좋아도 지역명칭와인(VdT)이나 지리경계표시와인(IGT) 인증이 주어진다. 그런데 중부 토스카나의 안젤로 가야 포도원은 카베르네 소비뇽, 카베르네 프랑, 메를로 같은 국제 품종으로 DOC나 DOCG를 능가하는 VdT 혹은 IGT 와인을 생산하여 전 세계 와인 시장에 비싼 값으로 유통시킨다. 이런 와인들은 품질이 토스카나 수준을 넘어섰다고 평가되어 슈퍼 투스칸(Super Tuscans)*이라는 별명이 붙어 다닌다. 사시카이아, 오르넬라이아, 티냐넬로(Tignanello), 마세토, 솔라이아, 메소리오(Messorio), 레디가피(Redigaffi), 테누타 디 트리노로(Tenuta di Trinoro), 비냐 달체오(Vigna d'Alceo) 등이 대표적 브랜드다.

* 슈퍼 투스칸 와인의 평판이 높아진 결과로 사시카이아와 오르넬라이아는 IGT에서 DOC로 인증 등급이 바뀌고 티냐넬로와 마세토 등은 VdT에서 IGT로 인증 등급이 바뀌었다.

슈퍼 투스칸 와인들은 원산지명칭통제의 역효과를 뒷받침하는 확실한 증거다. 앞의 제4장(포도 품종과 경작)에서 소개한 바와 같이 포도나무는 재배지의 환경요소에 매우 민감한 특성을 갖는다. 같은 마을에서 포도를 길러서 동일한 양조법으로 와인을 생산해도 밭의 조건이나 경험 등의 차이에 따라 향과 맛에 따라 차이가 생긴다. 따라서 인증 기준이 엄격할수록 포도원의 특성과 기술의 차이가 희석되어 개성이 독특한 와인까지 품질이 획일화되는 결과가 불가피하다. 슈퍼 투스칸 외에도 세계 각지의 와인 산지에는 비용을 적게 쓰면서도 독창적 방법으로 품질이 빼어난 우수 와인을 생산하여 명성을 날리는 포도원이 많다. 원산지 명칭을 포기하는 대가로 비용을 절약하면서 창의적 스타일의 와인을 만들어 고수익을 올리고 있는 것이다.

신대륙의 디바 신대륙 국가들은 와인의 레이블에 포도 품종, 수확연도(빈티지), 원산지 등을 표기하는 데에 필요한 최저혼합비율만 규제하고 포도 재배나 와인양조는 생산자 자율에 맡기고 있다. 자유경쟁이 보장되어 포도원마다 독창적인 안목과 기술로 블루 오션(Blue Ocean)을 개척한다는 것인데, 이러한 개방정책이 빼어난 와인이 탄생할 수 있는 토양이 된다.

보르도의 바롱 필리프 로트칠드사가 캘리포니아의 로버트 몬다비사와 합작하여 만든 오퍼스 원(Opus One) 및 칠레 코르차구아의 콘차이토르르사와 합작하여 탄생시킨 알마비바(Almaviva), 이탈리아 토스카나의 안티노리와 칠레의 하라스 데 피르케 포도원이 합작한 알비스(Albis), 미국 캘리포니아의 로버트 몬다비와 칠레의 에라주리주가 합작한 세냐(Sena) 등은 공히 법 규정을 지키지 않아 레이블에 포도 품종이나 원산지 표기가 없지만 평판이 높고 가격도 비싸다. 생산량이 매우 적어서 비싼 가격에도 매입이 어려워 컬트(메리티지·부티크·블루칩) 와인으로 불리는 제품들도 준법 생산과는 거리가 먼데도 애호가들로부터 귀하게 대접을 받는다.

다채롭고 솔깃한 Tip

파리의 심판 The Judgment of Paris

1976년 '파리의 심판'에 출품된 와인들

미국 독립 200주년이던 1976년 5월 24일 프랑스 파리 인터콘티넨탈호텔에서 보르도 및 부르고뉴의 특급 와인들과 미국 캘리포니아 와인들의 품질을 겨루는 자리가 마련되어 미국 와인이 승리를 거두는 결과가 나왔다.

화이트와 레드를 나누어서 와인에 대한 일체의 정보를 배제하고 프랑스의 와인 평론가 10명과 대회를 주선한 영국인 스티븐 스퍼리어(Steven Spurrier)가 블라인드 테이스팅을 실시한 결과 양쪽 모두 미국 와인에 최고 점수를 주었다. 화이트 부문에서는 나파 밸리의 샤토 몬텔레나(Château Montelena 1973)가 부르고뉴의 뫼르소, 몽라셰 등보다 높은 점수를 받았고, 레드 부문에서는 나파 밸리의 스태그스 립 와인셀러(Stag's Leap Wine Cellars 1973)가 보르도의 샤토 무통-로트칠드와 샤토 오브리옹보다 높은 점수를 받았다.

현장에 있었던 미국 《타임》지의 프랑스 특파원 조지 테이버(George M. Taber) 기자가 '파리의 심판'이라는 제목으로 판정 결과를 기사화(1976. 6. 7.)한 이후로 미국 와인의 진가를 인정받은 계기를 가리킬 때마다 인구에 회자되는 유명한 표현이 되었다.

테이버는 파리 시음회 29주년이 되는 2005년 9월에 1976년 파리 시음회의 전말을 소개한 《파리의 심판》을 출간하였다. '캘리포니아 대 프랑스, 와인의 혁명을 가져온 역사적인 1976년 파리 시음회(California vs. France and the Historic 1976 Paris Tasting That Has Revolutionized Wine)'라는 부제가 달린 이 책에는 드라마와도 같았던 파리 시음회의 생생한 현장 기록과 함께 현대 와인의 발전사가 소개되어 있다.

파리 시음회 30주년이던 2006년 5월 파리에서 다시 프랑스의 특급 와인과 미국의 유명 와인들이 품질을 겨루었을 때도 미국의 와인들이 더 높은 점수를 받았다. 혹을 떼어버리려다가 도리어 키워버린 프랑스 와인업계의 입장이 난처해진 것은 물론이고 보르도와 부르고뉴에 존재하는 와인 품계의 신뢰에도 타격이 가해졌다.

다채롭고 솔깃한 와인 이야기

PART 07

마케팅 전략과 연출

브랜드(상표)

브랜드의 다양성 와인 마케팅이 성공을 거두려면 무엇보다도 제품의 이름을 잘 붙이는 것이 중요하다. 사람도 이름이 좋아야 출세가 쉽다는 속설이 있듯이 와인도 이름이 좋아야 대박을 기대할 수 있다. 사람도 매사가 생각처럼 안 풀리면 이름을 바꾸듯이 와인도 시장 반응이 시원치 않으면 개명을 한다. 와인 역사가 오래된 프랑스나 이탈리아에서는 주로 원산지의 지명을 상품명으로 쓰지만 특별한 의미를 가지는 개성적이고 독창적인 명칭을 붙이는 경우도 많다.

보르도의 바롱 필리프 드 로트칠드사(샤토 무통-로트칠드 소유주)가 칠레의 콘차이토르 포도원과 합작하여 만든 알마비바(Almaviva)는 모차르트의 오페라 '피가로의 결혼'에 등장하는 백작의 이름을 따온 것이다. 프랑스 시인 샤를 보들레르가 마시고 우울증을 극복하고 나서 이름을 지어주었다는 샤토 샤스 스플린

(Chateau Chasse Spleen)은 '슬픔이여 안녕'이라는 뜻이다. 미국의 캔달 잭슨(Kendall Jackson)이 칠레의 콜차구아 밸리에 진출해 만드는 알칸스(Alcance)는 에스파냐어로 '정상을 향하다'라는 뜻이다. 이탈리아 와인 돈 빈첸초(Vincenzo)의 레이블에는 할아버지와 손자의 옆모습 사진이 있고 그 사이에 포도원 주인 조반니 바티스타 도로시(Giovanni Battista Dorothy)의 사인이 있다. 할아버지의 뜻을 아들이 잘 받들고 그 뜻을 손자에게 잘 연결하겠다는 다짐을 나타낸 것이다.

프랑스 샹파뉴 페리에 주에사의 샴페인 벨 에포크(Bell Epoque)는 '아름다운 시절'이라는 뜻이다. 바롱 필리프 드 로트칠드 포도원이 미국의 로버트 몬다비 포도원과 합작해 탄생시킨 오퍼스 원(Opus One)은 음악계에서 '작품 번호 1번'이라는 의미로 쓰이는 라틴어를 빌려온 것이다. 이탈리아 피에몬테의 바바(Bava) 포도원 제품인 스트라디바리오(Barbera d'Asti Stradivario) 와인은 세계 최고의 명품으로 통하는 바이올린(18세기 움부리아에서 제작)의 이름이다. 에스파냐 와인 하라스 데 피르케(Haras de Pirque)는 '피르케의 종마장'이라는 의미다.

독일의 화이트 와인 리프라우밀히(Liefraumilch)는 '사랑하는 여인의 우유'라는 뜻이고 칠레 와인 파눌(Panul)은 '포옹'이라는 뜻이다. 이건희 삼성전자 회장이 그룹 회장 시절 임원들에게 명절 선물로 돌려 유명해진 이탈리아의 슈퍼 투스칸 사시카이아(Sassicaia)는 이탈리아어로 '자갈밭'이라는 뜻이다. 2008년 미국의 와인 잡지 《와인

스펙테이터》에 의해 이탈리아 최고 와인으로 뽑혔던 테스타마타(Testtamata)에서 테스타(testa)는 이탈리아어로 '머리'를 뜻하고 마타(mata)는 '미쳤다'는 의미다. 남아프리카공화국에는 '염소가 배회하다'를 의미하는 고트 두 롬(Goat do Roam)이라는 와인이 있다. 뉴질랜드에는 '구스베리 덤불에 지린 고양이 오줌'을 의미하는 캣스 피 온 더 구스베리(Cat's Pee on the Goosdberry)라는 와인이 있으며, 미국에는 '뚱보 후레자식'을 의미하는 팻 바스타드(Fat Bastard)라는 와인이 있다.

다채롭고 솔깃한 Tip

이름으로 대박 난 와인

낯선 사람과 안면을 틀 때도 먼저 서로의 이름을 주고받듯이 와인을 구매하려 할 때도 먼저 제품의 이름에 눈길이 간다. 그런데 막상 와인에 다가가면 레이블에 적힌 뜻 모를 외국어 이름들이 구매 욕구를 위축시킨다. 영어 레이블은 해독하는 사람이 흔하다고 쳐도 프랑스어, 이탈리아어, 에스파냐어, 독일어 등으로 표기된 레이블은 많은 사람을 주눅 들게 만든다. 따라서 소비자들의 언어 장벽을 헤아리는 생산자는 발음도 편하고 기억하기도 쉬운 이름을 선택하게 되고 소비자들도 이런 와인을 선호하는 경향을 보인다.

프랑스 부르고뉴의 보졸레 지역에서 생산되는 생타무르(St-Amour) 와인은 '신성한 사랑'을 뜻하여 연인들 사이에 인기가 높고, 이탈리아 토스카나와 움브리아(Umbria)에서 생산되는 빈 산토(Vin santo)는 '성스러운 와인'이라는 뜻으로 이탈리아 디저트 와인의 최고봉으로 인기를 누린다. 국내에 와인 소비자가 적었던 1990년대 초반 보르도 특4급 와인 샤토 탈보(Chateau Talbot)

는 가격이 10만 원을 넘는데도 격조 있는 연회석의 단골손님처럼 인기를 끌었다. 이름이 짧아서 부르기 편하고 '땅딸보'를 연상시켜 기억하기가 쉬운 데서 비롯된 현상이었다. 이탈리아산 키안티(Chianti) 와인이 국내에서 인기를 누리는 것도 부르기 쉽고 기억하기 쉬운 이름 덕분이다. 세간에서 '작업 와인'으로 회자되는 이탈리아산 화이트 와인 빌라 엠(M)은 본래 빌라 모스카텔이었는데 이름이 길어서 기억하기 어렵다는 여론에 따라 '모스카텔' 부분을 엠(M)으로 줄이고서 대박 가도에 들어섰다.

포도원 명칭 세계 최대의 와인 산지인 프랑스 보르도의 유명 와인들은 거의가 제품의 생산자(샤토) 이름을 브랜드 명칭으로 쓰고 있다. 포도원의 명성을 이미 많은 사람이 알고 있다면 그것을 상표로 쓰는 것이 마케팅에도 유리할 것이다. 보르도의 5대 특1급에 속하는 샤토 라피트-로트칠드, 샤토 라투르,* 샤토 마고, 샤토 오브리옹, 샤토 무통-로트칠드 등은 공히 포도원의 이름을 상표로 붙인 것이다. 1976년 '파리의 심판'에서 보르도와 부르고뉴의 특급 와인들보다 높은 평점을 받았던 미국의 화이트 와인 샤토 몬텔레나(Chateau Montelena)와 레드 와인 스태그스 립 와인 셀러(Stag's Leap Wine Cellars)도 포도원의 이름을 상표로 붙인 것이다.

* 샤토 라투르에서 '라투르'는 예전에 포도원에 세워져 있었던 돌탑의 이름에서 유래한 것이다.

원산지 명칭 역사가 오래되어서 전 세계에 명성이 알려진 구대륙의 와인 제품 가운데는 지역 이름을 와인의 상표로 사용하는 것들이 많다. 프랑스의 소테른·샹파뉴·샤블리·코트-도르·뉴 생조르주·샹베르탱·보졸레와 이탈리아의 바롤로·바르바레스코·키안티·키안티 클라시코, 헝가리의 토카이 등이 대표적 본보기다. 이탈리아의 비노 노빌레 디 몬테풀치아노와 부르넬로 디 몬탈치노처럼 긴 지역 이름을 상품명으로 쓰는 경우도 있다.

세계 최고의 와인으로 통하는 부르고뉴의 로마네-콩티는 포도밭의 이름을 브랜드로 붙인 것이고, 같은 양조장(DRC) 제품인 라타슈, 리슈부르(Richebourg), 에셰조, 그랑 에셰조, 로마네 생비방, 몽라셰 등도 모두 포도밭의 이름을 상표로 붙인 것이다. 원산지 이름을 브랜드로 쓴다는 것은 여러 와인업자가 각기 다른 양조 기술로 동일한 브랜드의 와인을 만든다는 뜻이다. 하지만 와인들의 유통가격은 생산자의 명성과 평판에 따라 달라진다.

인물 이름 포도원을 창업한 사람의 이름을 브랜드로 쓰는 경우도 많다. 헌정 와인 혹은 오마주 와인으로 생산되는 제품 가운데 이런 것이 많다. 4촌지간인 로트칠드 가문의 후손들이 나누어 소유하고 있는 보르도의 샤토 라피트-로트칠드와 샤토 무통-로트칠드에는 공히 로트칠드 가문의 이름이 붙어 있다. 프랑스 샹파뉴의 모엣 에 샹동, 볼랭제, 뵈브 클리코 퐁사르당, 포메리(Pommery), 폴 로

제(Pol Roger) 같은 발포성 와인들도 모두 창업자 혹은 소유 가문의 이름을 상표로 붙인 것이다.

보르도의 소테른과 더불어서 세계 최고의 귀부 와인으로 통하는 독일의 에곤 밀러,* 에스파냐의 토레스(Torres)와 장 레옹(Jean Leon), 미국의 로버트 몬다비 등도 창업자 혹은 그 가문의 이름을 상표로 사용하는 경우다. 버락 오바마 미국대통령이 즐겨 마신다는 켄달 잭슨(Kendal Jackson)에도 포도원을 창업한 잭슨 가문의 이름이 붙어 있다.

* 에곤 밀러 양조장은 1797년부터 가족 농장 형태로 운영되어 왔으며 현재의 주인은 에곤 뮬러 4세(1959년생)이다. 그를 포함한 네 형제의 이름이 모두 에곤이고 아들의 이름도 에곤 5세이며 집안에서 기르는 개의 이름도 에곤이란다. 어느 후손이 양조장의 주인이 되어도 양조장의 이름이 보전되기를 바랐던 선친(에곤 뮬러 3세)이 자식들의 이름을 똑같이 지었다고 한다.

칠레 와인 운두라가(Undurraga)는 창업자 돈 프란시스코 운두라가(Don Francisco Undurraga)의 이름에서 유래한 것이고, 몬테스 알파(Montes Alpha)는 포도원을 공동 창업한 아우렐리오 몬테스의 성에서 따온 것이다. 같은 포도원의 몬테스 알파 엠(Montes Alpha M)은 파트너 창업자 더글러스 머레이(Douglas Murray)의 성에서 첫 글자 엠(M)을 따다가 붙인 것이다.

역사에 이름을 남긴 저명인사나 소설 속의 등장인물 등을 상표로 쓰는 경우도 많다. 페트뤼스(베드로 1세), 동 페리뇽, 모차르트, 베토벤, 히틀러, 체게바라, 로미오와 줄리엣, 안익태 등이 대표적 본보기이다. 샹파뉴 폴 로제사의 '퀴베 서 윈스턴 처칠(Cubée Sir Winston Chuchill) 샴페인은 영국의 처칠 경이 생전에 애용해준 데 대한 보답으로 그의 사후 10주년을 추모하여 출시된 것이다.

미국프로골퍼협회(PGA) 명예의 전당에 오른 그렉 노먼(Greg Norman)은 오스트레일리아에 자신의 이름을 브랜드로 붙인 '그렉 노먼 이스테이트(Greg Norman Estates)' 포도원을 소유하고 있다. 역시 PGA 토너먼트 15회 우승자인 어니 엘스(Ernie Els)는 와인메이커 진 엥겔브렉트(Jean engelbrecht)와 공동으로 남아프리카에 '엥겔브렉트 엘스 빈야드(Engelbrecht Els Vineyards)'를 소유하고 있다. PGA 토너먼트에서 10회 우승한 데이빗 프로스트(David Frost)는 남아프리카공화국에서 '데이빗 프로스트(David Frost)' 와인을 생산하고 있다. 은퇴한 골프 황제 아널드 파머(Arnold Palmer)는 2007년 2월 미국 나파 밸리의 루나 와이너리(Luna Vineyards) 제품에 자신의 이름을 붙여서 2003년 샤르도네(Arnold Palmer California Chardonnay)와 2002년 카베르네 소비뇽(Arnold Palmer California Cabernet Sauvignon)을 각각 1만 상자씩 생산하였다.

●

동물 이름 동물의 이름을 와인의 상표로 붙인 크리터 레이블(Critter label)도 종류를 모두 모으면 동물원을 차릴 수 있을 만큼 많다. 보르도 생테밀리옹에서 생산되는 슈발 블랑(Cheval Blanc)은 '백마'라는 뜻이다. 오스트레일리아의 옐로우 테일(Yellow Tail)과 리틀 펭귄(Little Penguin)은 국가의 상징 동물인 캥거루와 남부 지방의 희귀 동물 '리틀 펭귄'의 이름을 붙인 것이다. 칠레 와인 에쿠스(EQUUS)와 가토 네그로(Gato Negro)는 각각 야생마와 검은 고양이를, 프랑스 와인 애로건트 프로그(Arrogant Frog)와 송블루(Song Blue)는 각각 개구리와 파랑새를 브랜드로 붙인 것이다. 뉴질랜드의 몽키 베이(Monkey Bay)는 원숭이를, 캘리포니아의 피시아이(Fish Eye)는 물고기를 상표에 넣은 것이다. 캐나다 최대의 와인 산지 오카나간을 가면 야생 기러기(Wild Gees), 붉은 수탉(Red Ruster), 땅굴 부엉이(Borrowing Owl) 등 조류를 브랜드로 한 포도원들을 볼 수 있다.

기타 사례 페트뤼스와 함께 보르도 포므롤에서 고급 와인의 쌍벽을 이루는 르팽(Le Pin)은 '소나무'라는 뜻이다. 바롱 필리프 드 로트칠드사가 칠레산 최우수 포도로 생산하는 에스쿠도 로호(Escudo Rojo)는 에스파냐어로 '붉은 방패'라는 뜻이다. 18홀을 65타에 돌기를 희망하는 골프인들이 즐겨 마신대서 '골프 와인'으로 불리는 칠레의 1865 와인은 포도원(산 페드로)의 설립 연도를 브랜드로 붙인 것이다. 오스트레일리아 윈드햄(Wyndham) 포도원이 만드는 BIN시리즈(BIN 222, BIN 333, BIN 444, BIN 555, BIN 888 등)에서 'BIN'은 와인 창고를 의미하고 뒤에 붙은 숫자들은 포도 품종을 나타낸다.*

* 222는 샤르도네(Chardonnay), 333은 피노누아(Pinot Noir), 444는 카베르네 소비뇽(Cabernet Sauvignon), 555는 시라즈(Shiraz), 888은 카베르네 소비뇽+메를로(Cabernet Sauvignon+Merlot)를 혼합하여 양조된 와인임을 뜻하는 것이다.

와인의 브랜드와 중요하게 연관되는 문구를 레이블에 넣고 있는 경우도 있다. 보르도 특1급 와인 샤토 무통-로트칠드는 레이블에다 "나는 1급이다. 전에는 2급이었다. 무통은 변하지 않는다(Premier je suis, Second je fus, Mouton ne change)."라고 넣는다.

백년전쟁* 당시 영국군의 지휘관이었던 존 탤벗(John Talbot) 장군의 이름에서 유래한 샤토 탈보 와인의 레이블에는 "1450년에서 1453년까지 총사령관 탈보가 머물렀던 귀엔 지방의 오랜 영지(Ancien Domaine du Connetable Talbot Gouverneur de la Province de Guyenne 1400~1453)"라는 문구가 들어 있다. 루이 15세가 애호하였다는 샤토 그뤼오-라로즈(Château Gruaud-Larose)의 레이블에는 "와인의 왕, 왕의 와인(LE ROI DES VINS, LE VIN DES ROIS)"이라는 문구가 적혀 있다.

* 1338년부터 1453년까지 100여 년에 걸쳐 프랑스의 왕위 계승과 영토 문제를 둘러싸고 영국과 프랑스 사이에 일어난 전쟁. 이 전쟁은 영국군의 프랑스 침입으로 시작되어 처음에는 영국이 우세했으나, 잔 다르크라는 17세 소녀의 용맹한 활약으로 결국 프랑스가 승리하였다.

신대륙 국가에서는 카베르네 소비뇽·샤르도네·시라·리슬링 같은 포도 품종의 이름을 제품명으로 흔히 사용한다. 이처럼 다양한 형태의 작명법 가운데 어느 것이 더 좋은 방법에 속하는지는 포도원 소유자의 마케팅 능력에 따라 평가가 달라질 문제라고 할 것이다. 이름이 아무리 좋아도 마케팅에 소홀하면 부적절한 상표가 되고, 이름이 좋지 않아도 마케팅을 잘하면 훌륭한 상표가 될 수 있다는 뜻이다.

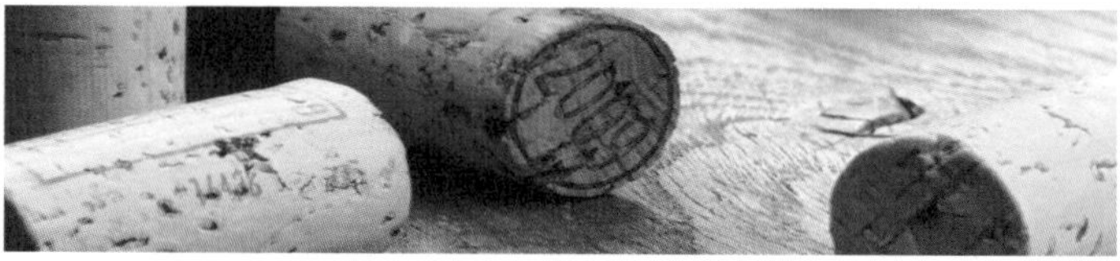

와인 용기(유리병)

기능과 변천 제품의 연출에서 두 번째로 중요한 일은 와인을 담아서 소비자에게 전달할 용기를 정하는 것이다. 요즈음은 주로 유리병에다 와인을 담지만 이전에는 가죽 부대, 나무통, 질그릇 등이 용기로 쓰였다. 유리병은 공기의 출입과 햇볕의 통과를 차단하여 와인의 산화로 맛과 향이 변질되는 것을 막아주고, 와인의 숙성이 계속 진행되어 색깔과 맛과 향이 향상되도록 도와준다.

와인의 종류나 스타일에 따라 다양한 모양과 색깔의 와인 병이 사용된다. 와인의 역사가 깊은 고장에서는 전통적 디자인이나 포장 방법을 바꾸지 않아서 병의 모양이나 색깔로 와인의 종류와 원산지 식별이 가능할 정도다. 병의 겉모양으로 원산지와 그곳 와인의 품질까지 추정할 수 있다면 와인을 구매하는 데에 매우 유용한 참고가 될 것이다. 와인 병들의 바닥은 거의가 안쪽으로 오목하

* 전문용어로는 펀트(punt)라고 한다. 발포성 와인의 경우는 탄산가스로 인해 병 속의 압력이 높은 관계로 반드시 병 바닥에 펀트가 있다.

게 들어간 형태*로 만들어져 있다. 와인이 진동·열·충격에 노출될 경우에 완충작용을 하도록 하기 위함이다.

기본 모양 와인을 담는 유리병은 보르도형과 부르고뉴형으로 나뉜다.(152쪽 참조) 보르도의 와인 병은 바닥에서 목까지 미끈한 일자형으로 만들어져 어깨 부분이 뚜렷하게 드러난다. 와인을 여과하지 않는 전통이 이어져 병 속에 생기는 앙금이 와인을 따를 때 따라서 나오지 않도록 하기 위함이다. 프랑스의 보르도, 루아르, 남서부, 랑그도크루시용처럼 카베르네 소비뇽·메를로·카베르네 프랑 등으로 와인을 만드는 지역에서 비슷한 모양을 사용한다.

부르고뉴의 와인 병은 허리에서 목에 이르는 부분이 유연한 곡선으로 처리되어 있다. 와인을 여과하는 전통이 이어져 앙금이 적게 생겨서 실용성보다 맵시를 우선적으로 고려한 것이며 부르고뉴와 가까운 론, 쥐라, 사부아(Savoie) 등지에서 널리 사용된다.

미국, 칠레, 오스트레일리아 등 신대륙에서는 대체로 재배하는 포도의 원산지에 따라 보르도형 혹은 부르고뉴형을 선택적으로 사용한다. 보르도 품종인 카베르네 소비뇽, 카베르네 프랑, 메를로 등으로 만드는 와인은 보르도형 병에 담고 부르고뉴 품종인 피노 누아나 샤르도네로 만드는 와인은 부르고뉴형 병에 담는다.

변형과 진화 이탈리아에서는 전통적으로 보르도와 부르고뉴 스타일에 가까우면서 프랑스의 병보다 목이 1센티미터가량 더 긴 유리병을 사용해 왔다. 영화 '로마의 휴일'에서 궁전을 빠져나온 앤 공주(오드리 헵번)가 신문기자 조(그레고리 펙)와 함께 마시는 피아스코(Fiasco) 와인은 병의 아래 부분이 짚으로 감싸여 있다. 유리 기술이 조잡하던 시절에 파손 방지를 위해 고안된 포장법을 전통으로 지키는 사례다.

피아스코

독일에서는 목이 길고 가냘픈 플루트 모양의 병을 쓰는데 지방에 따라 병의 색상이 다르다. 라인 강 유역은 갈색, 모젤 강변은 초록색, 남부 바덴의 일부 지역에서는 검은색 병을 사용하고 프랑켄 지역은 녹색 호리병 '복스보이텔(Bocksbeutel)'을 쓴다. 같은 라인 강 유역에 있는 프랑스의 알자스 지방에서는 플루트 모양의 병을 쓴다.

일반적으로 발포성 와인과 강화 와인은 외관이 보통의 것과 다른 와인 병에 담겨서 유통된다. 발포성 와인* 은 내부의 탄산가스 압력을 고려하여 일반 와인 병보다 유리의 두께가 두껍다. 또 셰리나 포트와인(Port wine)의 병은 검정색이 많고 아이스 와인의 경우는 대체로 모양이 길면서 용량이 작은 병을 사용한다.

* 샴페인을 비롯한 발포성 와인의 병 속 압력(1제곱인치당 약 90파운드)은 자동차 타이어 압력의 세 배를 넘으며 코르크 마개가 허공으로 튕겨나갈 때의 비행속도는 56~160킬로미터에 달한다.

용량의 다양성 와인 숍, 와인 바, 레스토랑 등에서 유통되는 와인 병의 표준 용량은 750밀리리터(bouteille·부테유)이다. 잘 익은 포도 1킬로그램으로 물을 섞지 않고 양조 과정을 거치면 대략 750밀리리터의 와인이 만들어진다. 병의 용량이 750밀리리터보다 크거나 작은 것들도 많다. 용량이 큰 병들은 파티나 연회장에서 흔히 사용된다. 와인 수집가들을 위해 특별히 용량이 크게 출시된 것들도 있다.

병의 크기가 클수록 장기 보관에 유리하다. 미국이나 오스트레일리아에서는 손잡이가 달리고 용량이 4리터 이상인 저그(jug)도 많이 사용된다. 항공기 탑승객, 여성, 노인 등의 음주량을 감안하여 제작된 375밀리리터의 피에트(fillette) 용기도 있다. 그런가 하면 성서에 나오는 이스라엘 혹은 바빌론 왕들의 이름이 붙여진

가장 작은 피콜로(0.187리터, 사다리 상단 우측)에서 발타자르(12리터, 바닥의 좌측)까지 다양한 와인 병 용량

매그넘(Magnum·1.5ℓ), 더블 매그넘(Double Magnum·3ℓ), 제로보암(Jeroboam·4.5ℓ), 임페리얼(Imperial·6ℓ) 같은 대형 와인 병도 있다.

●

디자인 경쟁 볼셰비키 혁명으로 무너진 러시아 로마노프 왕조의 황제들이 프랑스 샹파뉴의 루이 뢰드레(Louis Roederer)에 특별히 주문해서 즐겼다는 크리스털(Crystal) 샴페인의 병은 투명한 크리스털로 제작되어 있다. 프랑스 샹파뉴 페리에 쥬에사의 벨 에포크(Bell Epoque) 샴페인의 병에는 흰색과 금색으로 채색된 아네모네 꽃무늬가 아르누보 양식으로 아름답게 그려져 있다.

'교황의 와인'으로 불리는 샤토네프뒤파프의 병에는 교황을 상징하는 문양들이 각인돼 있다. 이탈리아 발포성 와인의 명가 '간치아(Gancia)'는 세계적인 디자인 그룹 피닌파리나(Pininfarina)사의 도움으로 페라리 스포츠카의 날렵한 몸체를 본떠서 병의 라인을 튤립 모양으로 유연하게 처리한 '간치아 피닌파리나'를 출시하였다.

남프랑스의 '장 장(Jean Jean)' 포도원은 와인을 잔에 따를 때와 탱크에 옮겨 담을 때 와인이 출렁이는 모양을 따서 허리가 물결처럼 굽은 병을 선보였다. '프로방스의 롤스로이스'라고 불리는 도멘 오트(Domaines Ott) 포도원은 고대 그리스의 와인 용기 '암포라'처럼 병의 가운데를 볼록하게 처리하여 로제 와인 '도멘느 오트 방돌 로제(Domaines Ott Bandol Rose)'의 용기로 쓰고 있다.

레이블(안내문)

기능과 제작 오늘날처럼 시각예술이 고도로 발달하고 세련된 안목을 지닌 소비자가 많은 환경에서 와인의 이름이나 생산 정보를 평면적으로 소박하게 전달한다면 품질이 우수해도 애호가들의 환심을 사기가 어려울 것이다. 그래서 와인 생산자들은 너나없이 레이블에 와인의 이름과 함께 내세울 만한 장점이나 개성을 강조해서 밝히고 디자인의 맵시와 색상에도 각별한 신경을 쓴다. 애호가들이 좋아하는 예술적 요소나 이미지 혹은 마스코트 등을 레이블에 넣기도 하고 선정적인 그림이나 사진을 넣어서 시선을 끌기도 한다. 하지만 레이블 제작을 생산자의 자율에 맡기면 유통 질서가 어지러워질 수도 있으므로 와인 생산국마다 레이블에 넣을 수 있는 사항을 법으로 제한하고 있다.

보통은 법률이 허용하는 범위에서 와인의 생산정보, 포도원 건물, 로고, 리본 등을 레이블에 다양한 형태로 반영한다. 보르도의 샤토 칼롱-세귀르(Château Calon-Ségur)처럼 레이블에 하트 모양을 그려 넣거나, 캐나다의 아이스 와인 이바치(ibachi)처럼 입술을 내민 젊은 여성의 얼굴을 레이블로 사용하여 연인들의 애정 심리를 자극하는 제품도 있다.* 하지만 어떤 경우에도 레이블에는 와인의 품질과는 무관한 환상과 유혹들이 다양하게 숨겨져 있음을 잊어서는 아니 될 것이다.

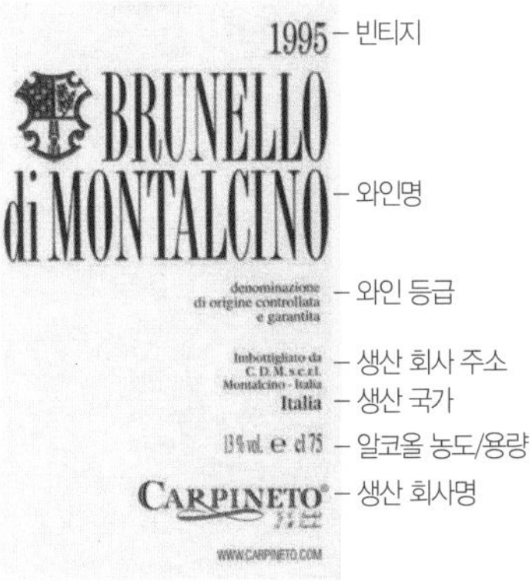

이탈리아 와인의 레이블 읽기

* 보졸레 누보 와인은 매년 레이블을 바꾸는 '신상 마케팅'을 펼친다.

생산 정보 레이블에는 와인의 신상명세서라 할 수 있는 생산정보가 기재되어 있다. 제품의 얼굴 격인 와인의 이름을 비롯하여 원산지, 제조자, 원료 포도, 빈티지, 인증 표시, 알코올 함량, 당도, 산도, 용량 등 소비자들이 궁금하게 여길 법한 정보들이 다양하게 적혀 있다. 따라서 그 자체로서는 복잡할 것도 전문 지식이 필요할 것도 없는 내용들이지만 표기가 생소한 언어의 낯선 필체로 되어 있어서 초보자들을 멈칫거리게 만드는 경우가 많다. 프랑스 와인의 레이블에는 와인을 병에 담은 업자가 별도로 적혀 있는 경우가 많은데, 이는 프랑스의 와인 중개상 제도와 밀접한 관련이 있다. 보르도의 필리프 드 로트칠드 남작이 1924년에 처음으로 자신의 포도원(샤토 무통-로트칠드)에서 생산한 와인을 직접 병에 담아서 출시하기 이전에는 '네고시앙(negotian)'이라고 부르는 중개상들이 포도원들로부터 와인 원액을 사들여 주병(bottling)을 하고 상표를 붙여서 시장에 팔았다. 그런데 오늘날은 두 경우가 병존하여 누가 와인을 병에 담았는지를 소비자에게 알려주고 있는 것이다.

●

이미지 와인의 생산정보 이외에 레이블에 이미지를 상징하는 그림이나 삽화를 넣는 경우도 많다. 일반적으로는 와인의 브랜드에 반영된 생산자(포도원)·원산지·창업자·소유주·저명인사·동식물·기념물 등이 사진·드로잉·회화 등으로 표현되어 있다.

보르도의 샤토 무통-로트칠드는 매년 출시되는 신제품 와인의 레이블에 상징성이 강한 기호, 인물사진, 그림 등을 집어넣는다. 현재의 소유주 필리핀 여남작의 선친인 필리프 남작이 나치에 의해 가스실에 끌려간 부인의 죽음을 애도하다 전쟁이 끝나자 자신이 생산한 와인의 레이블에다 승리를 상징하는 '브이(V)' 자를 집어넣었다. 이후로 새로운 빈티지를 내놓을 때마다 샤갈, 피카소, 마리 로랑생, 달리, 장 콕토, 헨리 무어, 세자르, 미로, 칸딘스키, 앤디 워홀, 존 휴스턴, 키스 해링, 찰스 왕세자 등을 포함하는 유명인의 회화 작품을 레이블에 넣어서 주목을 받아왔다. 1993년에는 프랑스 화가 발튀스(Balthus)가 그린 14세 소녀의 누드 드로잉을 레이블에 집어넣었다가 미국 소비자들이 강력히 반발하자 미국 수출용만 레이블에서 삽화를 빼는 해프닝이 있었다.*

* 와인의 명성이 이미 높은 상태에서 레이블에 유명 화가의 작품이 들어가 인기가 더 높아지자 와인 열기가 높은 국가들을 순례하며 레이블 전시회를 열기도 한다.

포도원의 창업자나 특별한 인물의 사진을 넣어서 존경과 경의를 나타내는 사례도 많다. 오마주 와인(homage wine) 혹은 헌정 와인이 그것이다. 프랑스어 '오마주'는 우리말로 '찬사와 존경을 받아야 할 인물에게 바치는 경의'를 뜻한다. 이탈리아의 산펠리체 일 그리지오(San Felice Il Grigio)는 세상의 모든 아버지들에 대한 존경의 표시로 이탈리아 화가 타이탄(Titan)이 붉은 갑옷을 입은 아버지의 모습을 그린(밀라노 전시관 소장) 작품을 레이블에 담고 있다.

오스트레일리아의 피터 르만 멘토(Peter Lehmann Mentor)는 창업자이면서 바로사(Barossa) 와인의 세계화를 이끈 피터 르만에 대한 감사의 표시로 그의 옆모습을 레이블에 넣고 있다. 브랜드명에 정신적 지주 혹은 스승을 뜻하는 '멘토(Mentor)'라는 단어까지 집어넣어 최고의 경의를 표하고 있다. 보르도 와인의 개척자라 불리는 지네스테(Ginestet) 포도원의 마르키 드 샤스(Marquis de Chasse)는 나폴레옹을 숭모하는 의미로 그의 상반신 사진을 레이블에 넣고 있다. 미국 와인 메릴린 메를로는 왕년의 인기 여배우 메릴린 먼로(Marilyn Monroe)의 요염한 자태를 레이블에 넣고 있다.

● **로고·리본** 특별한 스토리 혹은 역사성을 가지는 제조사의 로고

로고와 리본으로 화려한 장식을 한 와인 병. 사진 가운데가 모엣 에 샹동 미드나이트 골드 샴페인.

(상징)나 리본(댕기) 등을 레이블 형태로 표현하여 마케팅 효과를 톡톡히 거두는 경우도 많다. 황실이나 왕궁에 납품했던 경력을 나타내기 위해 레이블이나 병목에 왕관이나 리본 모양의 댕기를 둘러놓은 제품도 많다. 프랑스 샹파뉴의 모엣 에 샹동(Moët&Chandon) 샴페인 하우스는 나폴레옹 황제가 아내 조세핀과 함께 찾아와 마셨던 와인의 레이블에다 왕관 로고와 함께 'Imperial'이라는 표기를 넣는다.

목 부분에 악마의 얼굴이 부착된 칠레 와인 카시예로 델 디아블로

이탈리아 와인 키안티는 병목 부분에 중세 기사단의 상징이었던 검은 수탉의 그림을 넣고, 칠레 와인 카시예로 델 디아블로(Casillero Del Diablo)는 병목 부분에 악마의 얼굴을 부착하여 소비자 사이

에 '악마의 셀러' 스토리가 회자되게 하고 있다. 그 밖에 신대륙 국가의 와인 가운데는 품질경연대회에 출품해 수상한 메달이나 진품 보증서 등이 장식물로 부착되어 있는 것들이 많다.

세련미 경쟁 날이 갈수록 판촉 경쟁이 치열해지면서 세련미 경쟁도 따라서 뜨겁게 달궈지고 있다. 오스트레일리아산 발포성 와인 옐로 글렌 핑크(Yellow Glen Pink)의 레이블에는 여성의 보디라인을 연상케 하는 실루엣에 'pink'라는 글씨가 분홍색으로 새겨져 있다. 에스파냐의 로제 와인 마르케스 데 카세레스 로사도(Marqués de Caceres Rosado)는 뚜껑에서 레이블에 이르는 외관을 전부 내용물의 색깔과 동일한 장밋빛으로 통일하였다. 국내 여성 애호가들 사이에 인기가 높은 이탈리아의 빌라 엠(Villa M)은 생산업체가 레이블의 재고가 부족해 임시 레이블을 만들어 병목에 걸었다가 '누드 와인' 이라는 애칭을 얻었다.

샹파뉴의 모엣 에 샹동 샴페인 하우스는 프랑스 신진 디자이너 카미유 투페(Camille Toupet)와 손잡고 와인을 감싸는 금빛 양가죽 파우치에 모엣 에 샹동의 트레이드마크 타이를 가죽 팔찌 형태로 부착시킨 '모엣 에 샹동 미드나이트 골드'를 내놓았다. 병의 하단에는 스와로브스키 크리스털과 골드 비즈로 샴페인의 거품이 표현되어 있다. 1,500세트 한정품으로 출시되어 국내에도 10세트가 들어왔다. 역시 고급 샴페인을 생산하는 모엣 헤네시(MH)는 세계적인 조명 회사인 줌보텔사와 손잡고 샹들리에와 촛대를 대신하는 '뵈브 클리코 글로벌 라이트' 샴페인을 내놓았다. 제품에 들어 있는 휴대용 램프 겸 쿨러는 뵈브 클리코 로제 샴페인(750㎖)을 상온에서 두 시간 동안 이상적인 온도(8도)로 유지해준단다.

병의 마개와 덮개

코르크의 기능 전에는 병 입구에 나뭇조각을 끼우고 올리브기름에 절인 헝겊과 실로 병의 입구를 막았다. 요즈음은 코르크 마개를 주로 사용한다. 코르크는 병 속의 와인이 밖으로 흐르거나 산소와 접촉하여 품질이 변하는 것을 막아줌으로써 와인의 신선도를 지키는 데 결정적으로 기여한다. 코르크는 조직이 부드러워 병 입구에 잘 들어가고 일단 들어가면 체적(부피)이 부풀어서 산소의 출입을 차단해 와인의 산화를 막아준다.* 접착력도 강해서 습기에 젖어 미끄러운 표면에도 잘 밀착하므로 병 속에 담긴 와인의 맛과 향을 유지하는 데 적격이다. 또한 병 속의 와인이 오크 향을 충분히 품도록 도와주며 물에 닿아도 썩지 않는 특성을 갖는

* 코르크가 지나치게 무르거나 혹은 코르크의 3분의2 이상이 와인에 젖거나 일부가 부서지면 와인이 변질되어 젖은 신문이나 역겨운 곰팡이 냄새가 난다. 이처럼 코르크의 부실로 와인이 변질된 상태를 코르키(corky) 혹은 부쇼네(bouchonné)라고 한다.

다. 뿐만 아니라 와인의 화학 성분들이 이상적으로 반응하기에 적합한 환경을 조성하고 오래 유지시켜준다.

와인의 종류와 스타일에 따라 길이와 모양이 각기 다른 코르크 마개가 사용된다. 일반적으로 장기 숙성용 와인에는 길이가 53미리 이상인 코르크가 쓰인다. 숙성 기간 동안 와인의 완전성을 지키려면 코르크의 길이를 늘여서 산소 통과를 완벽하게 차단해야 하기 때문이다. 숙성 기간이 짧고 가격도 저렴한 일반 와인에는 길이가 짧은 코르크가 사용된다.

샴페인 같은 발포성 와인에는 눈사람을 축소한 모양의 뭉툭한 코르크를 사용한다. 발효 과정에서 기포가 발생하면 병 내 압력이 6기압(1기압은 물기둥 60m의 압력과 동일) 이상까지도 올라가기 때문이다. 압력이 높아지면 코르크만으로 마개의 돌출을 막기가 어렵기 때문에 뮈즐레(Muselet)라는 철사 그물로 코르크와 병을 감아놓는다. 병에서 힘차게 이탈하였다가 보기 좋게 지상에 떨어지도록 코르크에 낙하산을 달아놓은 제품도 있다.

●

스크루 캡 코르크 떡갈나무의 고갈에 따른 환경보전과 원가절감을 목적으로 유통기간이 짧은 와인에는 스크루 캡(일명 '활명수 캡')을 사용하는 사례가 늘고 있다. 플라스틱 마개를 주로 사용하지만 음료수 병의 마개처럼 간단하게 손으로 돌려서 여는 것도 있다. 1970년에 오스트레일리아에서 처음으로 사용하기 시작한 이후 뉴질랜드와 미국을 비롯한 신대륙 국가에서 사용 사례가 늘고 있다. 항공사의 기내용 와인 가운데 스크루 캡 제품이 많으며 생산원가 압박과 가격 경쟁이 치열한 저가 와인에 널리 적용되고 있다.*

* 종이 팩이나 알루미늄 캔을 용기로 쓸 때는 코르크 마개나 스크루 캡보다도 편리하고 기능적인 마개나 덮개가 사용된다.

구대륙 국가의 보수적인 생산자들도 스크루 캡의 뛰어난 기능성에 관심을 갖기 시작했다. 코르크보다 와인을 훨씬 더 완벽하게 보호하는 장점을 수긍한다는 것이다. 코르크는 공기 통과로 와인이 변질될 우려가 따르지만 스크루 캡은 공기 출입을 완벽하게 차단하여 변질 가능성을 크게 낮춰준다. 장기 숙성 와인에 사용되는 긴 코르크보다도 더 효과적으로 산소 통과를 차단한다는 연구 결과도 있다. 따라서 프랑스나 이탈리아의 유서 깊은 포도원 가운데도 일부 제품에 스크루 캡을 쓰는 사례가 생기고 있다.

다채롭고 솔깃한 Tip

코르크 생산

한 개의 코르크가 생산되기까지는 매우 오랜 시간이 소요된다. 코르크 마개의 원료로 쓰이는 코르크 떡갈나무의 껍질이 묘목일 때는 1년에 1.5밀리미터씩 자라고 성년이 되면 1밀리미터씩 자라기 때문에 수령이 30년을 넘어야 코르크를 수확할 수 있다. 나무껍질을 벗긴 다음에 공장으로 옮겨 삶고 말리는 작업을 여러 차례 반복해야 비로소 코르크 제품이 생산된다.

코르크 떡갈나무의 껍질을 채취하고 나서 원상태로 회복되기까지 9년의 세월이 걸린다. 나무가 150살이 넘으면 더 이상 코르크를 생산하지 않으므로 한 나무의 일생 동안 12~15회 정도 코르크를 수확하는 셈이다. 전 세계의 와인 산지에서 사용되는 코르크의 90퍼센트는 포르투갈산이다. 그 밖에는 이탈리아, 에스파냐, 프랑스의 코르시카, 남부 랑그도크루시용, 피레네 산맥 동쪽 등 지중해 서부 지역에서 코르크가 생산된다. 미국과 남미에서도 코르크가 생산되지만 품질이 유럽산에 비해 떨어지는 편이다. 저가 와인 가운데는 비용절감을 위해 톱밥이나 합성수지로 만든 코르크 마개를 사용하는 경우도 있다.

PART 08

세계의 명산지와 특색

프랑스

● **전국 현황** 2000년의 포도 재배 역사를 가지고 세계에서 와인을 가장 많이 수출하는 프랑스는 와인의 대명사 국가답게 국토의 전역에 포도밭과 포도원이 산재해 있다. 보르도(Bordeaux), 부르고뉴(Bourgogne), 샹파뉴(Champagne), 론(Rhône), 루아르(Loire), 알자스(Alsace) 등 6개 핵심 지역과 지중해 연안의 프로방스(Provence), 랑그도크루시용(Languedoc-Roussillon), 스위스와 인접한 쥐라(Jura), 그리고 보르도의 동쪽에서 피레네 산맥에 이르는 남서 지방(Sud-Ouest) 등지에서 환경에 적합한 포도 품종을 심어서 다양한 스타일의 와인을 만든다. 프랑스의 3대 와인 산지로 꼽히는 보르도·부르고뉴·샹파뉴는 고급 와인을 주로 생산하고, 론·루아르·알자스·랑그도크루시용·프로방스 등은 중저가 와인을 주로 생산한다.

● **보르도** 프랑스 남서쪽 지롱드(Gironde) 강변의 보르도 시를 중심으로 가론(Garonne) 강과 도르도뉴(Dordorgne) 강 양편에 길이 80킬로미터, 폭 12킬로미터에 달하는 광활한 들녘에 8천여 개의 포도원에이 조성되어 고가의 명품 와인에서부터 배럴로 유통되는 와인 원액에 이르는 다양한 종류의 와인을 생산한다.

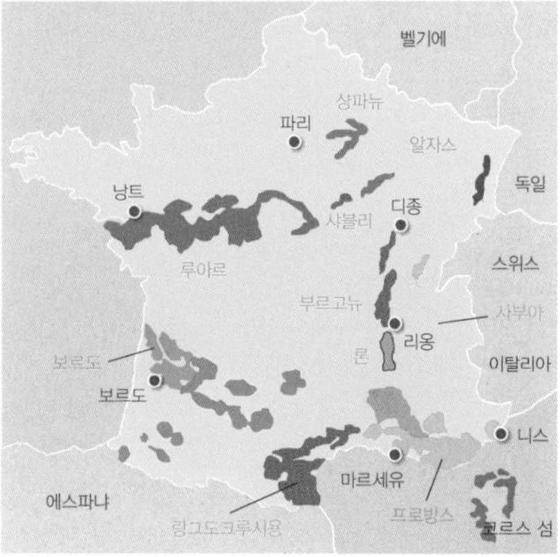

프랑스 와인 명산지

지롱드 강과 대서양이 만나 해상교통이 편리한 지리적 이점 덕

보르도 포도밭

분에 다른 지역보다 일찍 와인산업이 융성하여 오늘날 53개의 원산지 명칭을 가진 유명 산지(AOP/AOC)가 되었다. 중심지 메도크에서만 61개의 그랑 크뤼 클라세(Grand Cru Classé) 와인과 그들의 2군 와인(Second Wine)이 다양한 스타일로 생산된다. 그 밖에 400여 개에 이르는 이전의 크뤼 부르주아(Cru Bourgeois) 와인들이 고장의 명예를 지키고 있다. 17~18세기부터 영국으로 수출되어 여왕들까지 즐겨 마셨던 관계로 보르도 와인에는 '여왕의 와인'이라는 별명이 따라다닌다.

전국에서 생산되는 AOP(원산지명칭보호) 와인의 약 25퍼센트가 보르도 제품이고 보르도 와인의 80퍼센트는 레드 와인이다. 자연히 포도도 카베르네 소비뇽, 카베르네 프랑, 메를로, 프티 베르도 같은 레드 품종을 주로 재배한다. 보르도 내에서도 메도크(Médoc), 그라브(Graves), 생테밀리옹(Saint-Emilion), 포므롤(Pomerol) 등이 유명 산지로 널리 알려져 있다. 메도크 지구에서 고급 와인이 집중적으로 생산되고, 보르도 5대 특1급 포도원 가운데 세 곳(샤토 무통-로트칠드, 샤토 라피트-로트칠드, 샤또 라투르)이 속해 있는 포이야크(Pauillac)가 특히 유명하다.

샤토 이름을 그대로 상표로 사용하고 두 가지 이상의 포도 품종을 혼합(블렌딩)하는 제조법이 기본이다. 보르도 와인은 맛이 섬세하고 향이 특별히 뛰어나며 다소 떫은맛과 신맛의 조화가 절묘한 것으로 통하고 있다. 화이트 와인은 원산지 명칭을 '보르도'로 통일해서 사용하며 품질 수준과 지명도가 레드 와인에 미치지 못하고 가격도 저렴하다.

부르고뉴 부르고뉴[영어 발음은 버건디(Burgundy)]는 프랑스 동부의 욘(Yonne), 코트-도르(Côte d'Or), 손에루아르(Saône-et-Loire), 론(Rhone) 등 네 개의 데파르트망[도(Départements)]을 일컫는 지명이다. 넓게는 보졸레[보주(Beaujou) 인근 지역]*와 샤블리(Chablis)까지 포함하고, 좁게는 남북의 길이가 50킬로미터 미만인 코트-도르 만을 일컫는다. '신의 은총'으로 불릴 정도로 포도 재배 환경이(테루아) 뛰어난 데다가 지리적으로 왕조들의 터전이던 파리와 가까워 일찍부터 우수한 고급 와인을 많이 생산해왔다.

* 보졸레(Beaujolais)는 부르고뉴 남쪽 리옹(Lyon) 시 인근의 작은 도시 보주(Beaujou)와 인접한 지역으로 보졸레, 보졸레 쉬페리외르(Beaujolais Superieur), 보졸레 빌라주(Beaujolais Villages) 및 텐 크뤼(ten cru)로 불리는 네 종류의 원산지 명칭이 존재한다. 텐 크뤼 와인은 면적이 좁은 열 개의 단위 지역 명칭(AOC)으로 생산되며 상표의 이름은 물랭아방(Moulin A Vent), 모르공(Morgon), 생타무르(Saint-Amour), 레니(Regnie), 시루블르(Chiroubles), 브루이(Brouily), 코르 드 부르이(Cotes de Brouily), 줄리에나(Julienas), 셰나(Chenas), 플뢰리(Fleurie) 등으로 불린다.

북유럽에서 지중해에 이르는 길목이라 예전부터 와인을 대량으로 소비하는 숙박업소와 음식점이 많았다. 영국과 달리 프랑스에는 여왕이 없었기에 부르고뉴 와인에는 '왕의 와인'이라는 별칭이 따라다녔다. 세계에서 가장 비싼 로마네-콩티 와인을 만드는 도멘 드 라 로마네-콩티(Domain de La Romanee-Comti)와 와인 만화 《신의 물방울》에서 환상의 와인으로 묘사된 앙리 자이에의 걸작 크로 파랑투(Cros Parantoux)를 만드는 에마뉘엘 루제(Emmanuel Rouget)

부르고뉴의 포도 재배 환경은 신의 은총에 비유된다.

및 메오 카뮈제(Méo-Camuzet) 양조장도 부르고뉴에 있다.

서기 1100년경 이래로 베네딕트 수도승들에 의해 대단위 포도밭들이 조성되었으나, 1789년 프랑스 대혁명 이후 시민 정부가 수도원의 포도밭들을 몰수하여 소작인(농민)들에게 분할 분양을 실시한 이후로 포도밭들이 소규모로 쪼개졌다. 부르고뉴의 전통적인 포도밭을 클리마(climat)혹은 클로(clos)라고 부른다. 소유주가 제일 많은 클로 드 부조(Clos de Vougeot)는 각기 소유주가 다른 80개 안팎의 클로로 이루어져 있다. 서로 다른 80명의 생산자가 같은 이름의 상표로 서로 다른 와인을 만든다는 뜻으로, 밭고랑을 경계로 소유주가 다른 경우도 있다.*

* 간혹 대규모 클로 혹은 클리마를 단독으로 소유하고 한가지 이름의 와인을 독점 생산하는 경우는 와인의 레이블에 'monopole'이라고 표기하고 포도밭 입구에도 'monopole' 표시가 되어 있다.

'왕의 와인' 부르고뉴 와인

부르고뉴의 심장부인 코트-도르

는 '황금 언덕'이라는 뜻으로 로마네-콩티, 몽라셰, 샹베르탱 등 명주를 만드는 포도밭이 즐비하다. 북쪽은 '코트 드 뉘(Côte de Nuits)', 남쪽은 '코트 드 본(Côte de Beaune)'이라고 부른다. 북쪽은 뉘 생 조르주(Nuits-Saint-Georges)가 중심이고 남쪽은 본이 중심인 탓이다. 115명의 네고시앙(중간상)이 소유하는 약 8천여 개의 도멘(Domaine)에서 연간 약 3,100만 상자의 와인을 생산한다. 백년전쟁(1337년~1453년) 당시 부르고뉴 통치자였던 선량공 필리프(Philippe le Bon)가 "피노 누아만 남겨두고 모두 없애라!"고 명령한 이후 오늘날까지 피노 누아 한 품종으로 레드 와인을 생산해왔다.

보르도산보다 와인의 색상이 더 투명하고 맛과 향기가 복합적이며 산도와 알코올 도수가 높아서 남성다운 무게감을 안겨준다. 전국에서 생산되는 AOP(AOC) 와인의 약 12~15퍼센트가 부르고뉴 제품이고 그 절반이 보졸레 누보(Beaujolais Nouveau) 와인이다. 샤블리*와 마코네(Mâconnais)는 샤르도네(chardonnay) 품종 하나로 고급의 화이트 와인을 생산하고 보졸레는 가메(gamay) 품종으로 다양한 종류의 레드 와인을 생산한다. 보르도는 혼합이 기본이지만 부르고뉴는 한 가지 품종으로 와인을 만든다. 보르도는 샤토의 이름을 와인 상표로 쓰지만, 부르고뉴는 포도밭 혹은 포도 재배단지의 이름을 상표로 쓴다.

* '여울'을 뜻하는 라틴어 'Caplum'에서 유래하는 것으로 알려진 샤블리에는 포도밭의 테루아 수준에 따라 샤블리 그랑 크뤼(특급), 샤블리 프르미에 크뤼(1급), 샤블리, 프티 샤블리로 구분되는 4단계의 와인 품계가 존재한다. 최고급에 속하는 샤블리 그랑 크뤼 와인은 7종류로 한정되고 샤블리 와인 전체 생산량의 20퍼센트에 불과하다. 상표 이름은 블랑쇼(Blanchot), 레 끌로(Le Clos), 발뮈르(Valmur), 그르누이(Grenouiles), 보데지르(Vaudesir), 프뢰즈(Preuse), 부그로(Bougros) 등으로 되어 있다.

샹파뉴 영어로 '샴페인'이라 불리는 발포성 와인의 본고장이다. 수도 파리에서 동북쪽으로 150킬로미터 떨어져 있으며 프랑스에서 연평균 기온이 가장 낮은 기후 조건과 백악질 토양을 가지고 있다. 샹파뉴라는 지명은 라틴어로 '평원'이라는 뜻이며 '벼락부자(Nouveau Riche)'라는 뜻도 있다. 피노 누아, 피노 뫼니에(Pinot Meunier), 샤르도네 품종을 섞어서 샴페인을 만든다. 세 가지 중 하나만 써서 만드는 경우도 있다. 화이트 품종(샤르도네) 하나로 만든 제품을 브랑 드 블랑(Blanc de Blanc), 레드 품종(Pinot Noir 혹은 Pinot Meunier) 하나로 만든 제품을 블랑 드 누아(Blanc de Noir)라고 부른다.

300여 년의 세월 동안 샴페인 제조법이 많이 바뀌었어도 여전히 동 페리뇽 수도사가 처음 착안한 방법을 그대로 따르고 있다. 1차 발효한 와인에 리큐어(당분과 이스트 혼합물)를 첨가해 병 안에서 2차 발효를 진행시키고, 이때 생성된 탄산가스를 병 속에 가두는 것이다. 1994년 유럽연합(EU)은 샹파뉴 브랜드를 보호하기 위해 다른 지역에서 만든 발포성 와인에 대하여는 제조법에 상관없이 '샴페인'이라는 상표를 쓸 수 없도록 하였다.

샴페인 삼각지대로 불리는 랭스(Reims), 에페르네(Epernay), 샬롱(Chalon)과 이들 도시보다 남쪽에 위치한 트루아(Troyes)에 근거를 둔 약 120개의 샴페인 하우스에서 30여 종에 이르는 샴페인을 만든다. 랭스 산(Montagne de Reims), 마른 계곡(Vallée de Marne), 하얀 언덕(Côte de Blancs), 세잔 언덕(Côte de Sézanne) 등지에 산재한

319개 마을(최근 40개 마을 추가)로부터 포도를 사들이거나 자기 소유 포도밭에서 직접 수확한 포도로 고품질의 샴페인을 만든다.

샹파뉴에서는 보르도나 부르고뉴와 달리 포도밭보다도 제조회사를 더 중요하게 여기며 매출액 순위가 높은 20개의 샴페인 하우스들이 전체의 약 70퍼센트를 생산한다. 포도를 수확하고 나면 최대한 빠른 시간 내에 극도로 낮은 압력을 가하여 주스를 짠다. 이렇게 첫 번째 압착을 통해 얻어진 포도 주스를 '퀴베(cuvée)'라고 하고, 이것으로 만든 샴페인을 퀴베 스페시알(cuvée Spécial)이라고 하여 최고급으로 친다. 새로 만든 와인과 몇 년 지난 와인을 섞는 경우가 많아서 레이블에 빈티지를 표기하지 않지만 포도 작황이 특별히 뛰어나 좋은 품질이 기대되는 해에는 이전에 생산한 와인을 섞지 않고 빈티지 샴페인(Vintage Champagne)을 만든다.

●
론 프랑스 제2의 수도 리옹(Lyon)에서 아비뇽(Avignon)까지 200킬로미터에 이르는 지역을 가리키며 프랑스 전체 AOC 와인 중 보르도 다음으로 와인 생산량이 많은 곳이다. 풍부한 일조량 덕분에 포도의 당도가 높아서 와인의 알코올 도수도 평균보다 높은 것이 많다. 시라, 그르나슈, 무르베드르, 생소, 카리냥 같은 품종을 심어서 주로 레드 와인을 많이 생산하며 와인의 값이 싸면서 품질이 우수하기로 유명하다. 발랑스(Valence)를 중심으로 북부에 위치하는 코트 로티, 에르미타주, 생조제프(Saint Joseph), 크로아제타, 콩드리외

(Condrieu) 등지에서 시라 품종 하나로 만드는 코트 로티(Côte Rôtie)와 에르미타주(Hermitage) 레드 와인, 비오니에(Viognier) 품종 한 가지로 만드는 콩드리외 화이트 와인이 유명하다.

지중해성 기후로 북부 론과 자연환경이 다른 남부*에서는 그루나슈 40퍼센트 이상을 기본으로 무르베드르, 생소, 카리냥 등을 최고 13종류까지 혼합하여 샤토네프 뒤 파프(Châteaneuf du Pape), 지공다스(Gigondas) 등의 레드 와인과 타벨(Tavel) 등의 로제 와인을 만든다.

* 남부 론의 봄 드 브니즈(Beaumes-de-Venise)에서는 발효 중인 와인에다 주정(중성 알코올)이나 아황산가스로 발효를 중단시키는 방법(mutage)으로 천연 감미 와인(Vin Doux Naturel)을 생산한다.

이탈리아

전국 현황 세계에서 와인을 가장 많이 생산하는 나라이며 국토 전체가 하나의 커다란 포도밭이라고 일컬어질 정도로 각지에 걸쳐서 와인이 생산된다. 옛 그리스인들은 이탈리아를 외노트리아(Oenotria, 와인의 땅)라고 불렀을 정도로 예로부터 전국에서 포도를 재배하고 와인을 양조해왔다. 북부의 알프스 산맥 기슭에서부터 남부의 지중해 연안에 넓게 분포한 산지별로 토양과 기후가 다양하여

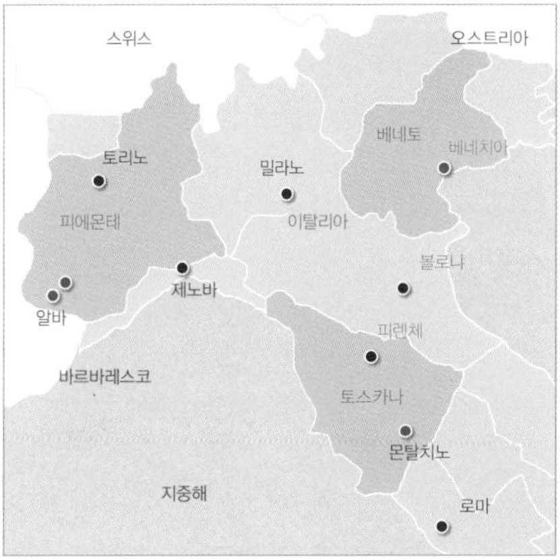

이탈리아 와인 명산지

지역별로 스타일이 독특한 와인의 세계를 보여준다. 1963년에 원산지명칭통제법(DOC법)을 제정한 이후로 프랑스와 함께 전 세계 와인 시장에 다양한 와인을 공급하고 있다. 대표적인 명산지로는 브루넬로 디 몬탈치노(Brunello di Montalcino)의 원산지인 중부의 토스카나(Toscana, 영어로는 Tuscany), 바롤로(Barolo)의 원산지인 북부의 피에몬테(Piemonte), 아마로네(Amarone)의 원산지인 동북부 베네토(Veneto), 남부의 시칠리아(Sicilia) 등이 꼽힌다.

●

피에몬테 피에몬테(Piemonte)는 이탈리아어로 '산기슭의 땅'을 뜻하는 말이다. 알프스 산줄기로 완벽하게 둘러싸여 여름에는 시원하고 겨울에는 매우 추우면서 안개가 많이 끼는 특이한 기후 조건을 갖추고 있다. '왕의 와인'으로 통하는 바롤로(Barolo)와 바르바레스코(Barbaresco)를 비롯하여 피에몬테 와인이 세계적인 명성을 얻기까지는 안젤로 가야(Angelo Gaja)라는 인물의 역할이 컸다. 음식 평론가 고형욱에 따르면, 피에몬테 와인은 프랑스의 부르고뉴 와인과 닮은 점이 많다고 한다. 맛이나 스타일에서 유사한 풍미가 느껴지며 글라스도 같은 모양을 쓴다는 것이다.

부르고뉴 와인을 피노 누아 한 가지로 만들듯이 피에몬테의 바롤로, 바르바레스코, 가티나라(Gattinara)와 게메(Ghemme) 등도 네비올라 한 종류로 만든다. 달콤하면서도 거품이 일어서 인기가 높은 아스티(Asti), 레드 와인 품종이면서 맛이 감미롭고 부드러운 돌체토(Dolcetto)와 바르베라(Barbera)도 피에몬테 와인이다. 브라케토 다퀴(Brachetto d'Acqui) 지역에서는 브라케토(brachetto) 품종을 재배하여 향기로운 거품을 발산하는 레드 와인을 만든다.

토스카나 이탈리아 북중부 지중해와 아펜니노산맥 사이에 위치하며 키안티(Chianti), 몬탈치노(Montalcino), 몬테풀치아노(Montepulciano) 등지에서 많은 양의 와인을 생산한다. 주로 산조베세(Sangiovesse) 품종으로 키안티(키안티, 키안티 클라시코, 키안티 클라시코 리세르바), 브루넬로 디 몬탈치노,* 비노 노빌레 디 몬테풀치아노(Vino Nobile di Montepulciano) 등을 생산한다.

* '부르넬로 디 몬탈치노'라는 이름에서 '브루넬로'는 산조베세 포도 품종의 다른 이름이다.

피렌체(Firenze)의 안티노리 궁전(Antinori Palazzo)을 거점으로 1385년부터 현재까지 600여 년 동안 대를 이어 와인을 빚어온 안티노리를 비롯하여, 루피노(Ruffino), 프레스코발디(Frescobaldi) 같은 유명 양조장들이 토스카나에 있다. 안티노리 가문의 후손들이 티냐넬로(Tignanello)와 솔라이아(Solaia)를 만드는 페폴리(Pepoli) 마을과 정부가 지정한 네비올로와 산조베세 대신 보르도 품종과 보르도 양조법으로 사시카이아(Sassicaia)를 만들어 '슈퍼 투스칸'의 명성을 일궈낸 볼게리(Bolgheri) 마을도 토스카나에 있다. 단맛이 강하면서 향이 빼어나 디저트 와인으로 인기가 높은 빈산토(Vin Santo) 와인도 토스카나 키안티 클라시코가 원산지다.

● **베네토** 이탈리아 북동쪽에 자리한 베네토(Veneto)는 이탈리아 전역에서 와인을 가장 많이 생산하는 곳이다. 소아베(Soave), 발폴리첼라(Valpolicella), 바르돌리노(Bardolino) 등지에서 품질이 우수한 와인들을 생산한다. 각 산지의 클라시코 지역에서 특히 우수한 와인을 많이 만든다.

화이트 와인 '소아베'는 이탈리아어로 '부드럽게', '사랑스럽게', '상냥하게'라는 뜻이며 가르가네가(Garganega) 및 트레비아노 디 소아베(Trebbiano di Soave) 품종으로 만든다. 발폴리첼라는 그리스어의 '폴리(poli)'와 라틴어 '셀라(cella)'의 합성어로써 '많은 지하 저장고가 있는 골짜기(Valley of many cellars)'라는 의미이며 토착 품종인 코르비나(Corvina), 론디넬라(Rondinella), 몰리나라(Molinara) 등 세 가지로 발폴리첼라, 아마로네(Amarone),* 레치오토(Recioto) 같은 레드 와인을 만든다.

* 이탈리아의 다른 지방에서는 아마로네 와인을 파시토(Passito)라고도 부른다.

발폴리첼라 와인은 단맛과 산도가 적당하여 아무 때고 편안하게 마시기에 적당하다. 아마로네는 코르비나 품종으로 제조되며 알코올 도수가 15~17도에 이르고 맛은 드라이하면서 부드럽고 깊다. 9월경에 포도를 수확하면 최상품만 선별하여 약 5개월 정도 대나무 건조대에서 말려 포도의 당도가 최대한 높아지면 발효를 시키는 아파시멘토(Appassimento) 방식으로 만든다. 아마로네 와인 중에서는 로마노 달 포르노(Dal Forno Romano)의 와인이 이탈리아의 로마네-콩티로 불릴 정도로 명성이 높다.

아마로네를 생산하고 남은 찌꺼기에다 발폴리첼라 포도즙을 넣고 한 번 더 발효시켜서 맛은 아마로네와 비슷하면서 가격은 저렴한 리파소(Ripasso) 또는 리파사(Ripassa) 와인을 만든다. 레치오토도 아마로네와 비슷한 방법으로 만드는데, 포도 속의 당분이 모두 알코올로 분해되기 전에 발효를 중지시켜 달콤한 맛을 내게 하는 점이 다르다. 바르돌리노는 프랑스의 보졸레와 비슷하게 맛이 가벼운 레드 와인을 주로 생산한다.

로마노 달 포르노 와인

에스파냐

전국 현황 포도밭 면적이 1,200헥타르로 세계 1위를 자랑하며 와인 생산량도 세계 3위로 나타나 있다. 날씨가 건조한데도 관개(灌漑)가 금지되어 포도나무의 간격을 넓혀서 심고 포도밭에 다른 작물을 함께 경작하는 전통을 현재도 따르고 있다. 8세기경 이슬람

에스파냐 와인 명산지

교도들이 에스파냐를 지배할 때 소아시아의 다양한 포도 품종이 유입되었다. 이탈리아와 마찬가지로 기후와 토양조건이 적절하여 전국에서 다양한 스타일의 와인이 대량으로 생산된다. 1972년에 와인산업 보호와 체계적 관리를 위해 원산

지지정법(DO법)을 제정한 이후로 와인의 품질이 전체적으로 향상된 것으로 평가되고 있다. 에스파냐 와인은 미국·오스트레일리아·칠레·아르헨티나 등 신대륙 국가의 와인보다 풍미가 뛰어나고 프랑스·이탈리아 와인보다 가격이 저렴한 장점이 있다.

대표적 명산지로는 아라곤(Aragon), 갈리시아(Galicia), 카스티야라만차(Castilla–La Mancha), 나바라(Navarra), 리오하(Rioja), 리베라 델 두에로(Ribera del Duero), 페네데스(Penedes), 프리오라토(Priorato), 카스티야이레온(Castillay Leon), 카나리아(Canaria), 바스크 지역(País Vasco), 카탈루냐(Cataluña), 레반테(Levante), 안달루시아(Andalucía), 발레아레스(Baleares) 등을 꼽는다.

피레네 산맥 쪽에서는 프랑스의 영향을 받은 리오하의 명성이 높고 내륙에서는 리베라 델 두에로가 지명도가 높다. 생산량에 있어서는 카스티야라만차가 1위이고, 품질은 리오하, 리베라 델 두에로, 페네데스 등이 꼽힌다. 레드 와인 산지로는 리오하와 리베라 델 두에로, 프리오라토 등이 유명하고, 화이트 와인 산지로는 갈리시아가 유명하다. 토레스(Torres), 코도르니우(Codorniu)를 비롯한 소수를 제외하고 대다수 포도원이 규모가 적거나 협동농장 형태로 운영된다.

●

리오하 수도 마드리드에서 북동쪽으로 약 20킬로미터 떨어져 있으며, 19세기 말엽 포도 전염병(오이듐균, 필록세라)의 기습으로 포

wine information

리오하 VS 프리오라토

리오하 지역의 대표적인 포도 품종은 템프라니요(Tempranillo)지만 항상 가르나차(Garnacha) 포도와 섞어 와인을 빚는다. 리오하 와인은 지역에 따라 특성이 전혀 다르다. 리오하 바하(Rioja Baja) 지역의 제품은 알코올 함량이 높고 맛이 밋밋하다. 리오하 알라베사(Rioja Alavesa) 지역의 제품은 과일맛이 풍부하나 숙성이 짧아 금방 마셔야 하고, 리오하 알타(Rioja Alta) 지역에서는 고급 제품이 주로 생산된다.

프리오라토는 에스파냐 동부 지중해로부터 20km 떨어져 있으며 총 재배 면적이 1,400ha에 불과한 매우 작은 와인 산지이다. 험준한 산과 척박한 토양에 연간 강수량 380mm, 일조시간 3,000시간에 선선한 해풍이 분다. 베가시실리 우니코, 핑구스 와인과 함께 에스파냐의 3대 전설로 불리는 레르미타(L' Ermita)를 만드는 알바로 팔라시오스(Alvaro Palacios) 와이너리의 포도밭(2ha)에는 수령 70년이 넘은 가르나차 품종이 카베르네 소비뇽 등과 함께 심겨 있다. 연간 생산량 3,000병에 불과하며 숙성은 100퍼센트 프랑스산 새 오크 통에서 이루어진다.

도밭을 잃은 보르도의 양조업자들이 이주해와서 와인 산업을 부흥시킨 곳이다. 1991년에 에스파냐 전국에서 최초로 포도 재배 적합지역(Denominacion de Origen Calificada: DOCa)으로 지정되었으며, 칸타브리아 산맥에서 발원하는 에브로(Ebro) 강과 오하(Oja) 강 양편의 넓은 평원에 4만 헥타르에 이르는 포도밭이 조성되어 있다. 템프라니요·가르나차(그루나슈)·카리네나(Carinena) & 그라시아노(Graciano) 품종을 70 : 20 : 10의 비율로 섞어서 레드 와인을 주로 만들며 리오하 알타(Rioja Alta)·리오하 알타베사·리오하 바하(Rioja Baja) 등지에서 전체 생산량의 3분의 2 정도가 생산된다.

에브로 강 상류에 위치한 리오하 알타 지역에서 특히 많은 와인이 생산된다. 리오하 알타와 알타베사는 주로 고급 와인을 생산하고, 리오하 바하는 가격 대비 품질 수준이 높은 와인들을 생산한다. 리오하의 레드 와인은 보르도 와인과 스타일이 비슷하며 마르케스 데 카세레스(Marqués de Caceres)와 가우디움(Gaudium) 등이 널리 알려져 있다.

리베라 델 두에로 에스파냐 중북부 두에로(Duero) 강 주위의 해발 750~800미터 높이의 산 계곡에 분포하며 2008년에 포도 재배적합지역(DOCa)로 지정되었다. 편마암과 석회질 토양에다 여름철에 밤낮의 일교차가 커서(낮 39~49도, 밤 15~20) 포도의 당도가 높고 산도가 적절하여 좋은 와인이 생산된다. 보데가 베가 시실리아(Bodega Vega Sicilia) 포도원의 베가 시실리아 우니코(Vega Sicilia Unico)와 도미니오 데 핑구스(Dominio de Pingus) 포도원의 핑구스(Pingus)*의 명성은 세계적으로도 유명하다.

* 핑구스는 품질이 뛰어나고 연간 생산량이 6,000병 정도에 불과하여 전 세계 애호가들로부터 에스파냐의 컬트 와인으로 대접을 받는다. 특히 1995년산은 품질도 우수한데다 그해 핑구스를 미국으로 운반하던 선박이 도중에 대서양에서 좌초되는 사고를 당해 재고가 절반 정도밖에 남지 않아 와인 애호가들이 다투어 수집하려는 인기 품목이 됐다.

'우니코(Unico)'는 '유일하다'는 의미로 포도가 잘 영근 해에 양조된 와인들만 혼합하여 빈티지 표기가 없다. 엄격한 포도 수확 관리와 우아하면서도 화려한 맛과 향을 추구하는 공통점 때문에 에스파냐의 로마네-콩티로 통한다. 에스파냐의 토착 품종인 템프라니요(80퍼센트 안팎)와 국제 품종인 카베르네 소비뇽·메를로·말베크 등을 혼합하며, 검은 과일의 향과 크리미한 캐러멜·민트·담배향 같은 숙성된 향과 부드러운 질감 및 균형감이 뛰어나 영국의 찰스 왕세자와 다이애너비의 결혼식 피로연에 사용되었다. 베가 시실리아 우니코 리제르바 에스파샬(Vega Sicilia Unico Reserva Especial)은 우니코 중에서도 최고봉으로 꼽힌다.

●

라만차 에스파냐 중부의 마드리드 남쪽 해발 700미터의 완만한 경사지에 19만 3,133헥타르의 포도밭이 조성되어 있다. 라만차(La Mancha)라는 지명은 '건조한 땅(dry land)'을 뜻하는 아랍어 'manxa'에서 유래한 것이다. 1970년대 대단위 양조회사들의 집중투자에 힘입어 와인산업이 급속도로 발전하였다. 1976년에 와인 원산지로 지정되었으며, 전국에 단 세 개 뿐인 파고(Pago) 포도밭[도미노 데 발데푸사(Domino de Valdepusa), 핑카 엘레스(Finca Elez), 엘 구이호소(El Guijoso)] 등이 모두 라만차 지역에 있다.*

* 노무현 전 대통령이 임기 중 유럽 3개국을 순방할 때 에스파냐의 카를로스 국왕은 라만차에서 생산되는 엘 빈쿨로 크리안자(El Vinculo Crianza) 와인을 만찬 식탁에 올렸다.

전국의 63개 DO산지 가운데 포도밭

면적이 가장 넓으며 토양은 적색을 띤 사토·점토·석회석·백악질로 구성되어 있다. 레드 품종으로 템프라니요, 가르나차, 모라비아(moravia), 센시벨(cencibel), 카베르네 소비뇽, 메를로, 시라 등을 주로 재배하고, 화이트 품종으로 아이렌(airen), 비우라(viura), 샤르도네, 소비뇽 블랑 등을 주로 재배한다. 템프라니요 혹은 센시벨과 아이렌을 섞어서 발데페냐스(Valdepeñas)* 와인을 생산한다.

* 발데페냐스(Valdepeñas)는 라만차 지역의 마을 이름으로 라만차 평원에서 생산되는 많은 양의 레드 와인이 발데페냐스(Valdepeñas)라는 이름으로 생산된다. 알코올 도수는 13도 정도이며 좋은 제품은 강건한 느낌과 함께 과일향이 풍부하면서 맛이 섬세하다는 평가를 듣는다.

독일

전국 현황 와인 생산국 중에서 가장 북쪽에 위치해 있다. 위도가 47~55도에 해당하여 기후가 와인 숙성에 부적합한 관계로 당도와 알코올 도수가 8~11도 정도로 낮은 화이트 와인을 주로 생산한다. 독일 와인의 80퍼센트는 화이트 와인이다. '귀한 쌀'이라는 뜻을 가진 리슬링(Riesling) 품종으로 우수한 화이트 와인을 대량으로 만들어 전 세계 애호가들로부터 찬사를 듣는다. 포도 재배 북방한계선에 위치하는 관계로 여름철의

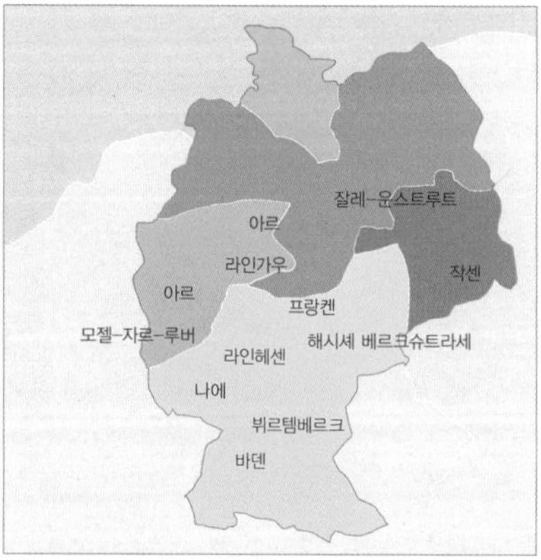

독일 와인 명산지

일조량이 부족하고 기온도 낮아서 레드 품종은 재배가 어렵다. 화이트 품종도 재배가 쉽지가 않지만 근면한 농부들의 노력과 정성 덕분에 품질이 우수한 와인이 많이 생산된다.

여러 품종을 교배시켜 쌀쌀한 날씨에도 견딜 수 있는 새로운 품종들을 개발하여 재배한다. 세계 와인 생산량의 2.5퍼센트 정도를 생산하는 정도지만 아이스 와인과 화이트 와인의 품질은 호평을 받는다. 알코올 함량이 낮은 대신 산도가 높아서 느낌이 신선하고 균형감이 탁월한데다 가격도 저렴하여 국내외에 애호가가 많다.

와인 산지로 명성이 높은 13개 지역이 포도 재배지역(Anbaugebiet·안바우게비트)*으로 지정되어 있으며, 이곳에서 생산된 포도로 양조한 와인의 레이블에는 원산지 명칭이 기재된다. 지명도가 높은 모젤(Mosel), 팔츠(Paltz), 라인가우(Rheingau), 라인헤센(Rheinhessen) 등지의 이름난 포도밭들은 거의가 라인(Rhine) 강 남서면의 가파른 언덕에 조성되어 있다. 날씨가 추운 관계로 태양 광선과 물에 반사되는 빛과 열로 포도나무가 어는 것을 방지하기 위함이다. 가을에는 기온의 저하로 대량의 안개가 발생하여 포도나무가 냉해를 입지 않도록 보호해준다.

* 아르(Ahr), 바덴(Baden), 프랑켄(Franken), 헤시셰 베르크슈트라세(Heissiche Bergstresse), 미텔라인(Mitelrhein), 모젤(Mosel), 나에(Nahe), 팔츠(Paltz), 라인가우(Rheingau), 라인헤센(Rheinhessen), 잘레-운스트루트(Salle-Unstrut), 작센(Sachsen), 뷔르템베르크(Burttemberg) 등이 해당된다.

기계 사용이 불가능할 정도로 비탈이 심해서 거의 모든 작업을 손으로 처리하는 포도밭이 많다. 프랑스의 부르고뉴와 인접한 남부지방은 피노 누아 품종으로 레드 와인을 만들지만 대부분 자국 내에서 소비되고 수출은 극소량에 그치고 있다. 하지만 지구온난화로 국토의 평균기온이 올라가 아이스 와인 회사들은 캐나다로 옮겨가고 레드 와인 생산이 눈에 띄게 늘어나는 '붉은 혁명'의 기운이 감지되고 있다.

•

라인가우 전국의 와인 산지 가운데 포도밭 면적(7,729Acres)이 가장 좁으면서도 독일 와인의 메카로 꼽히는 곳이다. 독일 와인의 3퍼센트 정도를 생산하며 갈색 병을 사용한다. 독일 포도원의 원조로 알려진 슐로스 요하니스베르크(Schloss Johannisberg)도 이곳에 있다. 라인 강을 남쪽으로 바라보며 동서로 돌아가는 30킬로미터 구간의 라인가우 지역은 대부분의 포도밭들이 남쪽을 향한 언덕에 조성되어 있다. 토양이 점토질을 풍부하게 함유하고 맑은 날씨가 오랫동안 계속되며 지중해성 기후로 겨울에도 따뜻하여 향미가 빼어난 와인이 많이 생산된다.

전체 면적의 80퍼센트가 넘는 포도밭에서 리슬링을 재배한다. 포도밭의 규모가 1에이커 미만에 불과한 소규모 포도원이 많다. 100퍼센트 리슬링으로 제조되는 카르타(Charta) 와인은 생산조건이 매우 까다로워* 라인가우 제품 중에서도 최고급으로 꼽힌다. 날씬한 디자인이 눈길을 끄는 이 와인의 병과 레이블과 캡슐에는

* 카르타 와인은 라인가우 리슬링 와인의 품질을 최고 수준으로 높이기 위해 결성된 단체(Association of Charta Estates)가 정한 생산조건에 입각하여 생산된다. 즉, 직접 손으로 수확한 리슬링 품종을 100% 사용하여 알코올 함량 12% 이상의 와인을 1ha당 50hL 이하로 생산해야 한다.

로마네스크식 천장(Double Romanesque Arch)의 문양이 엠보싱으로 조각되어 있다. 레이블에 "Estate Owned Wine"이라고 적혀 있는 것은 포도원에서 직접 주병(bottling)을 하였다는 뜻이다.

모젤 프랑스에서 발원하여 룩셈부르크와 고대도시 트리어(Trier)를 거쳐서 라인 강과 합쳐지는 모젤(Mosel) 강과 그 지류인 자르(Saar) 강 및 루버(Ruwer) 강 유역을 아우르며 험준하고 가파른 경사면에 포도밭이 조성되어 있다. 그래서 얼마 전까지도 '모젤–자르–루버' 지역으로 불렸다. 트리어 남쪽으로부터 라인으로 들어가는 코블

◀ 모젤 와인 ▲ 모젤 강 유역의 가파른 경사면에 조성된 포도밭

렌츠(Koblenz) 북쪽까지 연결된 모젤 강 주변에 유명 포도원이 특히 많다.* 3만 1,530에이커의 면적에서 독일 와인 생산량의 15퍼센트 정도가 생산된다.

라인가우 와인은 병이 갈색인 데 비하여 모젤 와인의 병은 짙은 초록색이다. 와인은 과일향이 풍부하고 산미가 독특하며 맛이 섬세하다는 평가를 듣는다. 국내에서 널리 유통되는 화이트 와인 '마주앙'은 모젤 강 유역에서 리슬링 묘목을 들여와 경북 경산에서 재배한 포도로 만드는 것이고 '마주앙 모젤' 와인은 모젤-자르-루버에서 생산되는 '모젤 와인'을 주문자 상표 부착 생산(OEM) 방식으로 제조해 국내로 들여오는 것이다.

* 이 지역의 포도밭에는 '슬레이트(Slate)'라고 불리는 석판이 깔려 있다. 포도가 익는 여름철 낮에 태양열을 머금었다가 기온이 급강하하는 밤에 열을 발산하여 포도의 냉해를 막아주는 보온장치다. 땅의 습기를 유지시키는 기능도 하고 석판이 분해되면서 땅이 비옥해지는 효과도 있단다. 이런 이유로 포도원마다 주기적으로 석판을 새로 깔아주며 겨울철에 이곳을 가면 인부들이 석판을 걷어버리거나 잘게 부수는 현장을 직접 볼 수 있다.

미국

전국 현황 200여 년 전에 멕시코를 통해 들어온 프란체스코회 선교사들에 의해 유럽식 포도 재배 전통이 이식되었다. 19세기 중반에 유럽의 포도 품종과 와인 제조기술이 도입되어 1900년대 중반 무렵 30년 동안에 와인산업이 비약적으로 성장하였다.

미국 최초의 와인은 뉴욕에서 제조되었으나 사람들이 금맥을 찾아 서쪽으로 이주하면서 캘리포니아가 대표적인 와인 산지로 발전하였다. 캘리포니아·뉴욕·워싱턴·오레곤·텍사스 등지에서 와인이 생산되지만 85퍼센트 이상이 캘리포니아산이다. 지리적으로 태평양에 인접해 있으면서 해발 고도가 높고 여름에는 건기가 이어져 포도 품질의 연도별 편차가 적다.

캘리포니아 와인은 유럽 와인에 비해 알코올 도수가 높고 과일향과 맛이 두드러진 특징을 갖는다. 근래에는 캘리포니아대학(The

미국 캘리포니아 와인 명산지

University of California Davis 혹은 C.S. Fresno)의 포도 재배 및 양조 기술 연구가 세계적으로 인정받아 유럽 포도원의 기술자들도 유학을 오는 사례가 늘고 있다.

캘리포니아 포도 산지는 크게 샌프란시스코 북쪽 해안의 나파 밸리(Napa Valley)와 소노마 카운티(Sonoma County), 캘리포니아 중부 내륙의 샌와킨 밸리(San Joaquin Valley), 그리고 남부 해안지역의 몬터레이 카운티(Monterey County)와 산타클라라(Santa Clara) 등 세 곳에 산재해 있다. 이 가운데 캘리포니아 와인의 약 80퍼센트 정도가 샌와킨 밸리에서 생산된다. 하지만 미국 와인 산업의 중심지로는 나파 밸리와 소노마 카운티가 꼽힌다. 생산량은 적어도 고급 와인들을 주로 생산하기 때문이다.

규모가 큰 포도원들은 포도밭 가운데에 저수지도 있고 포도 수확도 기계로 한다. 포도밭에다 활주로를 깔아놓고 비행기로 농약을 뿌리는 곳도 많다. 와인을 생산하는 포도원의 호칭으로 와이너리(winery), 빈야드(vinyard), 에스테이트(estate), 클로(clos) 등이 혼용되고 있다. 유럽으로부터 이민을 와서 정착한 포도원의 주인들이 모국의 언어로 포도원의 명칭을 삼는 경우가 많은 탓이다.

•

나파 밸리 샌프란시스코 북쪽 방향으로 자동차로 한 시간 정도 떨어져 있으며 대규모의 포도원 400여 개가 조성되어 있다. 캘리포니아 와인의 5퍼센트 정도를 생산할 뿐이지만 미국의 대표적 와인 산지로 꼽힌다. 다른 지역보다 늦게 포도밭이 조성되었지만 과감한 투자로 와인의 품질 향상에 주력하여 구대륙 국가의 와인에 뒤지지 않는 경쟁력을 갖추게 되었다.

태평양에서 불어오는 바람과 샌파블로(San Pablo) 만에서 발생하는 안개의 영향으로 낮에는 따뜻하고 밤에는 선선한 기후가 유지되어 보르도 와인 못지않은 양질의 와인들이 대량으로 생산된다. 온난한 겨울과 시원한 여름, 거칠고 활력이 넘치는 토양, 시원하게 펼쳐진 넓은 평원, 낮은 인구밀도, 샌프란시스코와 인접한 지리적 조건 등이 나파 밸리의 와인 산업을 굳건히 떠받치고 있다.* 대표적인 포도원으로는 베린저(Beringer), 클로 뒤 발(Clos du Val), 도미너스(Dominus), 하이츠 와인 셀러(Hietz Wine Cellars), 조지프 펠프스(Joseph Phelps), 오퍼스 원(Opus One), 로버트 몬다비(Robert Mondavi), 셰퍼(Shafer), 스태그스립 와인셀러(Stag's Leap Wine Cellars) 등을 꼽을 수 있다.

* 전국에서 손꼽히는 유명 식당 리스트에는 이곳 포도원 여러 개가 포함되어 있다. 세계 각지의 재력가들이 노년에 포도원을 운영하면서 여생을 즐기고 싶어하는 꿈의 전원으로 인기를 끌고 있다.

소노마 카운티 나파 밸리처럼 태평양 연안에서 가까워 날씨가 비교적 쌀쌀한 일부 지역을 제외하고 전체적으로 기후가 알맞아 포도나무가 잘 자란다. 나파의 포도원들은 외관이 대체로 화려하고 웅장한데 비하여 소노마의 포도원들은 외관이 투박하고 소박한 차이가 있다. 소노마 밸리(Sonoma Valley), 소노마 마운틴(Sonoma Mountain), 러시안 리버 밸리(Russian River Valley), 소노마-그린 밸리(Sonoma-Green Valley), 초크 힐(Chalk Hill), 드라이 크릭 밸리(Dry Creek Valley), 알렉산더 밸리(Alexander Valley), 나이트 밸리(Knight Valley) 등지에서 특히 많은 양이 생산된다.

주로 샤르도네, 카베르네 소비뇽, 메를로 등을 재배하지만 피노 누아, 진판델, 소비뇽 블랑을 재배하는 곳도 있다. 대표적인 포도원으로는 세바스찬 와이너리(Sebastiani Winery), 글렌 앨런(Glen Allen), 켄우드(Kenwood), 코벨(Korbel), 조단(Jordan), 시미(Simi), 갈로(Gallo) 등이 있다.

오스트레일리아

전국 현황 '오스트레일리아 와인의 아버지'로 불리는 제임스 버스비(James Busby)가 1824년에 스코틀랜드로부터 이민을 오면서 678종의 유럽산 포도 품종을 가져다 심으면서 와인의 역사가 시작되었다. 1800년대 유럽에서 건너온 이민자들이 뉴 사우스 웨일스(New South Wales), 헌터 밸리(Hunter Valley), 사우스오스트레일리아(South Australia), 빅토리아(Victoria) 등지에 포도밭을 일구었다. 1960년대까지는 주정 강화 와인(fortified wine)을 주로 생산하다가 1970년대에 상륙한 유럽의 이민자들이 테이블 와인(table wine)을 전파한 이후로 다양한 종류의 와인을 생산하기 시작하였다.

기후조건이 포도 재배에 적합한 전국의 60개 산지에서 연간 4백만 헥토리터의 와인이 생산된다. 대표적 명산지로는 에들레이드 인근의 바로사 밸리(Barossa Valley), 시드니 인근의 헌터 밸리(Hunter

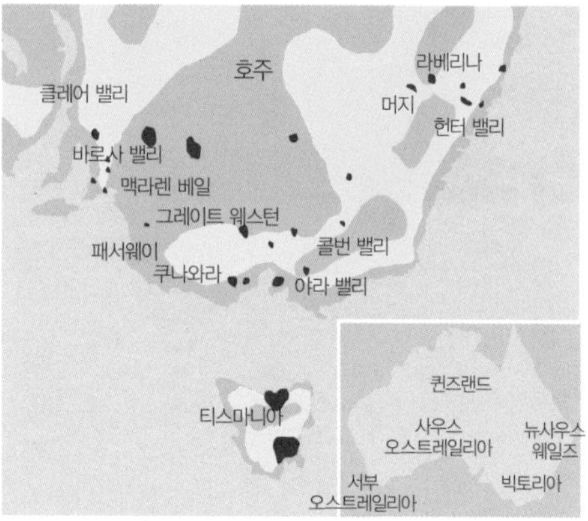

오스트레일리아 와인 명산지

Valley), 멜버른 인근의 야라 밸리(Yara Valley) 등이 꼽힌다. 오스트레일리아 와인의 90퍼센트 이상이 오스트레일리아 대륙의 남동부 지역에서 생산되며, 특히 사우스오스트레일리아에서 전체의 약 60퍼센트 정도가 제조된다.

와인 생산 및 수출의 80퍼센트 정도를 네 개의 큰 그룹(SA Brewing, BRL Hardy, Orlando, Mildara Blass)이 주도하고 있다. 인접 국가인 뉴질랜드도 상위 3개 업체가 전체 70퍼센트를 장악하고 있다. 오스트레일리아 와인의 특징은 품종 혼합의 공식을 과감하게 탈피하였다는 데 있다. 보통 서너 가지 정도의 포도 품종을 섞는 보르도 방식(레드 와인=카베르네 소비뇽+카베르네 프랑+메를로+프티 베르도)을 따르지 않고 강성 품종끼리의 혼합(시라즈+카베르네 소비뇽, 세미용+샤르도네)을 시도하여 개성이 독특한 와인들을 만든다. 특히 강하고 투박한 시라즈(Shiraz) 품종의 개성이 뚜렷하게 드러나는 와인들을 많이 생산한다.

오스트레일리아의 와인 생산자들은 포도의 사용에 있어서 재배지의 제약을 받지 않는 자유를 누리며 와인을 만든다. 필요하면 수천 마일 밖에서 수확한 포도를 구입하여 와인을 빚거나 혼합용으로 섞는다.

사우스오스트레일리아 수도 애들레이드(Adelaide) 남쪽의 위도 30~38도 사이에 위치한 오스트레일리아 최대의 와인 산지다. 기후가 지중해 연안과 비슷하여 올리브, 밀감, 아몬드, 아보카도, 배나무, 포도나무를 재배하기에도 적합한 곳이다. 155개의 포도원에서 레드 품종인 시라즈 및 카베르네 소비뇽과 화이트 품종인 리슬링 및 세미용 등을 재배하여 저급에서 고급에 이르는 포트(port), 셰리, 브랜디에 이르는 다양한 스타일의 와인을 만든다.

이곳에서 시라 품종으로 만드는 펜폴즈 그레인지(Penfolds Grange)는 오스트레일리아를 대표하는 고급 와인으로 통한다. 적당한 타닌과 산미가 조화롭게 어우러져 오스트레일리아산 시라즈의 백미로 통하는 그랑주 에르미타주(Grange Hermitage)도 이곳이 원산지다.

고급 와인 생산지로는 애들레이드를 중심으로 바로사 밸리, 클레어 밸리(Clare Valley), 애들레이드 힐스(Adelaide Hills) 등이 유명하다. 국내에 비교적 알려진 포도원으로는 펜폴즈(Penfolds), 울프 블라스(Wolf Blass), 하디스(Hardys), 헨슈케(Henschke), 피터 레만(Peter Lehman), 플랫(Flat), 얄룸바(Yalumba) 등을 들 수 있다.

칠레

전국 현황 16세기 중반 국토를 지배했던 에스파냐 사람들이 최초로 포도 농장을 일구었다. 1995년 5월 농산물에 관한 법령 464호의 공포를 계기로 와인 산지 표준화, 레이블링 가이드라인 등 와인 생산 선진화에 필요한 제도적 터전이 마련되었다. 동쪽은 해발 7,000미터급의 장엄한 안데스 산맥, 서쪽은 광활한 태평양, 남쪽은 혹한의 남극 지대, 북쪽은 건조한 아타카마(Atacama) 사막이 가로막아 포도 재배에 매우 이상적인 환경조건이 갖춰져 있다. 태평양에서 불어오는 시원한 바닷바람은 병충해의 침입을 막아주고 낮과 밤의 온도 차이를 벌려주어 최적의 포도 재배환경을 제공한다. 더운 날씨에 비해 비가 적게 오는 편이지만 안데스 산맥에서 흘러내리는 청정수 덕분에 주요 산지마다 양질의 포도를 생산한다.

수세기 동안 토착 품종인 파이스(Pais·국민) 품종으로 와인을 양조하였으나 1980년대 중반 이후 와인산업이 부흥하면서 국제품종 재배면적이 크게 늘었다. 전국에 약 27만 5,000에이커 정도의 포도밭이 조성되어 있으며 수도인 산티아고 북쪽에 위치한 아타카마 지역, 아콩카구아(Aconcagua)에서 탈카(Talca)까지의 중부 지역, 남부 지역에 주로 산재해 있다. 해외로 수출되는 와인의 대부분은 중부 지역에 속하는 아콩카구아와 센트럴 밸리(Central Valley) 두 곳에서 주로 생산된다.*

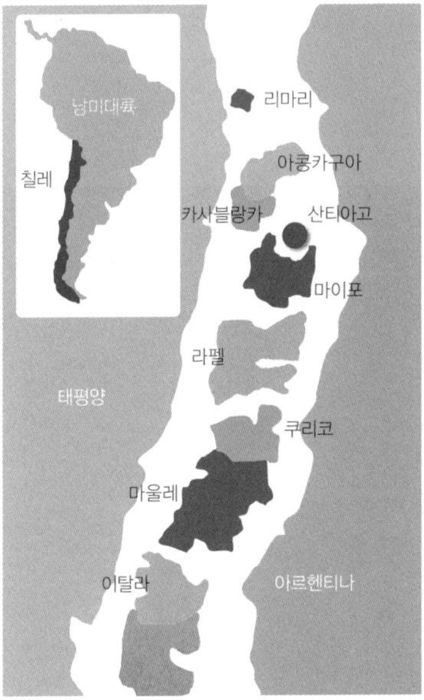

칠레 와인 명산지

아콩카구아 지역은 아콩카구아 밸리, 카사블랑카 밸리(Casablanca Valley), 산 안토니오 밸리(San Antonio Valley)로 나누어진다. 아콩카구아 밸리는 안데스 산맥과 태평양의 영향으로 밤낮의 일교차가 심해서 카베르네 소비뇽, 메를로, 카르메네르, 산조베세 같은 레드 품종으로 색깔이 선명하고 풍미가 뛰어난 와인을 만든다. 미국의 로버트 몬다비

* 에스파냐의 미겔 토레스(Miguel Torres)는 일찍이 칠레에 포도원을 열었고, 미국과 프랑스의 유명 포도원들도 자본과 기술을 제공하고 현지의 포도원들과 합작을 통해 고급 와인들을 만들고 있다. 이렇게 생산되는 제품들은 색상이 매우 진하고 유럽 와인의 섬세함과 미국 와인의 풍부한 과일향과 힘을 함께 갖추었다는 평을 듣는다. 화이트 와인은 품질 수준이 다소 떨어지는 것으로 평가되어 왔으나 서늘한 기후 지역에 화이트 품종을 심어서 품질을 점차 향상시키고 있다.

포도원과 제휴하여 세냐(Seña) 와인을 만든 에라주리즈(Errazuriz) 포도원이 이곳에 있다. 1980년대 이후 조성된 카사블랑카 밸리와 신흥 명산지인 산안토니오 밸리는 샤르도네, 소비뇽 블랑, 피노 누아, 메를로, 게뷔르츠트라미너, 리슬링 등을 재배하여 다양한 스타일의 화이트 와인을 만든다.

센트럴 밸리는 마이포(Maipo), 라펠(Rapel), 쿠리코(Curico), 마울레(Maule) 밸리로 구분되며 해외로 수출되는 와인의 약 40퍼센트를 생산한다. 마이포 밸리는 칠레 와인의 메카에 해당하는 곳으로 포도밭의 고도와 지형에 따라 다양한 스타일의 고급 와인을 만든다. 라펠 밸리는 중부에서 포도밭면적이 가장 넓은 곳으로 레드 와인과 화이트 와인을 함께 생산한다.

쿠리코 밸리는 안개가 심하고 일교차가 커서 샤르도네, 소비뇽 블랑 등으로 고품질의 화이트 와인을 생산한다. 마울레 밸리는 센트럴 밸리 가장 남쪽에 위치하며 전체 포도밭의 약 3분의 1에 해당하는 면적에서 파이스를 재배하고 나머지 지역에서는 카베르네 소비뇽, 메를로, 카르메네르, 소비뇽 블랑 등을 재배한다. 에스파냐어를 사용하는 관계로 와인을 비노(vino)라고 하고 와인을 생산하는 포도원을 비냐(Viña)라고 한다.

•

마이포 밸리 수도 산티아고에서 남동쪽으로 45킬로미터 떨어져 있으며 칠레 최초의 포도 재배지역으로 개발된 곳이다. 봄은 온화하고 여름은 건조하며 가을은 시원하여 과일의 농축미가 풍부한 와인이 많이 생산된다. 전형적인 지중해성 기후에다 고도가 높아서 밤낮의 일교차가 크다. 강수량이 겨울에 집중되어 수확기까지 건기가 계속되는 관계로 포도가 잘 익고 자연적으로 조성된 보호막 덕분에 병충해의 피해가 좀처럼 생기지 않는다. 토양도 배수가 잘 되는 충적토와 자갈, 암석으로 이루어져 포도 재배에 매우 이상적인 곳으로 평가되고 있다.

칠레 최대의 포도원 콘차이토로(Concha y Toro)가 돈 멜초(Don Melchor), 알마비바(Almaviva), 카르민 데 페우모(Carmin de Peumo) 같은 유명 와인을 생산하고 있으며, 유서 깊은 운드라가, 마르케스, 트리오, 선라이즈 등도 이곳이 원산지다. 카시예로 델 디아블로, 에스쿠도 로호, 그리고 '태양의 아들'이라는 의미의 안티얄(Antiyal)* 등도 이곳의 제품이다. 몬테스 폴리(Montes Folly) 같은 컬트 와인도 국내 와인 애호가들 사이에 널리 알려져 있다.

* 안티얄은 유기농 와인으로 1에이커 정도의 소규모 포도밭에서 환경친화적 영농법으로 재배되는 포도로 제조된다.

다채롭고 솔깃한 Tip

칠레 와인 약진

수입물량을 기준으로 2000년부터 국내로 수입된 외국 와인의 국적 분포 추이를 보면 2007년까지는 프랑스산이 부동의 1위였다. 그러나 2008년부터는 칠레산이 1위로 올라섰다. 프랑스산과 미국산은 수입량이 감소한 반면에 칠레 와인은 수입량이 급격히 증가하였다. 프랑스산이 1위에서 2위로 떨어질 때 에스파냐산은 4위에서 3위로 올라섰다. 프랑스·에스파냐·미국 와인의 수입량이 감소할 때에도 칠레 와인은 증가 추세가 바뀌지 않았다.
수입금액에 있어서는 프랑스 와인이 여전히 1위를 고수하는 가운데 미국 와인의 열세와 이탈리아 와인의 강세가 두드러졌다. 에스파냐 와인도 수입 금액 증가폭이 가파르게 상승하였으나 절반 이상이 대형 용기로 수입되어 주로 식품원료로 사용되었다. 2010년 이후로도 큰 틀에서는 대체로 비슷한 추세가 이어졌다.
수입금액 기준으로 프랑스, 칠레, 이탈리아, 미국, 스페인, 호주의 순서가 당분간 지속될 것으로 보인다. 수입물량 기준으로는 칠레, 스페인, 이탈리아, 프랑스, 미국에 이어 남아공이 호주보다 많으며, 호주에 이어 아르헨티나와 독일 순이다. 프랑스산은 평균보다 레드 와인이 많이 수입되고 있고, 칠레산도 레드 와인 위주로 수입되고 있다. 이탈리아산은 스파클링과 화이트 와인의 비중이 높은 반면 레드 와인은 평균보다 50% 이하이다. 스페인산은 레드 와인의 수입이 평균 이하이면서, 벌크 와인을 포함한 기타 와인이 많이 수입되고 있다. 호주산은 레드 와인이 조금 많은 편이다. 아르헨티나산은 레드 와인 위주로 수입되고 있다. 남아공산은 스파클링 와인이 수입의 70~80%를 차지한다. 독일산은 화이트 와인이 수입의 50% 전후를 차지하고, 뉴질랜드산은 화이트 와인이 수입의 70% 이상을 차지한다.

PART 09

호중지천(壺中之天) 일취천일(一醉千日)

호중지천(壺中之天) 항아리 속의 하늘이란 뜻으로 별천지, 별세계, 선경을 이르거나 술에 취하여 세속을 잊어버리는 즐거움을 말한다.

일취천일(一醉千日) 한 번 취하면 1,000일간 기분 좋게 취하여 누워 있다는 뜻에서 아주 좋은 술을 말한다.

와인의 신상명세

레이블 모든 와인의 용기에는 소비자에게 생산정보를 알려주는 레이블이 부착되어 있다. 국내에 수입된 모든 와인은 제품의 생산정보가 기재된 레이블을 붙이고 있다. 와인의 레이블은 사람이 외국을 여행할 때 소지하는 여권에 비유할 수 있다. 여권법의 제한사유에 속하는 사람은 여권 발급에 제약이 따르듯이 와인 법규의 제한 규정을 어기는 와인은 레이블의 제작 및 부착에 제약이 따른다. 여권이 외국을 여행하는 사람에 대하여 국가가 신분과 국적을 보증하는 문서라면 레이블은 국내외로 공급되는 와인에 대하여 국가가 탄생 과정을 보증하는 공식 문서라고 할 수 있다.

레이블에 반영되는 생산정보나 그림 및 기호들은 애호가들이 구매할 와인을 선택하는 데 유용한 길잡이가 된다. 구체적인 기재 내용은 국가별로 약간씩 차이가 있다. 일반적으로 와인의 이름, 포도 품종, 원산지, 생산자(포도원), 빈티지(포도 수확 연도), 첨가물, 용량, 알코올 도수, 인증 표시 등은 공통으로 기재된다. 프랑스 보르도와 부르고뉴의 고가 와인들처럼 품계 표시가 들어가는 경우도 있고, 신대륙 국가 와인의 레이블처럼 원료 포도의 품종과 숙성 기간 등이 함께 기재되는 경우도 있다.

프랑스 와인의 레이블. 일반적으로 와인의 이름, 포도 품종, 원산지, 생산자, 빈티지, 첨가물, 용량, 알코올 도수, 인증 표시 등이 기재된다.

그런데 외국 와인의 레이블은 생산국의 언어로 제작되어 소비자들이 내용을 식별하기가 곤란한 문제가 따른다. 해석이 곤란한 외국어뿐 아니라 의미를 알 수 없는 로고나 기호들도 많아서 그대로는 혼란이 따를 수밖에 없다. 따라서 시중에서 유통되는 외국 와인들은 친절하게도 우리말로 된 안내문을 함께 부착하고 있다. 흔히 '백 레이블'이라고 부르는 이 인쇄지에는 와인의 생산정보가 한글로 적혀 있어 외국어에 어두워도 와인의 생산정보를 쉽게 파악할 수 있다. 백 레이블에 와인과 어울리는 요리나 음악을 기재하여 애호가들의 선택을 도와주는 경우도 있다.

●

포도 품종 프랑스, 이탈리아, 에스파냐 같은 구대륙 국가 와인의 레이블에는 원료 포도의 이름이 적혀 있는 경우가 드물다. 하지만 미국, 오스트레일리아, 칠레, 뉴질랜드, 캐나다, 남아프리카공화국 등 신대륙 국가 와인의 레이블에는 대부분 원료 포도의 품종(들)이 적혀 있다. 따라서 앞의 제4장에서 소개한 포도 품종의 종류와 와인에 반영되는 스타일을 기억해두면 와인을 구매할 때 요긴하게 도움이 된다. 와인을 마셔본 경험이 적은 사람은 품종의 순서를 정해서 차례로 구입하여 음용해보면 와인의 스타일을 구분하는 감각과 안목이 길러질 것이다.

한국와인아카데미의 김준철 원장은 와인 초보자들에게 달콤한 화이트 와인부터 시작하라고 가르친다. 와인에 익숙해진 뒤에 단맛이 없는 드라이 와인과 무게감이 있는 레드 와인으로 넘어가라는 것이다. 포도 품종별로는 '피노 누아→메를로→카베르네 소비뇽' 순으로 체험해 볼 것을 권한다. 중앙대학교 산업교육원의 손진호 교수는 각 국가 및 지역을 대표하는 중간 가격의 와인을 마셔보라고 권한다. 너무 싼 와인은 넓은 지역에서 재배된 포도로 만들어져 지역의 특색을 느끼기에 적합하지 않다는 것이다.

하지만 와인을 체험하는 순서가 불변의 법칙으로 정해져 있는 것은 아니다. 순서보다 더 중요한 것은 음용자의 평소 취향과 주머니 사정일 것이다. 전문가가 추천하는 와인이라도 가격이 너무 비싸면 선택의 여지가 적을 수밖에 없다.

다채롭고 솔깃한 Tip

와인 체험 순서

1단계 리슬링 품종으로 만든 화이트 와인을 마신다. 풍부한 과일향과 단맛이 매력적으로 다가와 와인에 대하여 호감을 갖게 될 것이다. 독일 모젤 지방에서 만든 제품이 적합하리라. 타닌 성분이 풍부한 카베르네 소비뇽이나 카베르네 프랑 품종을 먼저 체험하면 와인에 대하여 부정적 선입견을 갖게 될 수도 있다.

2단계 샤르도네 품종으로 만든 화이트 와인을 마신다. 적당한 단맛과 상큼한 과일향이 와인의 또 다른 맛을 알려줄 것이다. 미국 캘리포니아나 호주에서 생산된 샤르도네 제품이 적합할 것이다. 단맛이 싫다면 리슬링 체험을 생략하고 샤르도네를 마시도록 한다.

3단계 피노 누아 혹은 가메 품종으로 만든 레드 와인을 마신다. 입안을 가볍게 적시면서 강하게 발산되는 과일향이 가슴속 깊은 곳까지 전달되는 기분이 느껴질 것이다. 프랑스 부르고뉴 지방이나 이탈리아 토스카나 등지에서 생산된 제품들이 적합할 것이다.

4단계 진판델이나 메를로 품종으로 만들었거나 혹은 메를로의 혼합 비율이 높은 레드 와인을 마신다. 부드럽고 진하면서도 풍부하게 발산되는 과일향이 오묘한 와인의 세계로 인도할 것이다. 호주산 시라즈나 카베르네 소비뇽, 미국산 진판델 와인 등이 적당하리라.

5단계 카베르네 소비뇽 혹은 카베르네 프랑 와인이나 그런 품종이 많이 섞인 레드 와인을 마신다. 입안을 묵직하게 채우면서 짜임새와 함께 강한 타닌 맛이 와인의 진가를 일깨워줄 것이다. 보르도, 캘리포니아, 마이포 밸리(칠레) 등지의 와인이 적합할 듯싶다.

•
원산지 레이블에 기재된 원산지 명칭을 통해 와인의 특징과 스타일을 추정할 수 있다. 지역마다 주로 재배하는 포도 품종과 혼합 비율이 다르고, 같은 품종을 같은 비율로 섞어도 환경요소(테루아) 차이가 반영되기 때문이다. 같은 원산지 내에서도 원산지의 지리적 범위가 좁을수록 와인의 개성이 뚜렷하고 품질도 우수한 것으로 본다. 하지만 원산지 표시와 와인의 품질 사이에 필연적인 인과관계가 성립하지는 않으며, 유명 산지의 제품이면 무조건 좋다는 보장도 없다. 레이블의 원산지 명칭은 해당 지역에 적용되는 법적 요건에 맞춰서 생산된 제품임을 보증하는 표시일 따름이다. 법률에 명시된 토지 구획 내에서 법률의 규정에 따라 포도를 재배하고 와인을 양조하면 원산지 이름을 표기할 수 있다.

원산지 명칭은 오랜 기간의 경험과 연구를 바탕으로 인증조건을 정한다는 점에서 와인 품질의 고유성과 평준화를 뜻할 수는 있어도 품질 자체와는 거리가 있다. 와인의 고유성이라고 하는 것도 실은 서양인들의 입맛과 취향을 기준으로 정해진 것이다. 엄격한 인증조건이 도리어 고급 와인의 탄생을 가로막고 있을 가능성도 있다. 미국의 와인 전문가 타일러 콜만(Tyler Colman)은 《와인 정치학(*Wine Politics*)》에서 프랑스 AOP(AOC) 제도의 핵심에 속하는 포도 생산량 제한 기준이 포도 작황에 따라 유동적으로 적용된다고 밝혔다. 뿐만 아니라 국제적으로 명성이 알려진 산지에서도 향미가 떨어지는 제품이 얼마든지 나올 수 있다.

● **품계 표시** 프랑스 고급 와인 가운데는 레이블의 품계 표시를 내세워 와인의 품질 수준을 과시하는 제품이 많다. 보르도와 부르고뉴 등은 AOC 규정에 따른 인증등급과 함께 와인의 품계를 나누는 제도를 별도로 가지고 있으며 품계는 제품의 품질을 보증하는 증표처럼 통한다. 하지만 와인의 품계에도 덫과 함정이 숨겨져 있다. 일반 상식에 입각하여 즉흥적으로 따져보아도 제도의 허점이 금세 드러난다.

보르도의 61개 포도원이 1855년에 특급(Grand Cru Classé·그랑 크뤼 클라세)으로 지정되어 오늘날까지 요지부동인 배경에는 메도크 지구 양조업자(네고시앙)들의 집단 이기주의가 깊숙이 자리잡고 있다.* 품계 구분의 주역인 네고시앙들이 막강한 재력을 배경으로 정치적·경제적·사회적 영향력을 행사하여 철옹성 같은 진입 장벽을 구축하고 있다. 특급포도원이 포도밭을 사들이면 해당 포도원의 이전 등급과 상관없이 자연스럽게 특급으로 편입된다.

* 품계 제도의 이면에는 오랫동안 와인 무역을 주도해온 네고시앙들의 타산적 상업주의와 이기적 배타주의가 뿌리박혀 있다. 그들은 생산한 와인을 분할하여 파는 방법으로 높은 이윤을 취할 뿐 아니라, 최고급 와인에다 보통 와인을 끼워서 팔기도 한다.

보르도의 생테밀리옹은 10년 단위로 와인 품계를 조정하지만 생산량이 아주 적은 좁은 지역에 한정되는 예외일 뿐이다. 환경요소(테루아)가 뛰어난 포도밭들을 특급(Gran Cru·그랑 크뤼)으로 지정하고 있는 부르고뉴의 품계 제도에도 지적을 받을만한 취약 요소들이 보인다. 한마디로, 와인 생산자나 포도밭의 우수성을 나타내는 품계 등급은 소비자 취향과는 상관없이 업자들이 임의로 만들어서 붙인 일방적이고 주관적인 표시일 따름이다. 그런데도 품계 등급을 굳게 믿고 레이블에 '특등급' 표시만 있으면 흔쾌히 지갑을 여는 애주가가 도처에 많다.

포도 수확 연도 양조에 사용된 포도의 수확 연도(빈티지)*를 기준으로 와인의 품질을 가늠할 수도 있다. 기후조건, 강우량, 일조량 등에 따라 포도의 작황이 달라지고 포도의 상태는 그대로 와인의 품질에 반영되기 때문이다. 특히 유럽처럼 날씨의 변화가 심하고 가뭄·장마·폭설 등이 불규칙한 지역에서는 빈티지와 와인의 품질 수준이 밀접하게 관련될 수밖에 없다.

* 포도의 수확 연도를 영어로는 빈티지(vintage), 프랑스어로는 밀레짐(millésime), 이탈리아어로는 벤뎀미아(vendemmia), 에스파냐어로는 코세차(cosecha), 독일어로는 야아강(jahrgang)이라고 한다.

포도의 수확 연도와 품종을 함께 알면 가장 적합한 음용 시기를 따져볼 수도 있다. 카베르네 소비뇽 와인은 수십 년도 견뎌내는 뚝심을 갖지만 가메 와인은 1년을 보관하기도 쉽지가 않다. 포도의 수확 연도가 같아도 품종에 따라 와인의 유통기한이 달라지는 이유다.

연도별 기후 상황을 토대로 세계의 주요 명산지별로 점수를 매겨서 열거해놓은 '빈티지 차트'도 와인을 고를 때 유용한 참고로 활용된다. 점수가 높을수록 기후 작황이 좋아 포도가 잘 익어서 좋은 와인이 생산되었음을 의미하기 때문이다. 포도농사가 특별히 잘

돼서 생산된 와인들의 품질이 우수하다고 평가되는 해의 연도 표시가 들어간 와인들은 유통가격도 비싸고 투자 대상으로도 인기가 높다. 하지만 기후 조건 및 일조량과 포도 및 와인의 품질 사이에도 필연적인 인과관계가 존재하는 것은 아니다. 포도의 품종에 따라 각기 재배에 적합한 기후 조건이 다르고, 독일처럼 기후 조건이 나쁜데도 기술을 발전시켜 양질의 와인을 생산하는 경우도 있다. 게다가 미국·오스트레일리아·칠레와 같은 신대륙 국가들은 연도별 기후 편차가 고르고 첨단 기술을 적극 활용하는 관계로 연도별 기후변동에 따른 와인 품질의 차이가 적어 빈티지를 중시하는 정서가 약하다.

와인 산지별 우수 빈티지

지역		빈티지
보르도	메도크 • 그라브	**1982**, 1989, **1990**, 1995, 1996, **2000**, 2003, **2005**, **2008**, **2009**
	생테밀리옹 • 뽀므롤	1982, 1989, 1990, 1998, **2000**, 2001, **2005**, 2006, **2008**, **2009**
부르고뉴	코트도르	1996, 1997, **1999**, 2000, **2002**, 2003, **2005**, **2009**
론	북부	1990, 1991, 1995, 1997, 1998, **1999**, 2001, 2003, 2005, 2006, 2009
	남부	1995, **1998**, 1999, **2000**, **2001**, **2003**, 2004, 2005, 2006, **2007**, 2009

* 고딕체 연도가 품질이 뛰어난 빈티지. 보르도 **2000**과 **2005**는 최고의 빈티지로 인정받음

자료 : 소펙사(프랑스농식품진흥공사)

다채롭고 솔깃한 Tip

위조 와인 유통

와인의 공급 초과가 계속되어 매년 상당량의 잉여 와인이 증류소에서 에탄올로 증류되는가 하면 한편에서는 위조 와인이 유통되어 와인 시장을 교란한다. 품질이 우수하고 명성도 높아서 고가에 거래되는데도 수요가 공급을 초과하는 유명 제품을 위조한 가짜가 많다. 희귀성이 있는 고가 와인이라야 암거래가 용이하고, 소량으로 쉽게 한몫을 잡을 수 있고, 위조 사실이 탄로날 가능성도 낮기 때문이다. 하지만 국내 유통가격이 3만 원 미만인 대중 와인의 위조 제품이 적발되는 사례도 있다.

와인 전문가 박찬일에 따르면, 이탈리아의 슈퍼 투스칸 사시카이아(Sassicaia), 국내에서 인기가 높은 보르도산 대중 와인 무통 카데(Mouton Cadet), 호주 펜폴즈사의 대중 와인 로손스 리트리트(Penfolds Rawson's Retreat), 부르고뉴 도멘 핑소(Domain Pinsot) 포도원의 고급 와인 모레 생 드니(Morey St. Denis) 및 클로 드 라 로슈 그랑 크뤼(clos de la roche Grand Cru) 등의 유사품이 적발된 사례가 있으며, 국내로 수입되는 프랑스산 고가 와인 가운데도 위조품이 섞여 있을 가능성이 있다. 생산자(포도원)와 직거래 방식으로 들여온 제품은 신뢰도가 높지만 현지의 네고시앙이나 유럽 전역과 미주, 일본, 홍콩의 도매상을 통해 들여온 제품들은 유통과정에서 가짜가 섞일 수도 있다.

마리아주 공식

와인과 요리 서양인들은 와인과 요리의 매칭(matching)을 남녀의 결혼에 비유하여 '마리아주(mariage)'라고 일컫는다. 상대의 단점은 덮어주고 장점은 돋워주는 미덕의 원리가 기반을 이루기 때문이다. 우선 와인과 요리의 원산지를 일치시키는 방법이 있다. 태어난 환경과 토양이 같으면 서로 잘 맞는다는 신토불이(身土不二) 사상의 전형이라 할 수 있다. 레드 와인은 육류 요리와 어울리고 화이트 와인은 생선 요리와 조화를 이룬다고 알려져 있다.

요리의 색깔과 와인의 색깔을 비슷하게 맞추는 방법도 있다. 묵직한 느낌의 레드 와인은 붉은 살코기 요리에 곁들이면 풍부한 지방과 육즙이 타닌을 순화시켜 양쪽을 더 맛있게 즐길 수 있다. 느낌이 가벼운 화이트 와인을 살이 연하고 담백한 생선 요리에 곁들이면 양쪽의 산(酸)이 어우러져 둘 다 더 맛있게 즐길 수 있다.

알코올 도수가 높은 와인은 음식의 짠맛을 더욱 부각시키고, 떫은맛이 강한 와인은 크림류가 섞인 음식의 맛을 떨어뜨린다.* 먹을 음식이 먼저 정해진 경우라면 역순으로 조합을 맞추는 순발력을 발휘하면 될 것이다. 하지만 남녀의 결혼이 그렇듯이 이상적인 마리아주도 실제 적용은 그렇게 간단하지가 않다. 와인과 음식의 조화에 관한 '경우의 수'가 다양하고 전문가별로 제시하는 조합이 같지 않을 때가 많다.

* 달콤한 와인은 단 음식을 더욱 달게, 짠 음식을 더욱 맛있게 해주는 요술을 부린다. 신맛이 강한 와인은 짠 음식과 함께 섭취하면 신맛이 덜해지고 음식의 짠맛이 더욱 강하게 느껴지며 기름진 음식과 훌륭한 조화를 이룬다. 떫은 와인을 짠 음식과 같이 먹으면 떫은맛이 강해지고, 스테이크나 치즈처럼 단백질과 지방이 풍부한 음식과 마시면 떫은맛이 덜해진다. 달콤한 와인을 짠 음식에 곁들이면 와인의 단맛이 덜해지는 대신 포도맛이 강해진다.

고급 일식집에서도 화이트보다 레드 와인이 더 많이 팔린다면 마리아주의 상식이 송두리째 무너질 수밖에 없다. 기름진 해산물 요리에는 가벼운 레드 와인이 어울리고 담백한 육류 요리에는 화이트 와인이 더 적합하다. 같은 생선 요리라도 사용된 소스나 양념에 따라 어울리는 와인이 달라질 수 있다. 요리에 사용되는 소스의 종류는 얼마나 많고 동서양의 음식이 어우러진 퓨전 음식은 또 얼마나 다양한가? 원산지, 품종, 양조법, 숙성기간 등에 따라 와인의 향과 맛에 차이가 있듯이 요리도 재료의 원산지, 생산자, 주방장(셰프)의 능력 등에 따라 맛의 편차가 크다.

전식, 본식, 후식이 시차를 두고 제공되는 서양 식사에서는 와인을 맞추기가 쉬울지 모르지만 모든 음식이 한꺼번에 한상차림으로 제공되는 전통 한식의 경우는 어느 음식에 와인을 맞춰야

❶ 레드 와인과 육류

❷ 화이트 와인과 해산물

❸ 와인에 따라 궁합이 맞는 치즈가 따로 있다.

좋을지 알기가 어렵다. 설령 궁합이 환상적으로 어울리는 와인이 따로 있더라도 구하기가 어려우면 소용이 없다. 그러므로 진정으로 와인을 즐기는 이들은 전문가의 조언이나 이론에 매달리기보다 스스로 반복체험을 통해서 취향에 맞는 요리와 와인의 조합을 찾아내서 여유롭게 즐긴다. 마리아주의 원리는 안중에도 없이 와인과 음식을 함께 섭취할 때는 무조건 레드 와인만 줄기차게 마시는 옹고집도 많다.

와인과 치즈 우유를 발효시켜 만드는 치즈는 단백질·지방·칼슘 등이 풍부한 고열량 식품이면서 소화가 잘된다는 특징이 있다. 치즈를 와인과 함께 섭취하면 치즈 속에 들어 있는 필수 아미노산 메티오닌(amino acid methionine)이 간장의 활동을 도와서 알코올의 분해를 촉진시킨다. 화이트 와인과 치즈는 서로의 신맛이 완벽한 조화를 이루고 레드 와인과 치즈는 절묘한 상승작용을 일으켜 인체에 이롭다.

와인의 알코올 성분이 체내에 들어가면 위에서부터 양분 흡수를 촉진시켜 치즈에 함유된 영양소들이 몸 안으로 신속히 흡수되게 만든다. 두 가지의 협력으로 악성 콜레스테롤을 제거하여 동맥경화를 막아주고 미용과 건강에도 탁월한 효능이 있다. 건강에 이롭다는 레드 와인도 과음하면 알코올의 자극으로 위장이 손상될 수 있는데, 치즈를 함께 섭취하면 풍부한 지방분이 위장의 내벽에 보호막을 쳐준다. 그 밖에도 치즈는 레드 와인의 쓰고 떫은맛을 제거해준다. 본래 영양분이 풍부한 치즈가 와인과 어울리면 인체에 훨씬 더 다양한 축복을 선사하는 것이다.

문제는 와인과 치즈의 궁합인데, 치즈도 와인처럼 종류와 개성이 다양한 까닭에 양자의 매칭에 관한 이론과 주장이 혼란스러울 정도로 많다. 초보적인 조합은 와인의 경우처럼 와인과 치즈의 원산지를 맞추는 것이다. 타닌이 많은 레드 와인에는 딱딱한 하드 치즈가 적합하고, 산도가 높은 화이트 와인에는 크림이 많은 부드러운 치즈가 적합하다. 대부분의 화이트 와인과 가벼운 레드 와인들은 숙성이 덜 되어 맛이 부드러운 치즈와 조화를 이루고, 향미가 풍부한 레드 와인은 적당히 숙성되어 맛이 강한 치즈와 잘 어울린다.

질감이 적당하면서 향이 풍부한 레드 와인은 부드럽고 풍미가 순한 치즈들과 잘 어울린다. 거의 모든 스타일의 와인이 고소한 고다 치즈와 조화를 이루며 대부분의 스위트 와인과 느낌이 무거운 레드 와인은 톡 쏘는 맛의 블루 치즈와 조화를 이룬다. 맛이 산뜻한 화이트 와인이나 느낌이 경쾌한 레드 와인은 약간의 산미와 견과류 향을 내는 에멘탈 치즈와 어울리고 질감이 묵직한 레드 와인에는 향미가 깊고 진한 에담 치즈가 적합하다. 신선한 발포성 와인은 표면이 흰색이면서 폭신폭신한 치즈와 좋은 궁합을 이룬다.

●

와인과 음악 마음이 통하는 상대와 유쾌한 기분으로 와인을 마시고 있을 때 우아한 음악이 귓전을 울리면 감흥이 고조되는 걸 느낀다. 클래식, 재즈, 팝송, 샹송, 칸초네, 가곡, 트로트, 랩 등을 망라하는 음악의 장르 가운데도 와인을 마시면서 들으면 감성이 한층 더 자극되는 것들이 있다. 그래서 와인과 음악의 궁합에 익숙한 애주가들은 레스토랑에서 와인을 주문할 때 어울리는 음악을 함께 요청한다. 미국의 한 인터넷 사이트(wineandmusic.com)는 와인과 음악의 조화를 추구하는 이들의 커뮤니티를 주도하면서 계절별로 와인에 어울리는 음악을 추천해준다. 국내에서도 와인업체가 인터넷 사이트를 통해 '와인과 음악'의 관계를 알려주는 경우가 있으며 와인 카페나 동호회의 사이트에도 와인과 음악의 궁합에 관한 질문이나 추천의 글들이 게시되어 있다. 와인나라 아카데미가 운영하는 '마리아주룸'처럼 와인 전문가가 상주하면서 모임의 성격에 맞는 와인·음식·음악을 골라서 즐길 수 있도록 도와주는 곳도 있다.

다채롭고 솔깃한 Tip

음악과 와인

음악에 따라서 와인의 맛이 달라진다는 사실은 연구를 통해서도 입증된 바 있다. 영국 에든버러에 있는 헤리어트와트대학(Heriot-Watt University)의 에이드리언 노스(Adrian North) 교수팀은 "음악을 들으면서 와인을 마시면 뇌의 특정 부위가 활성화돼 와인 맛이 달라진다."는 가설을 입증하였다.

카베르네 소비뇽 와인을 마실 때 힘차고 무거운 톤의 음악을 틀어놓으면 음악이 다른 감각의 인식에 영향을 미쳐서 음악이 없을 때보다 감칠맛이 60퍼센트 이상 향상된단다. 같은 논리로 샤르도네 와인은 미국 출신 펑크록 밴드 블론디(Blondie)의 〈어토믹(Atomic)〉과 멋진 조화를 이루고 메를로 와인은 소울 가수 오티스 레딩(Otis Redding)의 〈시팅 온 더 독 오브 더 베이(Sitting on the Dock of the Bay)〉와 이상적인 조화를 이루며, 2006년 칠레산 카베르네 소비뇽은 지미 헨드릭스(Jimi Hendrix)의 〈올 얼롱 더 워치타워(All along the Watchtower)〉와 잘 어울린다고 발표하였다.

와인과 계절 와인과 계절 사이에도 마리아주 관계가 성립한다. 계절의 특성이나 분위기에 유난히 잘 어울리는 와인의 종류 혹은 스타일이 있다. 그러므로 기왕이면 와인과 계절의 궁합을 맞추고 어울리는 요리와 음악을 준비하여 사랑하는 부모·형제·가족·친구·동료·연인 등과 시간을 보내면 만족도가 훨씬 더 높아질 것이다. 요리·치즈·음악은 자유 선택이 가능한 데 비하여 계절은 주어진 상황을 임의로 바꿀 수가 없는 관계로 계절에다 와인을 맞춰야 하는 한계는 불가피하다 할 것이다.

아지랑이 피어오르는 봄에는 신선미와 과일향이 뛰어난 화이트 와인이 잘 어울릴듯하다. 우주의 생명력을 생각하며 소비뇽 블랑이나 샤르도네 와인을 마시면 겨울 동안 추위로 움츠러들었다가 봄볕으로 나른해진 육신에 활력이 채워질 법하다. 레드 와인을 선호하는 취향이면 과일향이 풍부하면서 질감은 가벼운 가메 품종이 어울릴 것이다.

찜통 무더위가 이어지는 여름철엔 수많은 기포들이 치솟아 시원한 청량감을 안겨주는 발포성 와인이 제격일 것이다. 나뭇잎들이 오색으로 물들면서 낙엽으로 변하는 가을철엔 맑은 날 저녁 무렵의 붉은 낙조를 닮은 레드 와인이 어울릴법하다. 피노 누아 품종으로 제조되는 부르고뉴의 레드 와인은 향과 맛이 가을의 분위기와 잘 어울리고 색깔만으로도 운치를 느끼기에 부족함이 없다.

날씨가 추운 겨울철엔 아이스 와인처럼 단맛이 특히 강한 와인이 어울릴 것이다. 따뜻한 뱅쇼를 만들어서 달콤한 파이나 케이크와 함께 먹어도 별미로 느껴질 것이다. 바짝 졸인 뱅쇼를 바닐라 아이스크림에 뿌려서 식사 후의 디저트로 즐겨도 겨울의 운치가 더해질 듯싶다.

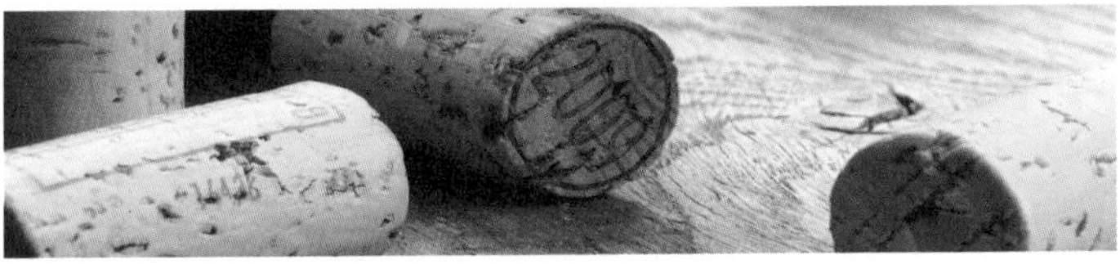

음용(飮用) 준비

와인 보관 와인은 온실 속의 화초만큼이나 외부 환경의 변화에 민감하다. 따라서 와인을 구입해서 바로 마시는 경우는 상관이 없지만 한동안 두었다가 마실 경우는 주의를 하여야 한다. 우선 와인은 병을 눕힌 상태로 두어야 장기 보관에 유리하다. 코르크는 다공성 재질이라 공기(산소)의 유입으로 와인의 숙성을 진행시켜 부드러운 맛을 갖도록 해준다. 코르크가 젖어 있으면 밀도가 높아져 산소 유입량 감소로 와인의 숙성 속도가 더뎌진다. 와인 병을 세워두면 코르크의 수축으로 틈이 벌어져서 공기 흡수가 최대 30배까지 많아진다. 그러면 공기(산소)가 와인을 산화시켜 맛과 향을 떨어뜨리고 외부로부터 세균이 들어가 와인의 부패가 진행된다.

와인이 햇볕·열·진동 등에 노출되면 갓난아기처럼 충격을 받아 품질에 변고가 생긴다. 그러므로 와인은 원칙적으로 햇볕이 미치지 않고 시원하며 흔들림이 없는 장소에 보관하여야 한다. 와인 보관에 적당한 온도는 섭씨 12도이며 항상 일정한 온도를 유지해주는 것이 중요하다. 온도가 들쭉날쭉한 상태에서는 와인의 향미가 온전히 보전되지 않는다. 와인을 계속해서 마시기를 원하면 와인셀러를 구입하는 것도 방법이다. 가격이 비슷하다면 모터의 진동이 적고 보관 공간이 넓은 것이 우량품이다. 장기 보관을 원하는 와인은 매그넘 사이즈(1.5리터) 이상으로 용량이 큰 병에 담긴 것을 구입하는 것이 좋다.

●

조건·도구 와인의 종류와 스타일에 따라 최적의 맛을 느낄 수 있는 온도가 다르다. '레드 와인은 상온에서 마시는 것'이라는 세간의 상식은 날씨가 쾌적한 봄과 가을에만 맞는 말이다. 날씨가 무더운 여름에 상온에서 레드 와인을 마시면 맛이 너무 텁텁해서 목으로 넘기기가 어렵다. 날씨가 추운 겨울에 상온에서 레드 와인을 마시면 향이 열리질 않아서 제맛을 느낄 수가 없다.

레드 와인은 온도를 섭씨 16~18도 정도로 맞춰서 마시는 것이 좋다. 화이트 와인은 섭씨 12~14도 정도로 맞춰서 마셔야 신맛이 가장 상큼하게 느껴지고, 발포성 와인은 섭씨 8~10도일 때 마셔야 기포가 가장 잘 올라오고 감지되는 느낌도 좋다. 와인셀러가 없으면 식품용 냉장고에 넣어서 시원한 상태로 보관하였다가 필요할 때 꺼내서 마시면 된다. 화이트 와인이나 발포성 와인은 마시는 동안 온도가 올라가 풍미가 약해질 수 있으므로 아이스 버킷(ice bucket)이나 알미늄 용기에 얼음을 채워서 와인 병을 담가놓고 마시는 것이 좋다.

와인의 품질을 보존하려면 전용 셀러를 이용하는 것이 바람직하다.

와인을 보다 기분 좋게 마시려면 계절의 분위기와 와인에 어울리는 음식, 음악과 잔 등을 세심하게 준비하도록 한다. 모든 조건을 마리아주의 원리에 맞추려고 애쓰지 않아도 된다. 중요한 것은 이론이 아니라 개인의 취향이다. 분위기를 억지로 연출하기보다는 자연스럽고 검소하게 갖추는 편이 훨씬 더 와인 맛을 돋우고 마음도 편하다.

화이트 와인이나 발포성 와인은 아이스 버킷에 담가놓고 마시는 것이 좋다.

스크루 캡 와인이 아니면 기본적으로 소믈리에 나이프는 있어야 병 입구를 덮은 알루미늄 캡과 코르크 마개를 제거할 수 있을 것이다. 와인의 온도를 점검할 수 있는 온도계, 와인을 따를 때 옆으로 흐르는 것을 막아주는 포러(pourer), 남은 와인의 보관을 위하여 필요한 고무마개와 진공펌프(wine saver), 와인 병을 눕혀서 보관할 수 있는 미니 랙(rack) 등을 갖춘다면 보다 더 깔끔하고 청결한 기분으로 와인을 즐길 수 있을 것이다.

다채롭고 솔깃한 Tip

남은 와인 보관

와인세이버

개봉된 와인은 공기 중의 산소와 빠른 속도로 결합(산화)하여 순식간에 향미가 사라져버린다. 그러므로 일단 마개를 개봉한 와인은 남기지 말고 모두 마시는 것이 바람직하다. 보관 환경에 따라 차이가 있으나 화이트 와인은 개봉 후 2~3일, 레드 와인은 개봉 후 4~5일이 지나면 본래 맛을 잃는다.

와인을 남기게 될 것이 미리 예측되는 상황에서는 별도의 용기에다 보관할 와인을 먼저 옮겨놓고 음용을 시작하도록 한다. 작은 병을 골라서 목까지 와인을 채워서 공기가 채워질 공간을 없애고 마개를 확실하게 막아두면 신선도가 좀 더 오래 유지된다.

마시던 병에다 와인을 남길 때에는 코르크의 부피가 늘어나 본래 상태로 집어넣기가 어려우므로 코르크의 상하를 바꾸어서 공기가 출입할 수 없을 때까지 천천히 밀어넣는다. 보관을 위해 특별히 개발된 고무마개와 와인세이버로 병 속의 공기를 뽑아내 진공상태로 만들어 놓으면 일주일까지도 보존이 가능하다. 남은 와인을 보관할 때에도 햇볕·열·진동·충격은 금물이다.

●

덮개·마개 제거 먼저 마개 위에 덮힌 알루미늄 포일을 벗기고 나서 코르크 마개를 뽑아낸다. 포일 커터(foil cutter)를 병 위에 모자처럼 씌워서 좌우로 2~3회 가볍게 돌려주면 윗부분이 분리되면서 코르크가 노출된다. 소믈리에 나이프의 칼날로 포일 캡을 벗겨도 된다. 이어서 코르크 스크루를 90도로 세워서 끝을 코르크의 한가운데에 위치시키고 손잡이를 시계 방향으로 천천히 돌려준다. 스크루의 나사 부분을 코르크 속으로 90퍼센트 정도 관통시킨 다음 스크루 지지대의 안쪽 홈을 병의 입구에 걸치고 반대쪽의 손잡이를 위쪽으로 들어 올리면 지렛대의 원리에 따라 코르크가 위쪽으로 뽑혀서 올라온다.

코르크가 단번에 뽑히지 않으면 스크루 지지대의 바깥쪽 홈을 병의 입구에 걸치고 같은 방법으로 손잡이를 들어올려 완전하게 제거한다. 초보자들이 흔히 겪는 어려움 가운데 하나가 코르크를 제거하는 일이다. 지극히 간단할 것 같으면서도 낭패를 겪는 경우가 많다. 비즈니스가 논의되는 자리나 호스트가 분위기를 주도하는 중요한 순간에 흔히 돌발 사태가 생긴다.

만약 코르크가 완전히 밖으로 빠지지 않고 중간에서 부러지더라도 당황하거나 민망하게 생각할 필요가 없다. 와인을 오랫동안 세워서 보관하여 코르크가 말랐거나 스크루를 한가운데다 정확히 겨냥하지 않았을 때 흔히 생기는 현상이므로 침착하게 스크루를 다시 집어넣어 느린 속도로 조심스럽게 뽑아내면 된다. 그렇게 하여도 뽑아지지 않으면 젓가락을 사용하여 코르크를 안쪽으로 밀어 넣고 와인을 따라도 문제될 것이 없다. 부러진 코르크를 쉽게 뽑아내는 도구가 개발되어 있지만 미리 세심한 주의를 기울여 낭패를 막는 것이 바람직하다고 할 것이다.

코르크를 뽑아낸 다음에는 눈으로 상태를 확인해본다. 3분의 1 이상이 젖어 있거나, 와인이 끓어서 밖으로 흐른 흔적이 있거나, 코

* 샴페인을 비롯한 스파클링 와인은 빛에 노출되면 쉬어버린 양배추 냄새를 발산한다. 이런 이유로 스파클링 와인 병은 재질이 단단하고 두께도 두꺼우며 색깔도 어두운 색상을 띠고 레이블도 플라스틱으로 된 것이 많다.

르크에서 곰팡이 혹은 역겨운 식초 냄새가 나면 변질되었을 가능성이 높으므로 교환을 요구하도록 한다.*

디캔팅 일반적으로 발포성 와인과 화이트 와인은 낮은 온도로 보관하였다가 음용하기 직전에 마개를 열어서 곧바로 마셔야 최고의 기포 현상과 향미를 즐길 수 있다. 하지만 레드 와인은 마시기 전에 미리 코르크를 제거해 놓거나 병 속의 와인을 다른 용기에 옮겼다가 일정 시간이 지난 다음에 마시는 경우가 흔하다. 산소와의 접촉 시간을 늘려서 와인의 향과 맛을 향상시키고 쾌음을 방해하는 요소들을 제거하기 위함이다. 음용 환경을 개선하기 위해 와인의 이동 작업에 사용되는 유리 용기를 디캔터(decanter)라고 하고, 와인의 코르크를 열어서 내용물을 다른 용기에 옮기는 작업을 디캔팅*이라고 한다.

* 디캔팅의 실질적 효과에 대하여는 전문가들 사이에도 견해차가 존재한다. 병 속의 침전물을 좋아하여 일부러 디캔팅을 하지 않는 애호가도 있고 '디캔팅은 손님을 속일 목적으로 하는 것'이라는 농담도 있다.

왼손으로 디캔터를 잡고 오른손으로

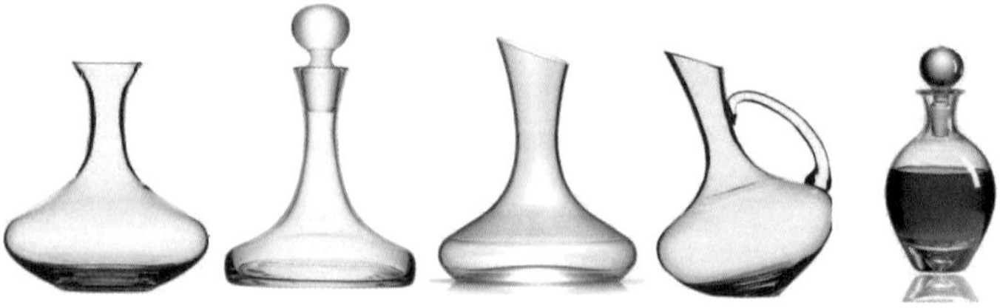

다양한 모양의 와인 디캔터

와인 병을 위로 들어올려 낙수를 떨어뜨리듯 느린 속도로 디캔터에다 와인을 조금씩 부으면 된다. 디캔팅이 필요한 경우는 세 가지다.

디캔팅을 할 때는 병 밑에 촛불을 밝혀서 침전물이 따라서 나오는지 여부를 살피면서 하는 것이 정석이다.

첫째, 장기보관으로 노화가 진행되어 침전물이 가라앉아 있으면 디캔팅을 통해 깨끗히 제거하고 마시는 것이 바람직하다. 인체에 해롭지는 않아도 그 자체로 불결하게 보일 수가 있고 마실 때 불편한 이물감이 느껴질 수도 있기 때문이다.*

* 침전물 제거를 위해 디캔팅을 할 때는 식탁 위에 촛불을 켜놓고 오른손으로 와인 병을 잡아 병의 목 부분을 촛불 바로 위에 위치시키고 왼손으로 디캔터를 잡아 적당한 거리의 아래쪽에 위치시킨 다음 병을 옆으로 기울여서 와인이 가는 줄기를 이루며 디캔터 내부의 벽면을 타고 느린 속도로 흐르도록 떨어뜨리다가 침전물이 올라오기 직전에 중단을 시킨다.

둘째, 침전물이 없어도 타닌 맛이 과도하거나 와인의 향이 닫혀 있을 때는 디캔팅으로 타닌을 순화하고 향을 불러내서 마시는 것이 좋다. 와인의 개성에 따라 짧게는 20~30분에서 길게는 4~5시간까지 디캔터에 담아놓는다.

셋째, 양조된 지가 얼마 되지 않아 거북한 냄새들이 여전히 남아 있는 와인은 디캔팅으로 냄새를 제거하고 마시는 것이 좋다. 오랫동안 숙성되어 향미가 섬세한데도 디캔팅을 하면 와인의 노화가 촉진되어 삽시간에 고유한 맛과 향이 사라질 수 있다.

●

와인 시음 코르크를 완전히 뽑아낸 다음에는 시음 절차를 진행한다. 예전에는 경쟁 상대나 정적을 식사에 초대하여 와인에 독극물을 타 먹여서 죽이는 경우가 흔했기에 손님을 안심시키려고 주인이 먼저 시음을 해보이는 예법이 생겼다고 한다. 하지만 오늘날은 손님을 대접하기에 앞서 주빈이 와인의 신선도를 확인하는 절차로 의미가 바뀌었다.

시음용 잔이 별도로 고안되어 있지만 특별한 경우가 아니면 보통 잔을 사용해도 무방하다. 시음은 주빈이 하는 것이 원칙이다. 주빈이 여성일 경우는 동석한 남성에게 시음을 의뢰하는 것이 서양의 관례다. 혹시라도 변질된 와인을 시음하게 되는 경우를 대비한 세심한 배려가 아닐까 싶다. 특별히 격식을 따져야 할 자리가 아니면 동석자 가운데 연장자에게 시음 기회를 양보하는 것도 성숙한 매너에 해당한다.

시음 절차. 시음할 때 잔은 반드시 오른손으로 잡는다.

시음을 위한 잔은 보통 한 모금으로 마실 수 있을 만큼의 적은 양을 따른다. 잔을 잡을 때는 반드시 오른손을 사용한다. 오른손 엄지와 검지 및 중지로 잔의 다리[스템(stem)] 부분을 잡고 잔을 옆으로 45도 정도 기울인 상태에서 눈으로 와인의 색깔을 살핀다. 화이트 와인은 침전물이 없어야 하고 옆은 초록이나 담황색이어야 정상이다.

두 번째로는 후각을 이용하여 와인의 향을 맡아본다.* 잔을 시계 방향으로 서너 차례 돌려서[스월링(swirling)] 향이 충분히 열린 다음에 잔속으로 코를 완전히 집어넣고 느린 속도로 호흡을 한다.

세 번째로는 소량의 와인을 입안에 머금고 혀끝으로 와인을 굴리듯이 천천히 단맛, 쓴맛, 신맛, 떫은맛을 차례로 느껴본다. 가능하면 단계마다 동석자들에게 느낌을 말하는 것이 좋지만, 불확실한 느낌을 어설프게 표현하기보다는 침묵하는 편이 낫다.

시음 시간을 오래 끄는 것은 바람직하지 않다. 참석자가 많은 연회에서는 흔히 시음 절차 없이 곧바로 건배 의식을 거쳐 수작(酬酌)에 들어간다. 시음의 목적이 와인의 신선도를 확인하는 데 있음을 상기하면 와인 병이 새로 열릴 때마다 시음을 하는 것이 정석이라 할 것이다.

* 향의 음미는 와인을 따른 상태에서 아무런 변화를 가하지 않고 그대로 맡아보는 '1차 음미(fisrt nose)', 한쪽 방향으로 원을 돌리듯 잔을 돌려주고 나서 생성된 향을 맡아보는 '2차 음미(second nose)' 순으로 진행한다.

잔(盞)의 선택

잔의 기능 잔은 친근하고 아리따운 와인의 매력과 진가를 구체적으로 체감하는 데 필요한 도구이자 장비다. 만약 잔이 없다면 와인의 아름다운 빛깔과 매혹적인 향기를 제대로 느낄 수가 없고 잔들이 부딪힐 때 생기는 청량음도 들을 수 없을 것이다. 와인과 잔의 관계는 음악과 스피커의 관계에 비유될 수 있다. 스피커가 좋으면 음악의 진가가 한층 더 드러나듯이 잔이 좋으면 와인의 향미를 보다 더 깊이 느낄 수 있다. 평소 유리잔을 쓰다가 크리스털로 바꾸었을 때의 느낌은 소박한 무명옷을 고급 비단옷으로 갈아입었을 때의 느낌처럼 안락하다.

와인 잔에는 흥미로운 과학의 원리가 숨어 있다. 잔의 모양과 체적(부피), 테두리의 지름과 밀도, 크리스털의 두께, 마무리와 굴림의 상태 등에 따라서 입안에 전달되는 와인의 향미가 천양지차(天

壤之差)다. 잔의 흐름이 좁은지 넓은지, 와인이 혀에 처음 닿는 부위(앞·뒤·옆)를 비롯한 여러 요소가 와인의 맛에 영향을 미친다.

잔의 크기도 매우 중요한 요소 가운데 하나다. 보통 테이블와인용 잔의 용량은 200~250ml(약국에서 파는 드링크류가 100ml) 사이다. 아페리티프(전식)용이나 디저트(후식)용은 더 작은 100~150ml가 적당하다. 잔의 모양, 재료, 크기, 색상 등도 중요하지만, 잔의 청결 상태가 불량하면 잔을 고른 의미가 사라진다. 샴페인은 특히 잔이 깨끗해야 맛이 산다.

와인 잔 제조로 널리 이름이 알려진 오스트리아 리델(Riedel)*사의 홍보 문구는 "와인 글라스에 따라 와인 맛이 다르다."이다. 미국 영화 〈사이드웨이(Sideways, 2005년)〉에서 주인공이 전처의 결혼식에 다녀온 뒤 수년 동안 아껴둔 1961년산 슈발 블랑(Cheval Blanc)을 꺼내들고 패스트푸드점을 찾아가 종이컵에 따라서 마시는 장면을 보면서 행복(Well-being), 영감(Inspiration), 고결(Nobleness), 감동(Emotion) 같은 단어를 떠올리는 사람은 아마도 없을 것이다. 간혹 레스토랑이나 바에서 맛있게 마신 와인을 집에 와서 마시면 같은 맛이 느껴지지 않는 것은 잔의 차이 때문일 가능성이 높다.

* 2006년 6월 김대중 대통령이 평양을 방문했을 때 북한의 김정일 국방위원장은 1993년산 샤를라투스를 리델사 제품인 크리스털 와인 잔에 부어 건배를 제의하였다.

●

잔의 조건 볼이 좁은 것보다 넓은 잔에 부어서 마시면 보다 더 자세하게 와인 맛을 느낄 수 있다. 볼이 넓으면 부어진 와인이 공기와 접촉하는 면적이 넓어져 와인의 향이 빨리 열리고 잔을 돌리기도 편하다. 이런 이유로 애주가들은 볼이 넓으면서 입구는 좁은 튤립 모양의 잔을 선호한다. 와인을 마실 때 입술이 접촉되는 테두리의 두께가 얇을수록 입술에 닿을 때의 느낌이 부드럽다. 잔의 무게는 가벼울수록 좋다. 잔이 무거우면 향을 열기 위해 잔을 돌리는 스월링 동작이 불편할 수 있다. 와인을 따를 때 잔의 3분의 1만 채우는 것도 같은 이유 때문이다. 표면에 무늬나 색상이 들어간 잔은 피하는 것이 좋다. 와인의 투명도와 영롱한 색상의 신비를 감상하는 데 방해가 될 수 있다.

디자인도 매우 중요한 요소다. 모양이 아름답고 세련된 잔을 사용하면 값이 비싸지 않은 와인이라도 색다른 감흥을 느낄 수 있다. 곡선미와 맵시가 빼어나 에스(S)라인 몸매에 비유되는 잔으로 와인을 마시면 한층 더 매혹적인 분위기가 연출될 법도 하다. 와인 잔 가운데 볼이 가장 넓은 리델사의 소믈리에 시리즈 부르고뉴 그랑 크뤼 잔은 와인업계에서 메릴린 먼로로 통한다. 독일의 쇼트 즈위젤(Schott Zwiesel)은 오드리 헵번의 날씬한 몸매를 본뜬 '오드리' 라인을 출시하였다. 프랑스 바카라(Baccarat)사의 크리스탈 와인 잔은 가격이 비싸긴 하여도 디자인에서 우아한 품위와 격조가 느껴진다.

근래 유행하는 셰프 앤드 소믈리에(Chef & Sommelier) 잔은 볼 부분을 각으로 처리한 디자인이 독특할 뿐 아니라 충격에 강한 콱스(kwarx)라는 신소재로 만들어져 높은 인기를 구가한다. 종전까지는 잔의 다리(stem)를 길게 만드는 전통이 이어져왔다. 다리가 있어야 보기에도 좋고 체온으로 와인이 덥혀지는 것도 막을 수 있다고 여기는 고정관념 때문이 아닐까 싶다. 하지만 근래에는 공간 활용도와 파손 가능성을 고려하여 다리를 아예 없애버린 잔(stemless glass)이 개발되어 보급이 늘어나는 추세다.

잔의 매치 화이트 와인용 잔은 와인이 혀의 앞쪽에 떨어져 상큼한 맛을 전달할 수 있도록 볼이 좁고 용량이 적은 모양으로 만들어져 있다. 볼이 좁아야 공기와 접촉면이 줄어들어 신선도를 받쳐주는 산도의 균형감이 유지되기 때문이다. 레드 와인용 잔은 와인이 혀의 안쪽 부분에 떨어져 텁텁한 맛이 잘 전해지도록 볼이 크고 오목한 모양으로 만들어져 있다.

레드 와인의 경우는 사용된 포도 품종에 따라서 각기 다른 모양의 잔을 택하기도 한다. 향이 무겁고 타닌 맛도 강한 카베르네 소비뇽 와인을 마실 때는 산화가 신속히 이루어져 텁텁한 타닌 맛이 부드러워지도록 공기와 접촉면이 넓은 잔을 사용한다. 반면에 피노 누아로 양조한 레드 와인은 볼이 넓고 입구가 좁은 잔으로 마셔야 시간의 흐름에 따라서 시시각각 변하는 향의 요술을 황홀하게 느낄 수 있다. 잔의 용량(크기)도 중요한 요소에 속한다. 보통은 6온스(300㎖) 잔을 주로 쓰지만, 12온스(600㎖) 이상의 잔을 쓰면 와인의 향미를 보다 폭넓게 느낄 수 있다.

다양한 디자인의 와인 잔

샴페인 잔은 일반적으로 모양이 좁고 길면서 충돌음이 매우 감미로운 플루트 형태를 띤다. 기포가 빠르게 증발되는 것을 막으려면 잔의 볼이 가급적 좁아야 하고, 기포들이 활기차게 치솟는 장면을 오래 즐기려면 잔의 길이가 길어야 하기 때문이다. 중년 여성들이 모이는 파티에서는 볼이 납작한 잔이 제공될 때도 있다. 잔의 길이가 길어서 고개를 뒤로 젖히다가 보이고 싶지 않은 목의 주름이 드러나는 것을 막아주기 위함이다.

좁고 긴 잔 덕분에 샴페인의 기포를 오래 즐길 수 있다.

튤립 모양의 잔은 프랑스혁명으로 단두대에서 처형된 비운의 마리 앙투아네트 왕비가 원조라는 설이 있다. 생전에 샴페인을 무척이나 좋아해서 궁중 파티가 열릴 때 자신의 가슴을 본뜬 잔을 내놓도록 지시하여 튤립 모양의 잔이 생겼다는 것이다. 디저트 와인을 마실 때 사용하는 잔은 일반적으로 작게 만들어져 있다. 잔이 크면 와인이 단맛을 감지하는 혀의 끝에서 멀리 떨어진 부위에 접촉되어 단맛을 제대로 느낄 수 없기 때문이다.

쾌음(快飮) 요령

●

건배 의식 시음 절차 다음에는 보통 건배 순서로 넘어간다. 옛날에는 잔을 부딪치는 소리에 잡귀들이 놀라서 달아나라고 건배를 하였다지만 요즘은 행사나 회식의 의미를 공유하고 결속을 확인하는 의식으로 행해진다. 건배 순서는 되도록 신속하게 마치는 것이 좋다. '좌빵우물'의 원칙에 따라 앉은 자세에서 오른쪽에 놓인 잔의 다리 부분을 자연스럽게 잡고 주빈의 리드에 따라 분위기를 맞추면 된다.

와인을 좋아하지 않더라도 건배 잔만큼은 반드시 채우도록 하고, 건배사(乾杯辭)를 요청받으면 분위기에 맞으면서 가볍고 재치 있는 덕담으로 분위기를 조성한다. 덕담이 끝나면 잔의 각도를 오른쪽으로 살짝 기울인 상태에서 주빈과 시선을 맞추고 약속된 구호에 맞춰서 동석한 사람들과 잔의 몸통 부분을 살짝 부딪친다. 잔의 테두리와 볼 부분은 두께가 얇아서 들뜬 기분으로 강하게 부딪치면 청아한 음향 대신 잔에 금이 가거나 깨져서 낭패를 겪을 수 있다.

수작(酬酌) 매너 시음과 건배 순서가 끝나면 편안한 마음으로 덕담과 유머를 나누며 와인을 마신다. 와인을 따를 때는 와인이 병 입구에서 흐르는 것을 피하기 위해 병의 입구에 '포러(pourer)'나 '드립 스톱 링(drip stop ring)'을 끼우고 따르도록 한다. 미처 준비하지 못하였다면 잔에 와인을 따른 후에 병을 옆으로 살짝 돌리면서 위로 들어 올리면 와인의 불필요한 흐름을 막을 수 있다. 잔의 1/3~2/5 정도만 채워지도록 와인을 따르고 나머지 2/3 부분은 와인의 색상과 향을 즐기는 공간으로 남겨둔다.

잔을 절반 이상 채우면 향을 열기 위해 잔을 돌리다가 옷에 와인이 튈 수도 있다. 우리 예법으로는 제사상에서나 첨잔(添盞)을 하지만 서양인들은 동석자가 잔을 완전히 비우기 전에 와인을 채워준다. 여러 명이 원형 식탁에 둘러 앉아 와인을 마시는 상황이라면 잔이 바뀌는 일이 없도록 잔들의 다리에다 식별용 목걸이를 걸어두는 것도 세련된 감각이라 할 것이다.

소믈리에가 잔을 채워줄 때는 서양식으로 살짝 눈인사만 건네면 되지만 부모, 스승, 선배, 상급자 등이 잔을 권하는 상황이면 우리의 방식대로 최대한 공손하게 받는다. 다만, 예의를 차린다고 잔을 높이 들어 올리면 와인을 따르는 쪽이 불편하거나 와인을 흘릴 수 있으므로 자세를 유연하게 조절하도록 한다. 잔의 볼 부분에 손자국이 생겨 불결해 보이지 않도록 잔의 다리나 받침 부분을 잡고서 마신다.

여러 종류의 와인을 연달아 마실 때는 가벼운 와인을 먼저 마시도록 한다. 화이트 와인을 먼저 마시고 레드 와인을 마신다. 오래 숙성된 와인보다 근래에 제조된 와인을 먼저 마시고, 스위트 와인보다 드라이 와인을 먼저 마신다. 하지만 마음먹고 값비싼 고급 와인을 끼워서 몇 종류를 구입한 상황이라면 와인의 종류나 특성과 무관하게 값이 비싼 것을 먼저 마셔도 무방할 것이다.

마시는 와인의 종류를 바꿀 때마다 잔을 새로운 것으로 바꿔야 와인의 다양한 향미를 제대로 느낄 수 있다. 잔을 여러 번 바꾸기가 여의치 않으면 청결한 생수와 빈 용기를 준비하여 와인의 종류가 바뀔 때마다 잔을 세척하여 마시는 방법도 있다.

•

감촉 음미 와인을 마시면서 감각기관에 전달되는 촉감을 느껴보는 것도 신비로운 체험이 될 수 있다. 제일 먼저 눈으로 와인의 색깔과 투명도를 확인한다. 잔의 다리나 받침을 잡고 밝은 쪽을 향해 잔을 조금 기울여 색의 투명도·선명성·농도 등을 살핀다. 레드 와인은 눈높이보다 아래쪽에 잔을 두고 채워진 와인을 관찰한다. 색깔이 붉고 빛깔이 반짝이지 않고 갈색이거나 혼탁하면 변질된 것이다. 화이트 와인은 눈높이 정도에 잔을 두고 황금색에 약간의 연록색을 띠면서 맑고 투명하여 반짝반짝 빛이 나는지를 확인한다.

다음은 코*로 아로마와 부케 향을 체험해본다. 잔을 코로 가져가기 전에 시계 방향으로 잔을 서너 차례 회전시키면(swirling) 와인도 따라서 돌면서 표면적이 넓어져 향이 풍부하게 발산된다. 코를 잔 안으로 집어넣고 숨을 들이마시면 예민한 후각이 향의 풍미를 감지하여 즉시 두뇌로 전달한다.**

> * 인간의 코는 약 150만 개의 후각세포로 이루어져 있으며 1만여 종류의 냄새를 감지할 수 있다고 한다. 보통 사람도 훈련을 하면 1,000가지 정도의 냄새와 그 농도를 식별할 수 있으며, 와인에는 냄새를 발산하는 물질이 대략 200가지 들어 있단다.

> ** 소믈리에를 꿈꾸는 이들은 50~60가지의 향 샘플이 담긴 아로마 키트(aroma kit)와 와인의 향을 범주별로 정교하게 구분해서 나타낸 아로마 휠(aroma wheel)을 이용한 반복 훈련을 통해서 고도의 감별 능력을 배양한다.

와인의 색과 향을 음미한 다음에는 혀로 와인의 맛을 느껴본다. 입 안 전체와 혀를 적실 정도의 와인을 머금은 후 입술을 오므려 공기를 들이마신 다음 혀로 와인을 천천히 돌리면서 와인의 당도·산도·질감 등을 차례로 음미한다. 다음에는 와인을 삼키면서 목구멍과 식도에 전달되는 뒷맛 혹은 여운(finish)이 지속되는 시간을 가늠해 본다. 만화나 영화의 주인공이 와인을 마시고서 쏟아내는 현란한 표현들이 떠오르지 않는다고 실망할 필요는 없다. 그런 수식어들은 독자와 시청자들의 흥미를 돋우기 위해 작가들이 지어낸 상상 속의 언어일 뿐이고, 외국 포도원의 와인메이커들이 마케팅용으로 만들어낸 미끼용 수식어에 불과할 수도 있으니까.

다채롭고 솔깃한 Tip

색깔의 편견

프랑스의 프레데릭 브로셰(Frédéric Brocher)가 2001년 보르도대학에 제출한 박사학위 청구논문에서 밝힌 '색깔의 편견' 이야기는 초보자들에게 커다란 위안과 용기를 안겨준다.

내용인 즉슨, 화이트 와인에 식용색소를 타서 색깔을 붉게 만들어 52명의 전문가에게 제공하였더니 하나같이 "감칠맛이 뛰어나고 포도향이 매력적인 훌륭한 와인"이라고 극찬하고, 같은 화이트 와인을 그대로 제공하였더니 "맛이 너무 가볍고 물을 탄 것 같다."고 평가를 하더란다. 이어서 보통 수준의 레드 와인을 가격 차이가 많은 두 개의 와인 병에 나누어 담아서 마시게 하였더니 전원이 비싼 병의 와인을 매우 호의적으로 평가하고 싼 병의 와인은 부정적으로 평가를 하더란다.

애주가의 소양과 덕목

와인 지식 습득 와인을 잘 모른다고 하여 허물이 될 일은 아니다. 하지만 와인의 매력과 진가를 제대로 느끼려면 최소한의 지식과 정보는 가져야 한다. 예술 작품을 감상할 때 아는 만큼만 보이듯이 와인을 마실 때도 아는 만큼만 느낄 수 있다. 와인에 관한 지식이나 정보를 담고 있는 자료들은 생활 주변에 얼마든지 많다. 서점에 진열된 와인 서적마다 와인에 대한 친절하고 자세한 안내를 다양하게 담고 있다.

인터넷에 카페를 개설하여 와인에 관한 지식과 경험을 공유하며 건전한 와인문화 확산에 힘쓰는 사람도 많다. 와인 교육 프로그램을 운영하는 대학원과 사설학원도 여럿 있고, 와인 잡지사나 와인수입업체가 홈페이지를 통해 와인에 관한 지식과 정보를 제공하는 경우도 많다. 따라서 관심만 가지면 누구나 와인에 관한 지식과

정보를 얼마든지 쉽게 얻을 수 있다.

배려, 절제, 그리고 청결 와인은 나눔의 미덕과 함께 그 진가를 더욱 화려하게 드러내는 음료다. 아무리 평범한 와인이라도 편하고 막역한 사람과 즐겁게 마시면 최고의 기쁨과 만족을 느낄 수 있다. 하지만 가깝고 허물없는 사이라고 언행을 경솔하게 하면 값비싼 와인도 진가를 잃을 수 있다. 음용을 끝내고 헤어지는 순간까지 각자가 배려하는 마음을 지키고 자신으로 인해 소통 장애가 생기지 않도록 하여야 한다. 와인에 대한 최소한의 지식과 배려의 자세를 바탕으로 와인 음용에 따르는 의식을 즐기며 시간의 흐름에 수반되는 다양한 상황에 품위 있고 세련되게 대처하는 에티켓이 필요하다.

다른 사람의 기쁨을 위해 요구되는 배려와 절제는 궁극적으로 자신의 편안을 위한 것이다. 와인지식을 풍부하게 갖추는 것보다 먼저 음용 매너를 세련되게 갖추는 것이 훨씬 더 중요하다. 돈보다 정(情)으로 사는 삶이 아름답고 편하듯이 지식보다 느낌으로 마시는 와인이 더 감미로운 떨림을 준다.

와인 지식보다는 음용 매너가 더 중요하다

식사를 하면서 와인을 마시다 보면 기름기나 소스 등이 잔에 묻기 쉽다. 그러므로 와인을 마시기 전에는 반드시 냅킨으로 가볍게 입 주위를 닦도록 한다. 여성의 경우는 립스틱이 잔에 묻지 않도록 주의를 한다. 입안에 음식을 머금은 상태에서 말을 하면 와인이나 음식이 새어 나올 수 있으므로 음식을 완전히 삼킨 다음에 대화를 이어간다.

많이 알기만 하면 훌륭해지는 것이 아니듯이 와인을 많이 마신다고 건강에 이로운 것이 아니다. 일반적으로 남성은 하루 30~40그램, 여성은 20그램 정도의 알코올을 마시면 심장질환 예방에 도움이 된다고 한다.* 알코올 10그램에 해당하는 와인의 양은 약 85밀리리터이다. 여성은 하루 170밀리리터(한 잔) 정도를 마시면 건강에 도움이 되고, 남자라도 하루에 두 잔 이상 마시면 몸에 해롭다는 뜻이다.

* 남성은 위(胃)에 알코올 분해효소가 들어 있어 알코올을 섭취하면 대부분 위에서 분해 및 흡수가 이루어지고 일부만 소장으로 내려가 흡수된다. 반면에 여성의 위에는 알코올을 분해하는 효소가 없어서 알코올을 섭취하면 거의가 분해과정을 거치지 않고 소장으로 내려가 직접 혈액으로 흡수되어 같은 양을 마셔도 남성보다 혈중알코올농도가 높게 측정된다.

여성이 하루에 술을 세 잔 이상 마시면 유방암에 걸릴 확률이 높아진다고 한다. 특히 임신부가 음주를 하면 태아의 지능이 낮아지거나 기형아를 낳을 가능성이 높아진단다. 알코올 도수는 술의 총량 속에 함유된 알코올의 양을 퍼센트로 나타낸 것이다. 알코올 도수가 13도인 와인에는 100밀리리터당 13밀리리터의 알코올 성분이 들어 있다. 360밀리리터 용량의 20도짜리 소주 한 병에는 72밀리리터의 알코올이 들어 있고 13도짜리 와인(750밀리리터)에는 97.5밀리리터의 알코올이 함유되어 있다. 그러니까 소주 한 병보다 와인 한 병을 마시는 쪽이 건강에 더 해롭다는 결론을 쉽게 얻을 수 있다.

팁·코키지 지불 레스토랑이나 와인 바에서 기분 좋게 서빙을 받았다면 대금 청구서에 기재된 금액과는 별도로 일정액의 봉사료(팁)를 지불하는 것이 일반적인 관행이다. 호텔의 레스토랑처럼 청구서에 봉사료를 포함시키는 경우가 아니면 일반적으로 주문한 음식 값의 10퍼센트 안팎에 해당하는 금액을 건네준다. 값비싼 고급 와인을 마신 경우는 봉사료 계산에서 제외해도 무방하다.

고객이 원하면 와인은 팔지 않고 장소·도구·서빙만 제공하고 수고비를 받는 BYOB(Bring Your Own Bottle)* 업소에 와인을 들고 가서 마셨다면 반드시 업소가 정한 코르크 차지(cork charge)를 정중하게 지불하여야 한다. 규모가 어지간히 큰 업소도 고객들이 원하는 와인을 빠짐없이 구비하기는 어렵기 때문에 고객이 직접 와인을 들고 오면 잔과 디캔터 등을 제공하고 코키지(corkage, 코르크 차지의 줄임말)를 받는다.

* 세계적인 금융위기 여파로 경기침체가 장기간 지속되면서 BYOB 제도를 마케팅에 이용하는 레스토랑이 늘어나고 이를 이용하여 저렴한 비용으로 좋아하는 와인을 즐기는 애호가도 늘고 있다.

운영이 세련된 BYOB 업소들은 고객이 와인의 종류를 바꿀 때마다 숙련된 종업원이 코르크를 뽑아주고 와인에 맞는 잔을 새로 제공한다. 와인의 온도를 차갑게 해주는 칠링(chilling) 서비스는 물론이고 디켄팅에서부터 와인 서빙에 이르기까지 손님의 요구와 기대에 맞춰서 세련된 서비스를 능숙하게 제공한다. 그러므로 손님의 입장에서 그에 상응하는 보답을 하는 것은 당연하다 할 것이다.

그런데 BYOB 업소에 와인을 들고 갔을 때 실제로 제공되는 서비스의 내용과 수준 및 봉사료 기준이 업소별로 차이가 심한 문제가 있다. 그러므로 진정으로 편안하고 분위기 있게 와인을 마시고자 하면 다음과 같은 선행조치가 필요하다. 먼저, 이용하려는 업소가 BYOB 제도를 시행하는지 여부와 코키지 청구 기준 및 서비스의 수준을 사전에 확인하는 것이다. 봉사는 더없이 허술하면서 수고비는 비싸게 받는 업소는 피하라는 것이다. 둘째, 들고가서 마시려는 와인이 업소에도 구비되어 있다면 장소를 바꾸거나 구비되지 않은 와인을 들고가도록 한다. 셋째로, 많은 인원이 모이면서 사람 수대로 와인을 들고 가는 것은 도리가 아니다. 몇 병만 들고 가서 마시고 나머지는 해당 업소의 와인을 팔아주는 것이 성숙한 매너라 할 것이다. 넷째로, 고객 관리의 일환으로 '무료봉사일(free corkage day)'을 정해놓은 업소를 알아내서 지정된 날짜에 와인을 들고 가면 세련되고 능숙한 서비스를 무료로 누리며 편안하고 즐거운 시간을 보낼 수 있다.

●

전통 풍류 가미 와인을 마신다고 해서 우리의 전통 음주예절까지 통째로 바꿀 필요는 없다고 본다. 서양예법을 존중하되 우리의 전통 주도를 지키면 더 자연스러운 분위기를 연출할 수 있다. 서양 와인이 우리의 전통음식과도 궁합이 맞는다면 주법도 우리의 전통 방식이 특별히 불편할 리가 없다. 술의 종류와 상관없이 음주의 운치와 풍류를 더해줄 만한 우리식 조크와 유머도 많다. 술 가운데 가장 맛있는 술은 '사랑하는 연인의 상기된 입술'이고 가장 맛없는 술은 '욕심쟁이의 심술'이라는 우스개가 있다.

전통적으로 우리 조상들은 오랜만에 만난 친구와 주고받는 '우정의 술'을 으뜸으로 치고, 사랑하는 연인이 다소곳이 따라주는 '애정의 술'을 그다음으로 쳤다. 술은 '1도(盜)·2기(妓)·3과(寡)·4낭(娘)·5처(妻)' 순으로 맛이 있다는 농담도 있다. '훔쳐 마시는 술', '기녀와 마시는 술', '과부와 마시는 술', '미혼녀와 마시는 술', '아내와 마시는 술' 순으로 맛이 좋다는 것인데, 재치 넘치는 발상이 와인바의 유머로도 손색이 없다.

천하의 애주가 이태백(李太白)은 월하독작(月下獨酌)하면서도 풍류의 극치를 즐겼다지만 시적 감흥이 모자라는 사람들은 역시 대작하는 상대가 있을 때 술맛이 더해진다. 우리 선조들은 술을 마시는 시간에 대해서도 철학과 논리를 가지고 있었다. '주(酒)'라는 한자에서 우측의 '酉(유)'는 술 항아리의 모양을 본 딴 상형문자로 '술'을 의미하면서 동시에 '닭'을 뜻하기도 한다. 그리고 십이지시(十二支時)에서 유시(酉時)는 오후 5~7시 사이를 나타낸다. 우리 조상들은 모든 술을 일과를 마치고 저녁 시간에 홀가분한 기분으로 마시되 두 시간을 넘겨서는 안 되는 것으로 여겼음을 말해주는 것이다.

과음·폭음 경계 중국 명나라 때 주권(朱權, 1378~1448)이 썼다는 《활인심방(活人心方)》은 "술은 본래 피를 고르게 하는 데 도움을 주지만, 석잔 이상 마시면 오장을 뒤집고 성격을 거칠게 만들어 미친듯이 날뛰게 되므로 조심해야 한다."고 적고 있다. 퇴계(退溪) 이황(李滉)은 제자 김응생에게 "술은 사람의 화를 부르고 내장을 상하게 하며 덕성을 잃게 하여서 자신을 죽이고 나라를 망치는 것이니 힘써 자제하여 스스로 다복한 것을 구하라."고 가르쳤다.

과음을 엄중히 경계하였던 선조들은 글자에 '구(口)' 자가 포함된 한자들을 찾아내서 한 잔은 고배(呱杯), 두 잔은 단배(單杯), 석 잔은 품배(品杯), 넉 잔은 효배(囂杯)로 이름을 붙였다. 한 잔을 일컫는 '고배'는 아기 울음처럼 간지럽다는 뜻이고, 두 잔을 일컫는 '단배'는 그 양이 한 잔이나 다름이 없다는 뜻이고, 석 잔을 뜻하는 '품배'는 품위가 넘친다는 뜻이고, 넉 잔을 일컫는 '효배'는 소란하다는 뜻을 담고 있으니 얼마나 운치와 풍류가 넘치는 해학인가?

고배는 혼자 마시는 술, 단배는 둘이서 마시는 술, 품배는 셋이서 마시는 술, 효배는 넷이 마시는 술을 일컫는 것으로 구분을 짓고서는 술은 되도록 셋이서 마실 것을 권했던 흔적도 보인다. 기하학에서도 삼각형을 가장 안정적인 구도로 여기고 피라미드도 삼각형 모양이니 '셋'이 가장 바람직하다는 발상에 공감이 간다. 셋이 마시면 도중에 화제가 달려서 분위기가 서먹해지는 걸 막을 수 있고, 혹시 둘 사이에 다툼이 생겨도 중재할 사람이 있어서 바람직할 법도 하다. 동석자가 넷을 넘으면 확실히 대화가 어지럽고 편을 갈라서 언쟁을 벌이게 될 개연성이 높다.

PART 10

영웅호걸의 와인 사랑

제퍼슨과 라피트 로트칠드

1787년 봄에는 4륜 마차를 타고 프랑스와 이탈리아의 와인 명산지들을 순례했다. 파리를 출발하여 볼네이(Volnay), 리용(Lyon), 콩드리외(Condrieu), 탱 에르미타주(Tain-L'Hérmitage) 등지를 거쳐 코토덱스(Coteau d'Aix), 마르세유(Marseille), 몽펠리에(Montpellier), 뤼넬(Lunel) 등을 답사하며 다양한 와인을 접했다. 보르도에도 3박 4일을 머물면서 오브리옹(Haut-Brion)을 비롯한 유명 포도원들을 방문하여 포도나무의 원산지, 품종, 빈티지별 품질 등을 물어서 기록했다.

1787년에는 오늘날 보르도 특등급 와인으로 분류되는 다섯 종류의 레드 와인 가운데 샤토 마고(Ch. Margaux), 라투르(Ch. Latour), 오브리옹(Ch. Haut-Brion), 라피트(Ch. Lafite) 등 네 곳의 포도밭에서 나오는 것을 최고의 와인으로 선정하는 심미안을 가지고 있었다. 그리고 숙성을 거친 와인 한 병의 판매가격이 30~40파운드였던 사실도 적어놓았다. 마음에 드는 와인은 현지에서 구입하여 본국 버지니아의 몬티셀로 농장에 마련해둔 저장 창고로 보냈다.

보르도와 론(Rhone)의 와인에 깊은 관심을 드러냈으며, 특히 론 와인에 대한 사랑이 각별했다. 제임스 엠 개블러(James M Gabler)의 《열정, 토마스 제퍼슨의 와인과 여행》에 따르면, 제퍼슨은 보르도의 샤토 라피트 와인을 최고로 여겼고, 에르미타주 화이트 와인을 그다음으로 쳤다. 프랑스 이외에 이탈리아, 독일, 헝가리(토카이), 포르투갈(마데이라, 포트와인) 등지의 와인들도 매입하여 버지니아 농장으로 보냈다.

보르도 특등급 와인(5가지)

와인에 대한 제퍼슨의 열정과 사랑에 감명을 받은 보르도 유명 샤토의 주인들은 기회가 될 때마다 그를 정중히 초대하여 이름난 와인들을 두루 섭렵할 기회를 제공해주었다. 4년의 임기가 지나서 귀국이 임박하자 보르도의회 의장이면서 샤토 라피트(Chateau Lafite)의 주인이던 피샤르(M. de Pichard)가 성대하게 환송 만찬을 열어주고 석별의 정으로 샤토 라피트 몇 병을 선물해주었다.

제퍼슨이 미국의 국무장관으로 재직할 때 조지 워싱턴 대통령에게 프랑스 와인 30박스를 선물했다는 일화가 전해진다. 대통령이 되어서는 와인 산업을 일으켜볼 목적으로 수입 와인의 세금을 인하하고, 보르도의 샤토 마고에서 비티스 비니페라 묘목을 들여다가 몬티첼로의 농장에 심는 등 노력을 기울였다. 겨울의 혹한, 여름의 폭염과 습기 등으로 인해 뜻을 이루지는 못했으나, 정치를 놓은 후에도 와인에 대한 열정을 놓지 않았다.

제퍼슨이 프랑스를 떠난 지 약 2백 년이 지난 1987년에 제퍼슨이 프랑스에서 구입한 1787년산 샤토 라피트 한 병이 런던의 크리스티 경매장에 나와서 미국의 거부이며 〈포브스〉 지의 사주인 말콤 포브스(Malcolm Forbes)가 미화 18만 7,000달러(한화 약 2억 원)에 낙찰받았다. 의뢰인은 독일의 와인 콜렉터 하디 로덴스탁이었고, 병에 흰 글씨로 제퍼슨의 이니셜(Th. J)이 새겨져 있었다. 애주가들마다 2백 년 묵은 와인의 맛을 궁금하게 여기던 차에 어느 날 뜻밖의 돌발사고로 많은 사람의 호기심이 단번에 풀렸다.

제퍼슨 와인

마음이 너그러웠던 말콤 포브스가 귀한 와인을 며칠만 빌려달라는 친구의 간청을 거절하지 못하고 그에게 와인을 빌려주었다. 조심해서 와인을 들고 간 친구는 자신의 와인숍 진열장에 와인을 넣어

두고 자물쇠를 채웠다. 며칠 후 절친한 단골이 들르자 귀하디귀한 와인을 보여주고 싶은 충동이 일었다. 해서 와인을 꺼내서 손님에게 보여주려다가 그만 몸의 중심을 잃어 마룻바닥에 와인 병을 떨어뜨렸다. 당연히 병이 깨졌고, 옆에서 지켜보던 지배인이 재빨리 스푼을 들고 가서 쏟아진 와인을 떠먹어보니 식초 맛이 코를 찔렀다.

플로리다의 억만장자로 4만여 병의 와인 콜렉션을 자랑하던 윌리엄 코크는 1985년 토마스 제퍼슨이 소장했던 것이라는 와인 4병을 구입했다. 시카고 와인컴퍼니로부터 샤토 브란느 무통(Château Brane-Mouton)* 1787, 영국의 희귀 와인 딜러 파 빈트너(Farr Vintner)로부터 샤토 브란느 무통 1784, 샤토 라피트 1784, 그리고 샤토 라피트 1787을 거금 50만 달러를 주고 산 것이다. 모두가 하디 로덴스탁이 판매를 의뢰한 것들이었다.

* 현 샤토 무통

20여 년의 세월이 흐른 2007년 코크는 자신이 소장한 희귀 와인들을 자신이 아트 콜렉터로 있던 보스턴박물관에서 전시하기로 계획을 세웠다. 그런데 전시에 앞서 박물관 측이 토마스 제퍼슨 와인 4병의 출처를 밝혀달라고 요구하여 하디 로덴스탁에게 협조를 구했더니 파리의 "오래된 창고로부터 샀다."고 둘러대고 정확한 유통 경로를 밝히지 않았다.

할 수 없이 '마스터 오브 와인(MW)'이자 크리스티의 와인 디렉터로서 1985년 경매에 나왔던 토마스 제퍼슨 샤토 라피트 1787의 감정과 경매를 주관했던 마이클 브로드벤트에게 확인을 요청했더니 그도 'Th. J 와인'의 출처를 몰랐다. 이에 코크는 FBI 요원과 전직 영국 정보요원, 와인과 유리 전문가들로 특별조사팀을 구성하여 'Th. J 와인'을 비롯하여 자신이 보유한 모든 와인에 대한 전수조사를 벌였다.

조사팀이 토마스 제퍼슨 재단에 'Th. J 와인'에 대한 질의서를 보냈더니 "토마스 제퍼슨이 생전에 해당 와인을 주문한 기록을 갖고 있지 않다. 제퍼슨은 자신의 이니셜을 적을 때 중간에 세미콜론을 넣어서 'Th; J로' 쓸 적이 많았다."고 알려왔다. 뿐만 아니라 와인 병에 적힌 이니셜이 제퍼슨 시대에는 나오지 않았던 현대식 전력기로 새긴 사실이 드러나고, 로덴스탁이 판매한 와인은 모두 가짜로 밝혀졌다.

그 밖에 소장했던 와인 4만여 병 가운데 421병(440만 달러 상당)이 위조품으로 밝혀지자 코크는 와인 수집을 포기하고 로덴스탁 등을 상대로 여러 건의 손해배상청구소송을 제기했다. 하지만 애석하게도 로덴스탁을 상대로 제기한 소송은 상대방이 법정에 나오지 않고 공소시효도 지나서 기각 처분이 내려졌다.

나폴레옹과 샹베르탱

18세기 후반에서 19세기 초반까지 유럽 대륙을 호령했던 나폴레옹 보나파르트(1769~1821)는 알코올을 그다지 좋아하지 않았으면서도 레드 와인 샹베르탱(Chambertin)을 즐겨 마셨다. 샹베르탱은 프랑스의 3대 와인 산지 가운데 하나인 부르고뉴 황금언덕(Cote d'or)을 이루는 코트 드 뉘에 있는 제브레 샹베르탱 마을의 그랑 크뤼 와인이다. 부르고뉴의 레드 와인이니까 당연히 피노 누아(Pinot Noir)로 만들고, 질감이 묵직하여 남성성을 대표하는 와인 가운데 하나로 꼽힌다.

나폴레옹이 어떤 경로를 통해 샹베르탱 와인을 접하고 좋아하게 되었는지에 대해서는 기록으로 전해지는 것이 없다. 그렇지만 그가 샹베르탱의 열렬한 애호가였음을 전해주는 기록과 에피소드는 도처에 풍성하다. 나폴레옹은 평소 5~6년 숙성을 거쳐 병에 'N'

이라는 대문자가 도드라지게 새겨진 샹베르탱 제품을 주로 마셨다. 알코올 친화적 체질이 아니어서 샹베르탱에 물을 타서 알코올 도수를 낮춰서 마셨다. 술이 약하면 술을 멀리하는 것이 상식일 터인데, 굳이 물을 섞어서 즐기곤 했다니 취향이 독특했던 모양이다.

나폴레옹은 생전에 통산 50여 차례의 크고 작은 전투를 직접 지휘했으며, 매 전투 때마다 빼놓지 않고 샹베르탱 와인을 가지고 가서 마셨다. 1805년에 아우스터리츠에서 오스트리아 군대와 한판 대결을 준비하던 때는 휘하 장교들에게, 이집트의 사막에서 전투를 하면서 샹베르탱을 마셨던 기억을 떠올리며, 유럽에 있는데도 샹베르탱을 마실 수 없는 처지를 대놓고 불평하기도 했다.

1812년에 60만 대군을 이끌고 모스크바로 진격할 때도 샹베르탱을 군용 마차에 싣고 가서 크렘린궁에서 승리를 자축할 때 마셨다. 하지만 러시아군의 반격을 받고 대패하여 요행히 살아남은 4만 명 안팎의 패잔병을 이끌고 퇴각하는 과정에서 코사크 기병들에게 샹베르탱 저장고를 통째로 빼앗기는 수모를 당했다. 그 직후부터 프랑스의 와인 시장에는 '러시아에서 돌아온' 가짜 샹베르탱이 넘쳐났다. 제2차 세계대전 당시 노르망디 상륙작전의 총사령관을 맡아 연합군의 작전을 지휘했던 드와이트 아이젠하워가 1959년에 프랑스를 방문하자 파리 시내가 환영 인파로 넘쳤고, 만찬 식탁에는 1945년산 샹베르탱이 올라왔다. 아이젠하워가 나폴레옹의 기호를 알았더라면 그때 샹베르탱을 마시며 선배 영웅의 무용담을 머릿속에 그렸을지도 모를 일이다.

나폴레옹이 애인처럼 사랑했던 샹베르탱 와인의 원산지 제브레 샹베르탱 마을은 부르고뉴 최고의 와인 산지(AOC)로 명성이 높은 곳이다. 부르고뉴 전체를 통틀어서 33곳뿐인 그랑 크뤼 포도밭 가운데 9곳이 이 마을에 있다. 피노 누아 와인은 질감이 가벼운 것이 특징이나, 샹베르탱은 질감이 묵직하여 많은 애호가들에게 남성적이고 외향적이며 강건하고 농밀하다는 평을 듣는다.

샹베르탱

마을을 가보면 마을 남서쪽 경사면을 따라 조성된 여덟 곳의 그랑 크뤼 포도밭이 샹베르탱의 주변을 둘러싼 모양으로 펼쳐져 있다. 포도밭들의 이름도 하나같이 마을 이름의 뒷부분을 따다가 붙여놓았다. 그렇기에 제브레 샹베르탱 마을의 수많은 포도밭 중에서 그랑 크뤼 밭들을 알아보기가 쉬운 측면도 있다. 이 마을의 그랑 크뤼 포도밭들의 이름을 마을의 북쪽부터 차례대로 적어보면 다음과 같다.

· 마지 샹베르탱(Mazis–Chambertin)
· 루쇼트 샹베르탱(Ruchottes–Chambertin)
· 샤펠 샹베르탱(Chapelle–Chambertin)
· 샹베르탱 클로 드 베즈(Chambertin–Clos–de–Beze)

· 그리오트 샹베르탱(Griotte–Chambertin)

· 샹베르탱(Chambertin)

· 샤름 샹베르탱(Charmes–Chambertin)

· 마주아예르 샹베르탱(Mazoyeres–Chambertin)

· 라트리시에르 샹베르탱(Latricieres–Chambertin)

아홉 곳의 그랑 크뤼 포도밭 중에서도 언덕 위쪽에 위치한 마지 샹베르탱, 클로 드 베제, 샹베르탱, 라트리시에르 샹베르탱 등의 테루아가 상대적으로 우수하다고 알려져 있다. 제브레 샹베르탱 마을의 클로 생 자크(Clos St. Jacques), 콩브 오 무안(Combe aux Moines), 샹포(Champeaux), 카제티에(Cazetiers) 등 네 곳의 포도밭은 1등급(Premier Cru)이지만 특급에 버금간다는 평을 듣는다. 아홉 곳의 그랑 크뤼 포도밭들과 골짜기 하나를 사이에 두고 북쪽으로 조금 떨어진 곳에 위치하고 있지만, 지형적 특징이 그랑 크뤼 포도밭들과 거의 같다고 한다.

한때 국내에서 폭발적인 인기를 누린 와인 만화 《신의 물방울》 제2권 부록에 제브레 샹베르탱 마을을 비롯한 부르고뉴 지역의 주요 도메인들이 소개되어 있다. 제브레 샹베르탱 마을의 도메인들 중에서는 다음 회사들이 훌륭한 와인을 생산한다고 적혀 있다.

* 아르망 루소(Armand Rousseau)

* 클로드 뒤가(Claude Dugat)

* 베르나르 뒤가 피(Bernard Dugat-Py)

* 드니 모르테(Denis Mortet)

* 앙리 페로 미노(Henri Perrot Minot)

* 그 외에도 필리프 파카레(Philippe Pacalet), 미셸 기야르(Michel Guillard) 등을 우수한 와인을 만드는 도메인 목록에 포함시켰다.

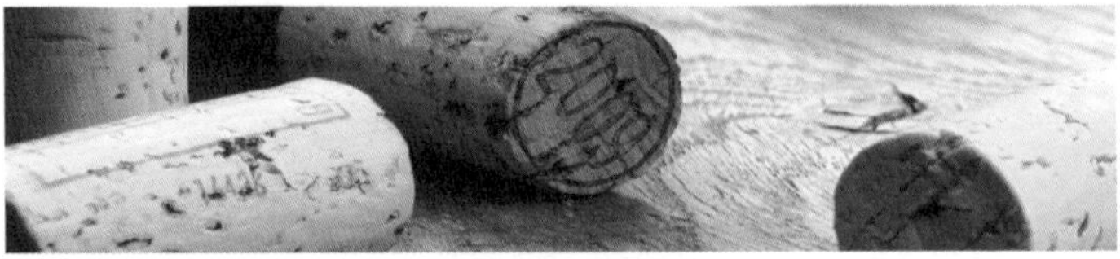

나폴레옹과 모엣 에 샹동

나폴레옹 보나파르트는 생전에 샴페인에 대하여도 극진한 애정을 보였다. 특히 샹파뉴 지방의 작은 도시 에페르네의 모엣 에 샹동(Moët & Chandon) 샴페인하우스를 수차례 방문해 샴페인을 즐긴 행적이 생생하게 전해진다. "내 사전에 불가능은 없다."는 말로 야심찬 젊은이들의 가슴을 뜨겁게 달군 나폴레옹은, "승리를 거뒀다면 샴페인을 마실 자격이 있고, 패배를 했어도 샴페인을 마셔야 한다(In victory you deserve champagne, in defeat you need it)."는 호언을 남겼다.

1683년에 출생하여 랭스 인근의 에페르네를 무대로 와인 무역과 중개업에 종사하던 클로드 모엣(Claude Moët)은 1743년에 에페르네에 샴페인하우스 메종 모엣(Maison Moët)을 설립했다. 그가 생산하는 샴페인이 '거품이 이는 화이트 와인'으로 소문이 퍼져서 루이

15세가 머물던 베르사유 궁전에도 공급되었다. 당시 콩피에뉴 성에 머물면서 루이 15세의 총애를 믿고 권력을 휘두르던 마담 퐁파두르 역시 파티 때마다 모엣 샹동 샴페인을 내놓게 하여 회사의 명성을 높여주었다.

1792년에 설립자가 죽자 그의 손자이면서 에페르네의 시장이던 장 레미 모엣(Jean Remy Moët)이 회사의 경영을 맡았다. 샴페인의 해외 수출에 주력하면서 1799년부터 황제인 나폴레옹에게 샴페인을 선물하기 시작하여 두터운 친분을 쌓았다. 게스트 하우스를 지어 놓고 황제와 그의 측근들을 초대하여 성대하게 대접하는 성의를 보인 공으로 나폴레옹 황제에게 레지옹 도뇌르(Legion d'honneur) 훈장을 받기도 했다. 황제는 포르투갈산 떡갈나무로 제작한 초대형 발효통도 선물하여 현재까지 지하 저장고에 우람한 모습으로 보관되어 있다.

나폴레옹이 전장에 나갈 때는 먼저 에페르네를 방문하여 '모엣 샹동' 샴페인의 목을 칼로 자르는 사브라주(Sabrage) 의식을 치르고 격전지로 향했다고 한다. 함께 전투에 임하게 될 부하들이 보는 앞에서 한칼에 적장의 목을 베는 시범을 보이면 병사들의 사기가 충천하여 반드시 승리를 거뒀다는 것이다.

아우스터리츠 전투(1805)에서 오스트리아를, 예나-아우어슈테트 전투(1806)에서 프로이센을, 프리드란트 전투(1807)에서 러시아를 차례로 이기고 러시아 황제 알렉산드르 1세와 '틸지트 조약(1807)'을 체결하고 돌아올 때도 에페르네에 들러서 모엣 샹동의 지하 셀라를 걸었다. 황제가 떠나자 셀라 벽에 "틸지트 조약에 서명한 후 프랑스로 귀환하던 위대한 황제가 장 레미 모엣의 셀라를 들르다."라는 문구가 새겨졌고, 황제가 밟았던 공간은 '임페리얼 갤러리'라고 불리게 되었다.

황제 샴페인

수차례에 걸친 황제의 방문으로 모엣 샹동의 인기는 프랑스를 넘어 유럽 전체의 사교계로 확산되었다. 1816년에 장 레미 모엣의 딸 아들레이드 모엣(Adelaide Moët)이 역시 에페르네에서 샴페인하우스를 경영하던 피에르 가브리엘 샹동(Pierre Gabriel Chandon de Briailles)의 아내가 되면서 회사의 이름이 '모엣 샹동'으로 바뀌었다.

사교술이 뛰어나 외국의 귀족들과도 친했던 장 레미 모엣은 순식간에 회사를 세계적인 샴페인 회사로 키웠다. 1750년에 영국 수출의 물꼬를 튼 데 이어서, 러시아, 미국, 브라질, 중국, 일본 시장에서도 확고하게 자리를 굳혔다.

나폴레옹 출생 100주년이었던 1869년에 'IMPÉRIAL(황제)' 표시가 들어간 '모엣 샹동 브뤼 임페리얼'을 내놨다. 베토벤이 나폴레옹의 기상에 매료되어 교향곡 3번 〈영웅〉을 작곡했듯이(나폴레옹이 황제에 오르자 마음을 180도로 바꿨지만), 황제의 방문을 영원히 기린다는 의미로 샴페인 제품에 황제 표기를 넣은 것이다. 그로부터 60여

년 지난 1930년에는 동 페리뇽의 상표권을 인수하여 1936년부터 동 페리뇽을 생산해왔다.

1962년에 샴페인 회사로서는 처음으로 프랑스 주식시장에 상장되었다. 1971년에 헤네시 코냑(Hennessy Cognac)과 합병하여 '모엣 헤네시(Moët Hennessy)'가 되었다. 모엣 헤네시는 1973년 미국 나파 밸리의 카네로스(Carneros) 지역에 '도메인 샹동(Domaine Chandon)'을 건립하여 와인 생산에 들어갔다. 1986년에는 호주 빅토리아의 그린 포인트(Green Point)에 도메인 샹동을 설립했다. 1987년에는 모엣 헤네시가 루이뷔통(Louis Vuitton)과 합병을 추진하여 'LVMH(Louis Vuitton Moët Hennessy)'가 되었다.

처칠과 폴 로제

제2차 세계대전 당시 연합군의 승리를 중심에서 이끈 영국의 윈스턴 처칠(1874~1965)은 다양한 재능을 지니고 있었다. 위대한 정치가이면서 군사 전략에도 능통했다. 감동적 연설로 대중을 사로잡는 재주가 탁월한 웅변가였고, 그림과 글쓰기에도 남다른 재주가 있었다. 여가 시간이 생기면 물감으로 경치를 그리거나 신문과 잡지에 글을 투고하고, 자신의 전기와 회고록과 더불어서 총 6권으로 된 《제2차 세계대전(*The Second World War*)》을 직접 집필했다.

극심한 우울증을 극복하기 위해 열심히 글을 쓰고 그림을 그렸다는 후문도 있으나, 저술의 우수성을 인정받아 1953년에 노벨문학상을 받았다. 게다가 술이 세서 자리를 가리지 않고 거의 매일 술을 마셔도 취한 모습을 보이지 않았다고 한다. 아침에는 술을 멀리했으나, 점심때는 거의 매번 맥주를 마셨고, 저녁에는 샴페인이나

차를 탄 위스키를 마셨다. 자신의 건강을 우려하는 사람이 있으면 "술이 내게서 앗아 간 것보다 내가 술에게서 얻은 것이 더 많다(I have taken more out of alcohol than alcohol has taken out of me)."며 호탕하게 받아넘겼다.

서울대학교 의과대학의 김원곤 교수가 저술한 《세계 지도자와 술》에 처칠과 마담 오데트 폴 로제(Odette Pol-Roger)의 영화 같은 로맨스가 흥미롭게 적혀 있다. 제2차 세계대전의 영웅인 백전노장과 세계적인 샴페인하우스 폴 로제의 안주인 마담 오데트가 주고받은 뜨거운 우정은 처칠이 세상을 하직한 뒤에도 불꽃을 태웠다. 마담 오데트는 평소 '샴페인 금발 미녀(Champagne Blonde)'라고 불렸을 만큼 미모가 출중한 여인이었다.

처칠과 오데트

처칠을 극진하게 섬긴 오데트는 1911년 파리에 근거지를 둔 이름난 프랑스 장군의 딸로 태어났다. 명문가 자녀답게 총명하고 세련되게 성장한 오데트는 22살이던 1933년에 아버지의 근무지인 에페르네로 갔다가 인생의 전기를 맞는다. 파리에서 기차로 한 시간 거리인 그곳에서 명성이 높던 폴 로제 샴페인하우스 창업주의 손자인 자크 폴 로제(Jacques Pol-Roger)와 사랑에 빠져서 그와 결혼하고 폴 로제 샴페인의 마케팅에 힘을 보탰다.

제2차 세계대전이 일어나자 장군의 딸답게 가문의 측근들과 함께 히틀러의 나치 군대와 맞서 싸우던 레지스탕스들을 은밀히 후원했다. 파리까지 자전거로 12시간을 달려가서 비밀 메시지를 전달하려다가 독일의 비밀경찰 게슈타포에게 붙잡혀 취조를 받은 적도 있다. 그런 인연으로 1944년 연합군의 파리 수복을 기념하기 위한 파리 주재 영국 대사관의 파티에 참석했다가 주프랑스 영국 대사이던 알프레드 더프 쿠퍼(Alfred Duff Cooper)의 소개로 처칠을 만났다.

승리의 주역으로 전쟁영웅 대접을 받던 노신사의 정중하고 사려 깊은 배려를 접한 오데트는 곧바로 깊은 감명을 느끼고 남다른 존경심을 품었다. 처칠 역시 뛰어난 미모와 세련된 매너로 자신을 깍듯하게 대하는 젊은 오데트를 가까운 측근처럼 대해주었다. 게다가 처칠은 당시 폴 로제 샴페인의 애호가였던 데다가 그날 파티에 나온 샴페인도 1928년산 폴 로제 제품이어서 오데트와 주고받을 대화거리가 풍성했다.

파티에서의 유쾌한 첫 대면 이후로 70세의 처칠과 33세의 오데트 사이에 37년의 나이 차를 뛰어넘는 고결한 영혼의 교류가 오랫동안 이어졌다. 오데트는 처칠의 생일 때마다 축하의 뜻으로 그가 애호하는 1928년산 폴 로제 샴페인을 보내주었다. 고령에 이르러 나날이 심신의 고통이 더해가던 처칠은 자신에게 정성을 다하는 오데트가 천사로 보였을 것이다. 실제로 처칠은 파리를 방문할 일이 생길 때마다 만찬 자리를 만들어 오데트를 초대했고, 오데트 쪽에서도 연락을 받으면 마다않고 참석하여 환담을 나눴다.

1953년에 1928년산 재고가 바닥나자 오데트는 역시 품질이 뛰어났던 1934년산 샴페인을 처칠이 사망할 때까지 보내주었다. 처칠 역시 답례의 뜻으로 자신의 회고록에 친필로 사인을 해서 오데트에게 보냈고, 아끼던 경주마의 이름을 오데트 폴 로제로 지었다. 오데트와 만찬을 하면서 "에페르네로 초대해주면 직접 포도를 밟아 으깨보겠다."며 노익장을 보였다는 일화도 전해진다.

1965년에 처칠이 90세의 나이로 타계하자 영국 정부는 런던의 성바오로 성당에서 국장을 치르는 자리에 오데트를 고인의 친구 자격으로 정중히 초청했다. 장례를 마치고 회사로 돌아온 오데트는 영웅의 죽음을 애도하는 뜻으로 영국으로 수출되는 폴 로제 샴페인에 검은 리본을 둘렀다. 처칠 사망 20주기가 임박한 1984년에는 처칠이 생전에 특별히 좋아한 제품에 '윈스턴 처칠'이라고 적기로 하고 1975년 빈티지부터 처칠의 집안과 영국 황실에 납품했다. 이후로 공급 범위를 세계로 넓혀서 지금은 국내에서도 쉽게 살 수 있다.

처칠 샴페인

칵테일에 대한 처칠의 독특한 사랑을 말해주는 일화도 널리 알려져 있다. 생전에 드라이 마티니를 즐겨 마신 처칠은 바에서 마티니를 주문할 때 항시 베르무트 병을 자기 앞에 놓아두고 진(Gin)을 갖고 와서 마티니를 만들게 시켰다. 베르무트를 거의 섞지 않고 마셨기에, 바텐더가 자신이 모르게 베르무트를 탈 것을 우려해서였다. 이처럼 베르무트를 거의 섞지 않고 만든 마티니를 '처칠 마티니(Churchill martini)'라고 한다. 애주가들 사이에서는 베르무트 병을 한 차례 쓰윽 쳐다보는 것으로 베르무트 혼합을 대신하는 멋들어진 드라이 마티니 레시피로 통한다.

헤밍웨이와 마고

생전에 천재적 글재주와 텁석부리 수염으로 만인의 사랑을 받은 어니스트 헤밍웨이(1899~1961)는 생전에 칵테일 '모히토'와 샤토 마고 와인을 연인처럼 가까이했다. 쿠바에 거주하며 훗날 노벨문학상을 안겨준 《노인과 바다》를 쓸 때는 럼을 베이스로 민트와 라임을 넣은 모히토를 매일 빼놓지 않고 즐겼다. 프랑스를 여행하던 때는 보르도의 마고 성(城)에 머물면서 매일같이 호중지천(壺中之天)의 감흥에 젖었다.

샤토 마고

헤밍웨이에게 맛좋은 와인은 절친한 친구이자 사랑하는 애인 같은 음료였다. "와인은 세상에서 가장 고상한 것"이라며 매일같이 와인에 젖어서 원고지를 채웠다. 샤토 마고를 너무도 사랑하여 손녀 한 명에게 '마고'란 이름을 선사하고 늘 귀여운 손녀딸의 이름을 부르며 마고의 매혹에 모든 것을 맡겼다. 스스로 삶을 마감하기 전, 미국 플로리다 주 남서부 먼로 군의 작은 도시 키웨스트(Key West)에서 창작의 불꽃을 태울 때도 글이 써지지 않으면 술집을 찾아가서 와인에 빠졌다.

헤밍웨이를 사로잡은 샤토 마고는 보르도의 메도크(Madoc) 지구에서 생산되는 고급 와인 61종 중 특등급으로 분류되는 다섯 종 가운데 하나다. 맛이 섬세하고 매혹적이면서 향까지 황홀하여 애호가들에게 '와인의 여왕'이라는 찬사를 듣는다. 한 방울만 입안에 머금어도 말아서 미뤄놓았던 비단 카펫이 목구멍 쪽으로 펼쳐지는 듯한 촉감이 짜릿하게 혀끝을 스친다. 타닌 함량도 넉넉하여 여유롭고 풍성한 뒷맛의 여운이 오래도록 간지럽다.

샤토 마고의 그윽한 향기는 세상의 어떤 와인도 따를 수 없을 정도로 빼어나다. 화훼 공판장의 싱싱한 꽃들을 바구니째 가져다가 향수를 살짝 뿌린 듯한 우아함이 순박한 코끝을 잔 속으로 이끈다. 향이 더없이 복합적인 부케는 풍요롭고 넉넉한 만족감을 안긴다. 농염한 블랙 커런트의 방향과 깊은 오크 향, 진한 것 같으면서 은은한 바닐라 향 또한 샤토 마고의 빼어난 자태 중 하나다.

유명 와인의 이름을 부를 때는 보통 앞에 놓인 샤토를 빼고 라피트 로트칠드, 무통, 라투르, 오브리옹 하는 식으로 약칭을 사용할 때가 많다. 하지만 샤토 마고만은 항상 샤토 마고라고 부른다. 원산지인 마고 마을의 이름과 혼동을 피하기 위해서다. 마고 이름이 적힌 와인은 수없이 많지만 샤토 마고는 단 하나뿐이다. 레드 와인이 중심인 메도크 지역에서 소비뇽 블랑 100퍼센트로 질감이 묵직한 화이트 와인 '파비용 블랑 뒤 샤토 마고(Pavillon Blanc du Chateau Margaux)'를 생산하는 것도 마고의 숨겨진 매력이다.

많은 생산자들이 시대 흐름에 맞춰서 상표 디자인을 바꿨지만 샤토 마고는 처음 모습을 꿋꿋이 지킨다. 로고인 'CHATEAU MARGAUX' 글자의 고풍스러움, 테두리를 원형 액자처럼 처리하여 아늑한 느낌을 주는 샤토 풍경, 특등급을 뜻하는 'PREMIER GRAND CRU CLASSE' 인증 표시까지, 언제 대해도 느낌이 풋풋하다. 가시적인 변화라고는 포도의 수확 연도를 알리는 숫자들뿐이다. 모진 풍상과 압박을 견디며 의연히 초기의 상표를 지켜온 뚝심은 샤토의 저력으로 여길 만하다.

보르도 시에서 포도밭 사이로 펼쳐진 국도를 따라 북쪽으로 24킬로가량 올라가면 마고 마을이 나온다. 역시 보르도 특등급 와인에 속하는 라피트 로트칠드, 라투르, 무통이 생산되는 포이야크 마을이 멀지 않다. 이전에 지롱드 강 어귀에 출몰하는 해적에 대응하기 위해 요새를 짓고 군대가 주둔했던 곳이다. 15세기 무렵 포도밭이 조성된 이래 양질의 와인을 생산해왔다. 줄곧 보르도 와인의 주역 노릇을 하지는 못했다. 포도원이 폐허로 변하는 수난까지 겪다가 앙드레 멘젤로플로스라는 구세주를 만나 옛 명성을 회복했다.

그리스에 살다가 프랑스로 건너온 앙드레는 1600곳이 넘는 슈퍼마켓을 거느린 대형 유통회사 펠릭스 포탕을 인수하고 1977년에 지네스테 가문으로부터 샤토 마고를 매입했다. 당연히 와인업계 전체가 놀라워했고, 〈르몽드〉 신문은 "메도크에 나타난 그리스인"이라는 타이틀로 기사를 냈다. 이후 앙드레는 포도원을 획기적으로 개혁하고 보르도 대학의 양조 권위자 에밀 페노 교수의 자문을 받아 와인의 품질을 최고 수준으로 끌어올렸다.

오랫동안 사용해온 배합 방식을 그대로 따르면서 카베르네 소비뇽의 비율을 늘리고 메를로의 비율을 낮춰서 1978년 빈티지부터 더욱 견고한 스타일의 와인을 출시했다. 예상 외로 시장의 반응이 뜨거웠고, 1980년 앙드레가 타계하자 딸인 코린 멘젤로플로스가 주인이 되어 샤토의 운영을 맡았다.

평균 35년 정도 자란 포도나무에서 수확한 포도만 사용하며, 카베르네 소비뇽 75퍼센트, 메를로 20퍼센트, 프티 베르도와 카베르네 프랑을 5퍼센트 범위에서 배합해 연간 20만 병 안팎을 생산한다. 12병들이 상자로 1만 6,000상자에 불과한 양이다. 빈티지가 좋은 해의 제품은 가격이 상당히 비싸다. 날씨가 매우 좋았던 1990년산 샤토 마고는 미국에서 700달러 정도에 팔린다.

샤토 마고는 그 자태가 너무도 신비로워 종종 자살을 부추기는 와인으로 착각을 하는 사람도 있다. 우선 열광적인 애호가였던 어니스트 헤밍웨이가 1961년 7월 2일 미국 아이다호에서 자살로 생을 마쳤다. 그의 35번째 기일을 하루 앞둔 1996년 7월 1일에는 헤밍웨

샤토 마고

이가 마고로 이름을 지어준 그의 손녀딸이 마흔두 살 나이에 약물을 복용하고 숨졌다.

일본 작가 와타나베 준이치의 장편소설 《실낙원》의 주인공들은 불륜이 발각되자 휴양지 산장에서 몸을 섞은 상태로 청산가리를 탄 샤토 마고를 나눠 마시고 함께 생을 마친다. 1997년에 같은 제목의 영화가 개봉된 후에는 사랑을 하다가 함께 자살하는 풍조가 생겨 '실락원증후군' 혹은 '신쥬조우시(心中情死, 동반 자살)'라는 신조어까지 생겼다. 1998년에 장길수 감독, 심혜진, 이영하 주연으로 리메이크된 영화가 국내에서 개봉되고, 원작 영화도 2011년에 들어와 개봉되었다.

프랑스인들은 샤토 마고를 풍요와 명예의 상징으로 받아들인다.

말 그대로 '베스트 오브 베스트'다. 제2차 세계대전이 끝나자 프랑스 정부는 독일 정부의 대표들을 이곳으로 불러서 항복 문서에 서명을 받았다. 나치에게 짓밟힌 프랑스인의 명예와 자존심을 회복하는 장소로 마고 성(城)을 선택한 것이다. 건축미가 빼어난 성 건물(4층)은 1811년에 천재 건축가 루이 콩브가 설계한 것이다. 현관 입구에 세워진 네 개의 원형 기둥은 아테네의 파르테논 신전처럼 묵직한 장중함을 품고 있다.

PART 11

와인이 날개를 달다

생명의 물 '브랜디'

오드비 우리 선조들이 막걸리를 증류하여 도수가 높으면서 맛이 개운한 소주(燒酒)를 만들어 마신 것처럼, 서양인들도 과실주를 증류하여 맛은 독하나 향미가 황홀한 브랜디(Brandy)를 만들어 마셨다. 애주가들 사이에 통용되는 양주(洋酒)라는 용어는 외국산 알코올음료를 통칭하는 개념이다. 중국, 일본 등 동양에서 생산된 알코올음료는 외국산이라도 중국술, 일본술이라고 한다. 일반적으로는 외국에서 생산된 브랜디 종류와 위스키(Whisky) 종류를 한정하는 뜻으로 쓴다.

기록에 따르면, 14세기 초 무렵 스페인의 어느 연금술사가 실험 도중에 우연히 와인을 증류하여 아쿠아 비테(Aqua vitae, 생명의 물)라고 이름을 붙이고 불로장생의 영약(The elixer of life)이라며 귀하게 다뤘다고 한다. 순주정(純酒精)에 해당하는 이것이 프랑스로 전해져 '오드비(Eaux-de-vie, 생명의 물)'라는 번역어가 생겼다. 이후 프랑스를 드나들던 네덜란드 무역상들이 불을 때서 증류하는 현장을 보고 '불로 태운 술(Brande Wein, 브란데 웨인)'이라고 불러서 '브랜디(Brandy)'라는 용어가 생겼다.

브랜디란 과일주를 증류하여 만든 모든 술을 총칭하는 개념이다. 포도 이외에 사과, 체리, 살구 등으로 만든 브랜디 종류가 다양하게 존재한다. 프랑스 노르망디 지방에서는 사과로 칼바도스라는 브랜디를 만든다. 사과주를 증류한 브랜디에 살구나 체리 등의 향을 섞어서 애프리콧 브랜디, 체리브랜디 등으로 판매하는 제품들도 있다.

국내에서도 브랜디 원액 20퍼센트가 혼합된 나폴레옹이라는 이름의 리큐어를 1970년대부터 생산해왔다. 우리나라의 현행 〈주세법〉은 과실주를 증류하여 나무통에서 숙성시킨 오드비(브랜디 원액) 및 여러 종류의 오드비와 첨가물을 섞은 알코올음료를 통틀어서 브랜디로 정의하고 있다.*

포도를 재배하는 대부분 나라에서 다양한 품질의 브랜디를 생산한다. 원산지별로 증류 방법이 약간씩 다르다. 코냐크 지방은 단식 증류기로 두 차례 증류하고, 아르마냑 지방은 반연속식 증류기로 한 번만 증류한다. 증류를 통해 오드비를 얻으면 불순물을 제거하고 오크

* 주세법 제4조(주류의 종류) 제1항 제3호(증류주류)
다. 브랜디(불휘발분이 2도 미만이어야 한다)
(1) 제4조 제1항 제2호 '마'목의 규정(과실주)에 의한 주류(과실주지게미를 포함한다)를 증류하여 나무통에 넣어 저장한 것
(2) (1)의 규정에 의한 주류에 주세법시행령 제2조 제1항 별표(주류별첨가물료) 및 동조 제2항 별표(첨가물료의 종류)에 정한 주류 또는 물료(物料)를 혼합하거나 첨가한 것

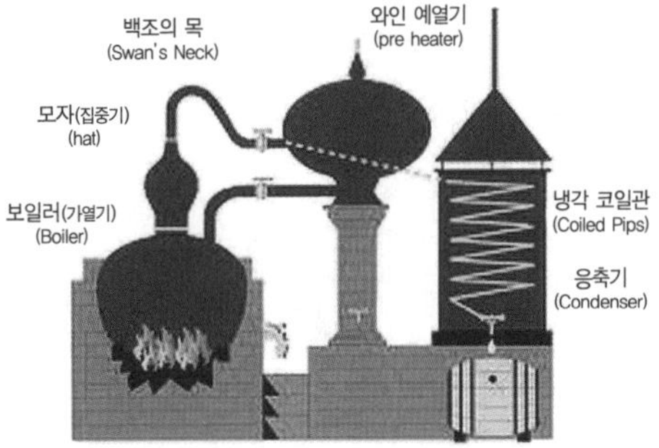

브랜디 증류기

통 숙성을 거친다. 1차 증류액을 '브루이(Brouillis)'라고 하고, 2차 증류액을 '누벨(Nouvelles)'이라고 한다. 대략 포도주 9리터를 증류하면 '누벨' 1리터가 나온다. 무색투명한 '누벨'을 오크통에 넣어 일정 기간 숙성시키면 양질의 브랜디가 된다.

똑같이 포도를 원료로 써서 만드는 알코올음료지만 와인과 브랜디는 다른 점이 많다. 애주가들도 취향에 따라서 각자 선호하는 술을 마신다. 가장 두드러진 차이는 알코올 도수와 향미가 크게 다르다는 것이다. 와인은 알코올 도수가 12~14도 사이이나 브랜디는 40~50도 사이로 와인보다 4배 정도 높다. 〈주세법〉에서 정한 세율도 와인은 30퍼센트이고 브랜디는 72퍼센트로 차이가 크다.

●

블렌딩(Blending) 일반적으로는 한 가지 오드비로 브랜디를 생산하지만, 세계 최고의 명산지로 통하는 프랑스의 코냐크와 아르마냑에서는 포도를 수확한 장소와 포도를 수확한 시기가 각기 다른 여러 종류의 오드비를 섞어서 만든다. 섞는 비율에 따라 술맛에 차이가 나기 때문에 배합 기술자들을 '예술가'로 대우한다.

코냐크도 아르마냑도 공히 오크 통에서 다년간 숙성시킨 여러 종류의 오드비를 황금비율로 배합하여 브랜디 제품을 생산한다. 포도 농사가 특별히 풍작인 해에는 한 증류소에서 같은 해에 증류한 한 가지 오드비만으로 밀레짐(Millesime) 브랜디를 생산한다. 'Millesime'이란 포도 수확 연도를 뜻하는 프랑스어 'Vintage'와 같은 말이다.

배합이 끝나서 일단 병에 담기면 숙성이 중단되어 품질이 향상되지 않는다. 배합된 오드비의 숙성 기간이 같으면, 20년 전에 제조한 술이나 10년 전에 만든 술이나 다를 것이 없다. 보관을 잘못하여 코르크가 마르고 알코올이 증발해서 맹물이 되는 것은 다른 문제다. 수직 상태로 오래 놓아두면 코르크가 마를 수 있으니, 바로 마실 것이 아니면 병을 눕혀놓는 것이 바람직하다.

현존하는 브랜디 가운데 프랑스 코냐크 지방에서 생산되는 제품들이 애주가들의 높은 인기를 누리고 있다. 이외에 프랑스 아르마냑 지방에서 생산되는 제품들도 인기가 높고, 노르망디 지방에서 사과를 원료로 사용하는 칼바도스 브랜디도 도처에 마니아층을 가지고 있다.

발효 중인 포도주에 브랜디를 섞으면 알코올 도수가 높아져서 효모가 당분 분해를 중단하여 장기 보관이 가능해진다. 이런 방식으로 양조한 와인을 '강화 와인(Fortified wine)'이라고 하고, 포르투갈 북부의 포트에서 만드는 포트와인이 유명하다. 알코올 함량이 18~20퍼센트에 달하지만, 알코올로 분해되지 않은 당분이 상당량

남아 있어 단맛이 강하여 애호하는 사람들이 많다.

생명을 구하는 술 대부분의 애주가들은 식사를 마치고 나서 후식으로 소량의 브랜디를 마신다. 입으로 마신다기보다는 코로 향을 느낀다고 하는 편이 더 어울릴 수도 있다. 고급 브랜디는 다른 음료를 섞지 않고 그 자체의 향을 즐기면서 마신다. 튤립형 유리잔의 바닥을 덮을 정도로 채운 다음 체온이 술의 온도를 높여서 향이 발산되게 손바닥으로 감싼 상태에서 잔 속으로 코를 집어넣고 천천히 향을 즐긴다. 와인에 비해 값이 비싸서 위화감을 조장하는 사치품으로 눈총과 지탄을 받을 때도 있다.

생명의 물 '브랜디'

와인의 용도가 다양한 것처럼 브랜디의 활용 역시 향미를 즐기는 것에 그치지 않는다. 혼성주의 일종인 리큐어의 원료로 쓰이는 브랜디도 있고, 불을 붙여서 먹는 음식의 연료로 쓰이는 브랜디(크레이프 수제트, 체리 주빌레)도 있다. 서양 영화를 보다 보면 종종 추위나 허기에 지쳐서 정신을 잃고 쓰러진 사람에게 브랜디를 먹여서 목숨을 구하는 장면이 나온다.

스위스의 관광지를 가보면 기념품점에서 나무나 플라스틱 등으로 목에 브랜디 통을 매단 개를 조각하여 파는 것을 볼 수 있다. 등산객이 조난을 당하면 목에 브랜디 통을 걸고 가서 살려준다는 산악구조견 세인트 버나드의 모형이다. 실제로는 구조견이 목에 술통을 달고 가서 조난자를 구한 적이 한 번도 없지만, 잡지 화가들이 풍자 삼아 그린 이미지가 유명세를 타자 목에 술통을 매단 구조견 기념품이 등장했단다. 조난을 당하여 탈진한 상태에서 음주를 하면 약(藥)이 되기보다 독(毒)이 될 가능성이 높다.

브랜디의 제왕 '코냑'

번영과 부침 코냑크 지방은 항구도시 로셸(La Rochelle)과 인접한 지리적 이점 덕분에 일찍부터 바다 건너 잉글랜드, 아일랜드, 스칸디나비아, 네덜란드 등지로 소금을 수출해 번영을 누렸다. 서기 3세기경 로마군이 진주한 이후로는 포도밭을 일궈서 와인을 생산하여 해외로 수출하는 축복까지 더해졌다. 이후 역사의 소용돌이에 휘말려 오랫동안 고초를 겪다가 17세 중엽(1638년)에 증류 기술이 전래되고 네덜란드 무역상들이 판매를 맡아주어 브랜디 생산이 활발해졌다.

오늘날 코냑이 브랜디의 대명사로 통하게 된 것은 포도 농가와 브랜디 생산자들이 오랜 고초와 시련을 묵묵히 견뎌낸 덕분이다. 가능성을 발견한 중앙정부가 브랜디의 고급화와 수익 증대를 적극 지원함으로써 포도 농가와 브랜디 생산자들에게 희망과 야심을 심어주었다. 최고의 부가가치를 창출하는 명품 브랜디 생산을 목표로 정부와 주민이 합심하여 노력한 결과 기대 이상의 대박이 주어졌다. 코냐크 마을과 자르냑(Jarnac) 마을에 크고 작은 250여 곳의 코냑 회사(Cognac House)가 양질의 코냑 브랜디를 대량으로 생산해 지역의 풍요를 선도하고 있다.

코냐크 마을

나폴레옹 1세가 황제로 있던 1811년에 첫 황태자가 태어나고 포도 농사도 풍년이 들자 코냑 회사들은 제품의 상표에 나폴레옹의 이름을 넣었다. 황제는 아내 조세핀이 아이를 낳지 못하여 조카를 양자로 삼았으나 일찍 사망해 오스트리아 왕녀인 마리 루이스와 재혼했다. 그녀가 다시 황태자를 낳고 포도가 잘 익자 두 가지를 함께 기리자는 뜻으로 나폴레옹의 이름을 넣기 시작한 것이다. 회사마다 고급 제품에 나폴레옹의 이름을 적기는 하지만 표기 자체가 품질을 나타내는 것은 아니다. 모든 코냑 회사들이 제품의 상표에 나폴레옹의 이름을 넣는 것도 아니다.

와인 명산지들이 그러하듯이, 코냑 명산지인 코냐크 지방도 원료인 포도를 재배하는 밭의 특성에 따라서 술의 맛과 향에 차이가 있다. 따라서 지형적 특성과 토질이 다른 6개 원산지(AOP/AOC)를

코냑 원산지(AOP/AOC) 지도

구획별로 지정해놓았으며 각 지역의 이름과 생산되는 코냑의 차이는 다음과 같다.

① 그랑 샹파뉴(Grande Champagne): 묵직하고 강렬하다.

② 프티트 샹파뉴(Petite Champagne): 가볍고 은은하다.

※ 핀 샹파뉴(Fine Champagne): 그랑 샹파뉴(50퍼센트 이상)와 프티트 샹파뉴를 섞은 제품으로 그랑 핀 샹파뉴(Grande Fine Champagne)라고 부르기도 한다.

③ 보르드리(Borderies): 짙고 발랄하다.

④ 팽 부아(Fins Bois): 주로 블렌딩용으로 사용한다.

⑤ 봉 부아(Bons Bois): 주로 블렌딩용으로 사용한다.

⑥ 부아 오르디네르(Bois Ordinaires): 값이 저렴한 대중용에 해당한다.

코냑 제품의 등급 코냐크 지방에서는 전년도 가을(9월, 10월)부터 다음 해 3월 말까지 오드비를 증류한다. 이에 국립 코냑 사무국(Bureau National Interprofessionnel du Cognac, BNIC)은 매년 4월 1일을 기준으로 오크 통에서 숙성된 오드비의 연한을 세도록 규정해 놓았다. 증류가 갓 끝난 새 오드비는 '콩트(compte) 00', 다음 해 4월 1일에는 '콩트 0', 그다음 해 4월 1일은 '콩트 2' 식으로 매년 공식적인 나이가 하나씩 더해진다. 프랑스어 단어 'compte'는 영어의 'count'에 해당하는 것으로 '셈' 또는 '계산'을 의미한다.

코냑은 각기 다른 해에 증류한 오드비들을 배합하여 만들기 때문에 상표에 포도 수확 연도(빈티지) 표기가 없다. 대신 배합에 사용한 오드비의 숙성 기간을 나타내는 ☆☆☆, VS(Very Superior), VSO, VSOP(Very Superior Old Pale), Reserve, Napoleon, XO(Extra Old/Extraordinary), Extra, Vieille Reserve 등의 기호를 적는다. 배합된 오드비 가운데 숙성 기간이 가장 짧은 것을 기준으로 기호를 정한다. 제조회사와 제품 종류에 따라 약간의 차이는 있으나 대체로 회사마다 분류 기준이 비슷하다.

다음 표는 1983년 8월 23일 BNIC가 공표한 코냑 제품의 등급 기호별 오드비 배합 비율을 나타낸 것이다. 별 셋 및 VS는 콩트 2 이상, VSOP와 Reserve는 콩트 4 이상, Napoleon·XO·Extra·Vieille Reserve는 공히 콩트 6 이상인(증류 이후 6년 이상 숙성된) 오드비들만 배합한 코냑에만 표시할 수 있다. VSOP에서 P는 영어 단어 Pale의 첫 글자로, 술의 색깔을 내기 위해 색소(캐러멜 등)를 섞지 않은 '맑은 술'이라는 뜻이다.

코냑 제품의 등급 기호와 분류 기준

제품의 등급 기호	오드비 숙성 기간
☆☆☆(3 etoiles), Selection, de Luxe, VS(Very Superieur), Choix, Surchoix	Compte 2 이상
Superieur	Compte 3 이상
Vieux, VO(Very Old), VSOP(Very Superior Old Pale), Reserve	Compte 4 이상
VVSOP(Very Very Superior Old Pale), Grande Reserve	Compte 5 이상
Napoleon, XO(Extra Old), Extra, Royal, Tres Vieux, Vieille Reserve	Compte 6 이상

등급 분류의 기준이 되는 '오드비 연령'은 하한(下限)만 있고 상한(上限)이 없다. BNIC가 정한 등급 분류 기준이 절대적 의미를 갖는 것은 아니라는 뜻이다. 코냑 제조를 위한 오드비 배합 방식이 회사마다 크게 달라서 오드비의 연령을 정해놓은 취지가 희석되는 측면도 있다.

예컨대 '콩트 10(70%)+콩트 15(20%)+콩트 4(10%)' 비율로 배합한 VSOP 제품과, '콩트 7(70%)+콩트 8(20%)+콩트 6(10%)' 비율로 배합한 XO 제품이 있다면, 등급이 높은 후자가 전자보다 더 낫다고 말하기 어렵다. 실제로 유명 회사의 VSOP 제품들은 무명 회사의 XO 제품들보다 콩트가 높은 오드비들을 배합하여 만드는 경우가 많다.

세계적으로 유명한 코냑 회사들은 대부분 숙성 기간이 BNIC가 정한 등급 분류 기준을 상회하는 오드비들을 배합하여 제품을 만든다. 아래 표는 5대 코냑 생산자에 해당하는 유명 회사들이 코냑 제품에 등급을 표시하는 기준을 나타낸 것이다.

5대 코냑 메이커의 등급 구분에 적용되는 오드비 숙성 연한

구분	VS	VSOP	Napo-leon	XO	Extra	특제품(오마주)
Hennessy	3년~	4.5~25년	10~50년	10~70년	50~100년	Richard Hennessy 100~150년
Martell	5~7년	10~20년	15~20년	20~30년	50년~	L' Art de Martell 80~100년
Remy Martin	3~10년	4~12년	10~20년	20~35년	30~50년	Louis XIII 100년 이상
Courvoisier	5~8년	8~12년	15~25년	20~35년	50년~	Erte 1892~
Camus	3년~	15년~	20년~	15~30년	50년~	Michel Camus Royal

표에서 보듯이, 다섯 회사 공히 BNIC가 정한 기준보다 더 오래 묵힌 오드비들을 배합하여 제품을 생산한다. 특제품(오마주)을 만들 때는 여러 세대에 걸쳐 장기간 숙성시킨 오드비들을 배합한다.

최고가 아니면 밀려나는 냉혹한 경쟁 원리가 코냑업계에도 똑같이 적용된다. 다른 조건이 같으면 오래된 오드비로 생산한 제품을 귀하게 여기는 애주가들의 성향이 오드비 연령의 인플레를 부추긴다. 2006년 6월 미국 덴버의 브라운 팰리스 호텔은 제54회 NBA 올스타 경기를 앞두고 1870년대에 제조된 세계 최고(最古)의 하디 퍼펙션 시리즈 코냑을 구입하여 관람객들에게 1컵(약 50g)당 575달러(약 60만 원)에 팔았다.

세계에서 가장 비싼 술로 기네스북에 오른 '앙리 4세 두도뇽 에리타주(Henri IV Dudognon Héritage/별명 The DNA of Cognac, the essence of the water of life)라는 코냑도 있다. 메종 두도뇽이라는 코냑 회사가 1776년부터 매년 한 병씩만 생산해온 이 술의 판매가격은 100만 파운드(약 17억 원)다. 병을 장식하는 데만 4킬로그램의 백금과 6,500개의 다이아몬드가 쓰였다. 사주가 위그노들의 수장으로 부르봉왕조의 첫 번째 왕이 되어 종교전쟁을 종식시킨(낭트칙령) 앙리 4세(1553~1610)의 직계 후손이고, 그랑샹파뉴 한복판의 작은 포도밭을 경작하며 100년 이상 숙성시킨 원액만 배합한단다.

앙리 4세 두도뇽

아르마냑 제품에 적용되는 등급

기호 및 분류 기준도 코냑의 경우와 비슷하다. 단지 "Hors d'Age(숙성 기간을 알 수 없는)등급 = Compte 10 이상"이라는 기준이 더 존재할 뿐이다. 칼바도스는 페이도주(Pays d'Auge) 지역의 제품만 코냑과 같은 등급 기호와 분류 기준을 적용한다. 페이도주 지역에서 칼바도스를 생산하면서 라벨에 등급 기호 대신 생산년도를 표기하는 제품도 많다.

코냑의 터줏대감

헤네시 1765년에 아일랜드 출신의 리처드 헤네시(Richard Hennessy)가 창업하여 아들 제임스 대에 이르러 주류회사의 형태를 갖췄다. 코냑 생산량 세계 1위 회사답게 샤랑트 강 양쪽의 요지에 넓게 자리 잡고 있다. 창업 100주년이었던 1865년에 리처드의 증손자인 모리스 헤네시가 병에다 회사의 라벨을 붙여 시판하는 혁신을 이뤘다. 동시에 숙성 연도를 나타내는 ☆☆☆ 마크를 고안하고, 1870년부터 15년 이상 숙성한 제품에 XO 기호를 넣기 시작했다.

620헥타르의 포도밭과 28곳의 증류소를 갖고 있다. 다수의 포도 농장과 하청계약을 맺고 있으며, 많은 양의 오드비를 증류업자에게 구입하여 쓴다. 23만 통이 넘는 오드비 원액을 리무쟁과 토롱세에서 생산된 오크 통에 담아 38곳의 저장고에서 숙성시킨다. 보유하고 있는 오드비 중에는 200년이 넘은 것들도 있단다.

콩트 4 이상의 오드비를 25년 숙성시켜 배합한 VSOP는 맛이 순한 편에 속하여 애호가들이 많다. 일본과 동남아시아 시장을 겨냥하여 VSOP의 장점을 살린 고급의 퀴베 제품을 만들어 내놓고 있다. XO 제품은 10~70년 숙성된 오드비들을 배합하여 감촉이 부드러우면서 향미가 고급스럽다. 병 디자인은 XO 제품을 처음 내놓은 1870년 당시의 카라프 형태를 그대로 쓰고 있다.

리처드 헤네시

엑스트라 제품은 장기간 숙성시킨 오드비를 넉넉히 배합하여 중후한 격조가 느껴진다. 리처드 헤네시(Richard Hennessy)는 창업주를 위한 오마주 제품으로 19세기 초에 증류된 오드비를 포함하여 100종 이상의 오드비가 배합된다. '데칸터'라고 불리는 병은 세계 유수의 크리스털 메이커인 산 루이가 수공예(Hand made)로 만들고 있으며, 병마다 식별번호가 새겨져 있다.

마르텔 1715년에 장 마르텔(Jean Martell)이 설립했다. 8대에 걸쳐서 가업을 전승하여 코냑업체 가운데 가장 전통적이고 고전적인 회사로 꼽힌다. 오드비를 배합하는 비율도 옛날식을 그대로 답습해왔다. 숙성도가 뛰어난 오드비를 사용하여 생산하는 제품마다 맛과 향에서 진한 매력과 높은 품격이 느껴진다. 향미가 화려하지 않고 소박하면서 안정적이며, 맛과 향의 조화가 절묘하다는 평가를 듣는다.

12개의 포도밭을 합친 면적이 세계 최대에 이르며, 그랑 샹파뉴와 프티트(핀느) 샹파뉴 등 코냑 지역의 핵심부 내 2,500여 농가와 전속계약을 맺고 있다. 33개소의 증류소를 소유하고 22곳의 증류소와 하청계약을 맺고 있다. 증류하는 오드비 전부를 리무쟁 숲에서 벌목하여 5년 이상 건조시킨 오크 통에서 숙성시킨다. 세계 최고에 달하는 약 15만 배럴의 오드비를 보유한 것으로 알려져 있다.

유명 제품으로 스리 스타(Three Star), VSOP, 골드 블루(Gold Blue), 골드 아르젠, 엑스트라(Extra) 등이 있다. 골드 블루는 30년 이상 숙성시킨 오드비로 만들고 푸른 리본이 둘러져 있다. 골드 아르젠은 50년 이상 숙성시킨 오드비로 만들고 은(銀) 리본이 둘러져 있다. 엑스트라는 60년 이상 숙성시킨 오드비로 1년에 1,400병(120상자)만 생산한다. 마르텔은 회사 제품에 나폴레옹의 이름을 넣지 않는다. 많은 프랑스인들이 영웅으로 여

마르텔

기고 숭배하는 나폴레옹을 달리 생각한다는 뜻일 것이다.

•

레미 마르탱 레미 마르탱(Remy Martin)이 1724년에 설립했다. 1731년에 루이 15세 왕으로부터 포도 품종에 대한 독점권을 부여받은 적이 있다고 한다. 다른 회사들의 명성에 가려서 관심을 끌지 못하다가 1924년 앙드레 르노가 이 회사를 인수한 이후 이름이 알려지기 시작했다. 르노는 그랑 샹파뉴에 넓은 포도밭을 가지고 있는 농장주의 딸을 아내로 맞아 처가에서 생산되는 양질의 포도로 핀느 샹파뉴 규격의 VSOP 코냑을 양산하여 회사 기반을 튼튼히 다졌다. 회사의 상징인 켄타우로스(상반신은 인간이고 하반신은 말인, 그리스 신화에 나오는 괴물)는 프랑스의 외교관이면서 고고학자였던 폴 에밀(Paul Emile)이 1870년에 붙여준 것이다.

1937년 미국 수출이 성사되자 1948년부터 그랑 샹파뉴와 프티트 샹파뉴 두 지역에서 생산되는 오드비만 쓰기로 방침을 정하고 회사의 모든 제품에 '그랑 샹파뉴' 또는 '핀느 샹파뉴'라고 상표를 붙였다. 여세를 몰아서 1972년에 레미 마르탱 VSOP, 1981년에 XO를 연달아 출시했다. 와인의 세계를 DRC의 로마네 콩티가 호령한다면 브랜디의 세계는 레미 마르탱의 루이 13세가 지배한다고 할 수 있다. 메종 두도농이 만드는 앙리 4세 두도농이 있지만 1년에 한 병만 생산되어 사실상 없는 것과 같다.

3대에 걸쳐 숙성시킨 오드비들을 배합하는 '루이 13세'는 1724년에 루이 13세에 대한 감사의 표시로 최고급 술에 '루이 13세'라는 이름을 붙였던 데서 이름이 유래한 것이다. '그랑 샹파뉴의 긍지', '코냑의 제왕' 같은 별명들이 붙어 있다. 병은 세계적인 크리스털 전문업체인 바카라가 종교전쟁 당시 프랑스 자르냑 지방에서 발견된 크리스털 병을 본떠서 수공예로 만든다. 100병 한정으로 여로보암(Louis XIII Jéroboam) 사이즈(3000㎖)를 생산하여 국내에도 2병이 들어와 3,200만 원에 판매되었다.

루이 13세 중에서도 최상급 제품인 '레어 캐스크 43.8리미티드 에디션 루이 13'은 2004년 레미 마틴 셀라마스트 피에레트 트리세가 루이 13세 티어콘에서 100년 동안 숙성된 오크 통(캐스크)을 발견하여 가문의 명예를 걸고 만든 것이다. 786병만 생산하여 국내에는 단 4병이 공급되었다. 진한 검은색을 띠는 병은 프랑스 최고를 자랑하는 바카라의 국보급 명장 20여 명이 투입되어 2주 동안 공을 들인 작품이란다.

루이 13세 레어 캐스크(블랙 펄)

루이 13세 레어 캐스크는 병의 목 부분에 팔라듐(금, 백금에 버금가는 매우 진귀한 금속) 장식을 예술적으로 붙여서 술의 가치와 아름다움을 표현해놓았다. 국내외 마니아들은 이 코냑을 '왕의 코냑, 코냑의 왕'으로 부른다. 싱그러운 야생 버섯, 촉촉하게 젖은 나무 덤불,

진하면서 고급스러운 과일향을 포함한 250여 가지 맛을 동시다발적으로 발산하며, 가격은 2000만 원 수준으로 알려져 있다.

쿠르부아지에 19세기 초 에마뉘엘 쿠르부아지에(Emmanuel Courvoisier)가 갈로아(Louis Gallois)와 함께 파리 근교 베시(Bersy)에서 창업했다. 현재는 코냐크 마을과 더불어 코냐크 지역의 양대 축을 형성하는 자르냑 마을의 샤랑트 강변에 자리 잡고 있다. 나폴레옹 1세와의 특별한 인연을 등에 업고 자사의 제품들을 '나폴레옹의 코냑(The Cognac of Napoleon)'이라고 홍보해왔다. 여러 코냑 회사가 1811년부터 제품에 나폴레옹 이름을 넣어왔지만, 이 회사는 당초부터 몇 술을 더 떴다.

전쟁의 천재였던 나폴레옹이 군대의 기동력을 높이기 위해 와인보다 운반이 쉽고 빨리 취하는 코냑을 시음하러 이 회사를 들렀던 모양이다. 주인은 당연히 최상품을 내놓았을 것이고 황제는 만족을 표했을 것이다. 이후로 나폴레옹이 전쟁터로 향할 때마다 자사의 코냑을 나폴레옹이 좋아했던 와인, 샴페인과 함께 군용마차에

쿠르부아지에

실어주었다. 1815년에 나폴레옹이 권좌에서 쫓겨나 세인트헬레나 섬에 유배될 때(1815년)도 쿠르부아지에 몇 통을 배에 실어주었다. 도중에 나폴레옹이 이 술로 동행하던 영국군 장교들을 대접했더니 그 맛에 탄복하며 '나폴레옹의 코냑'이라고 불렀단다.

나폴레옹 황제에 대한 창업주의 극진한 정성이 진정성에 기초한 인간적 존경심에서 우러난 것이었는지, 고도로 계산된 행동이었는지는 알 수가 없다. 하지만 어느 코냑 회사보다도 제품 마케팅에 나폴레옹을 적극 이용하는 것만은 틀림이 없다고 할 것이다.

카뮈 카뮈(Camus)가 주도하여 결성한 '라 그랑 마르크(La grande Marque)'라는 협동조합을 모태로 하여 1863년에 설립된 이래 4대가 지나도록 오직 코냑 한 가지만 생산해왔다. 초기에는 조합원들에게서 오드비 원액을 사들여서 코냑을 만들어 조합명으로 판매하다가 1898년부터 카뮈를 상표명으로 사용했다. 설립 이후 70년 동안 '라 그랑 마르크'라는 회사명을 사용하다가 1934년에 카뮈의 손자인 미셸 카뮈가 경영을 맡으면서 '카뮈'로 바꿨다.

그랑 샹파뉴 지구에 샤트 듀포 포도밭이 있고, 보르드리 지구에도 샤트 듀 프레시스 포도밭을 갖고 있다. 하지만 전체 면적이 125헥타르에 불과하여 오드비 수요의 9할 이상을 그랑 샹파뉴, 프티트 샹파뉴, 보르드리, 팽 부아, 봉 부아 등에서 조달한다. 전체적으로 중후한 맛을 풍기면서도 혀를 쏘는 맛이 진하다는 평가를 듣는다.

나폴레옹 탄생 200주년이던 1969년에 15~20년 숙성된 그랑 샹파뉴, 프티트 샹파뉴, 보르드리 세 지구의 오드비로 '카뮈 나폴레옹'을 출시하여 높은 인기를 구가해왔다. '나폴레옹 엑스트라 올드'는 30년 이상 숙성시킨 오드비를 비롯하여 100종류 이상의 원액을 섞는다. '그랑 VSOP(적 라벨)'는 그랑 샹파뉴의 오드비를 주축으로 코냑 5개 원산지의 오드비를 배합하여 풍미가 향기로우면서 섬세하다는 평가를 받는다. J. P. 카뮈 사장이 일본 시장을 겨냥해 특별히 혼합한 'VSOP 디럭스'와 'XO 슈피리어'도 우수하다는 평가를 듣는다.

카뮈

바다 건너 '생명의 물'

1531년 4월 13일 덴마크의 베르겐 성 공인 에스케 빌레는 노르웨이의 마지막 가톨릭 대주교였던 올라프 엔게에게 아쿠아 비테(Aqua vitae, 생명의 물)를 선물로 보내면서, "보내드리는 물이 모든 질병에 도움이 될 것이다."라고 적어서 넣었다. 그 원료가 포도였는지 여부는 확인되지 않으나, 오늘날 스칸디나비아 사람들은 감자와 보리를 재료로 45도 안팎의 아쿠아 비테를 증류하여 기름진 음식을 먹을 때 소화제 삼아 마신다. 젊은이들보다 노년층에서 인기가 높다.

덴마크에서는 크리스마스 오찬 때 아쿠아 비테를 마시고, 노르웨이에서는 크리스마스나 제헌절(5월 17일) 같은 기념일에 돼지갈비 구이와 말린 양고기 요리와 함께 아쿠아 비테를 마신다. 식사하면서 아쿠아 비테를 마시는 의식을 스웨덴어로 '스납스(Snaps)'라고 한다. 소량의 술을 작은 잔에 따른 다음 코 높이로 들어 올려 '위'라고 외치며 마신다. 절인 청어·가재·루터피스크·훈제 생선 등을 안주로 먹으면서, "아쿠아 비테가 생선이 위까지 헤엄쳐 내려가게 돕는다."고 농담을 건넨다.

널리 알려진 상표로는 노르웨이의 뢰이텐(Løiten), 리스홀름(Lysholm), 길더(Gilde)와 덴마크의 올보르(Aalborg), 스웨덴의 오피안데르손(O. P. Andersson) 등이 있다. 덴마크와 스웨덴산 제품들은 대부분 색깔이 연하고, 노르웨이산은 색깔이 진하다. 오크 통에서 짧게는 1년부터 길게는 12년까지 숙성을 시키기 때문이다. 세 나라 공히 자국의 아쿠아 비테를 최고로 치지만, 숙성 과정을 거치는 노르웨이 제품이 향과 색깔 면에서 덴마크나 스웨덴의 제품을 앞서는 것으로 평가된다.

으깬 곡물이나 감자에 몰트를 섞어서 발효 과정을 거친 다음 캐러웨이, 카르다몸, 정향, 아니스, 레몬이나 오렌지 껍질, 회향과 같은 허브나, 향신료 또는 과실유의 향을 첨가하는 방법으로 만든다. 딜이나 서아프리카산 생강을 섞기도 한다. 덴마크의 올보르 양조장은 호박을 재료로 써서 아쿠아 비테를 만든다.

스칸디나비아 이외의 지역에서 아쿠아 비테를 생산하는 경우도 있다. 19세기까지 덴마크의 통치를 받아서 덴마크인들이 많이 사는 북부 독일의 슐레스비히홀슈타인 주가 대표적 본보기다. 독일산 아쿠아 비테 중에서는 플렌스부르크의 봄메르룬더(Bommerlunder), 키엘의 키엘러 스프로테 아쿠아비트(Kieler Sprotte Aquavit), 말테세르크뢰츠 아쿠아비트(Malteserkreuz Aquavit) 등이 유명하다.

봄메르룬더는 1760년부터 아쿠아 비테를 생산하고, 역사가 깊은 슐레스비히홀슈타인의 아쿠아 비테는 품질이 스칸디나비아 제품에 버금간다는 평가를 듣는다. 말테세크뢰츠는 스웨덴 회사인 Vin & Sprit AB사의 계열사로 1924년부터 베를린에서 덴마크 방식으로 다양한 종류의 아쿠아 비테를 생산해왔다. 독일에서 생산되는 아쿠아 비테는 알코올 함량이 스칸디나비아산보다 2도 정도 낮다.

참고문헌

고형욱 《보르도 와인 기다림의 지혜》, 2002년 8월, 한길사.

《와인견문록 – 보르도에서 토스카나까지》, 2009년 1월, 이마고.

김기재 외 《와인을 알면 비즈니스가 즐겁다》, 2002년 6월, 세종서적.

《성공 비즈니스를 위한 와인 가이드》, 2008년 3월, 넥서스Books.

김대철 《와인과 음식》, 2009년 4월, 한울출판사.

김민환 《Professionnal Wine Basic & Practical Business》, 2010년 8월, (주) 닥터뱅.

《프랑스 와인》, 2010년 8월, (주) 닥터뱅.

《이탈리아 & 유럽 와인》, 2010년 8월, (주) 닥터뱅.

《신세계 와인》, 2010년 8월, (주) 닥터뱅.

김민환 외 《더 와인 가이드》, 2003년 11월, 와인나라.

《와인학 개론》, 2010년 8월, (주) 닥터뱅.

김원곤 《Dr. 미니어처의 아는 만큼 맛있는 술》, 2010년 12월, 조선북스.

《세계 지도자와 술》, 2013년 11월, 인물과사상사.

김준철 《국제화시대의 와인 상식》, 1994년 4월, 노문사.

《와인과 건강》, 2001년 10월, 유림문화사.

《와인》, 2012년 9월, 백산출판사.

《와인핸드북》, 2003년 5월, 백산출판사.

《와인의 발견》, 2005년 2월, 명상.

《와인 어떻게 즐길까》(살림지식총서 260), 2006년 10월, 살림.

《와인 인사이클로피디아》, 2006년 7월, 세종서적.

《와인, 알고 마시면 두 배로 즐겁다》, 1997년 8월, 세종서적.

《와인 가이드》, 2008년 5월, 중앙북스.

김지수 《소믈리에, 그 꿈을 디캔팅하다》, 2009년 4월, 엠북스.

김태랑 《황홀한 체험, 프랑스 와인의 모든 것》, 2002년 12월, 한울.

김 혁 《프랑스 와인 기행》, 2000년 12월, 세종서적.

《프랑스 와인명가를 찾아서》, 2004년 4월, 세종서적.

《이탈리아 와인 기행》, 2007년 12월, 학산문화사.

마르께스 정 《뚜벅뚜벅 와인로드》, 2011년 12월, 에디션더블유.

박원목·윤경은 《와인 강의》, 2007년 2월, 김영사.

박정희 《와인과 음악은 사랑의 묘약이다》, 2009년 4월, 책생각.

박찬일 《와인 스캔들》, 2007년 8월, 넥서스 Book.

《와인 셀렉션》, 2009년 3월, (주)위즈덤하우스.

서한정 《와인 에센셜》, 2003년 11월, 아카데미북.

《서한정의 와인 가이드》, 2004년 1월, 그랑벵코리아.

서한정·김준철·한관규 《웰빙 와인 상식 50》, 2005년 1월, 그랑벵코리아.

손진호 《와인》, 2003년 3월, 대원사.

안용갑·김준철 《한국 와인 & 양조과학》, 2014년 4월, 퍼블리싱킹콘텐츠.

안준범 《와인 읽는 CEO》, 2009년 3월, (주)북이십일 21세기북스.

양향자 《궁합이 맞는 와인과 우리 음식》, 2009년 6월, 아카데미북.

엄경자 《와인 노트》, 2008년 1월, 사람이음.

우리은행 《WINE WITH WOORI》, 2004년 4월, 투자금융본부.

이동현 《즐거운 와인 여행》(1)(2)(3), 2008년 7월, 김&정.

이원복 《와인의 세계, 세계의 와인》(1)(2), 2008년 1월, 김영사.

이재술 《와인 상식사전》, 2008년 12월, 미르북스.

조정용 《올댓와인》, 2008년 3월, 해냄.

차재호 《전설의 100대 와인》, 2008년 3월, AL Dente Books.

최영수 외 《와인에 담긴 역사와 문화》, 2005년 10월, 북코리아.

최 훈 《프랑스 와인》, 2006년 4월, 자원평가연구원.

《와인과의 만남》, 2007년 10월, 자원평가연구원..

한관규 《보르도 와인》, 2002년 10월, 그랑벵코리아.

소설

김경원 《와인이 있는 침대》, 2008년 5월, 동화출판사.

김외숙 《아이스 와인》, 2006년 11월, 도서출판 나눔사.

이고운 《와인 잔을 돌리는 소믈리에》, 2007년 5월, 미라클 Books.

번역서

고정아(역) 엔리코 베르나르도, 《HOW WINE – 세계 최고의 소믈리에에게 배우는 와인 맛보는 법》 2007년 7월, 나비장.

권남희(역) 무라카미 류, 《와인 한잔의 진실》(단편집), 2004년 10월, 창해.

김숙이(역) 사토 도미오, 《레드 와인과 치즈가 노화를 막는다》, 2001년 3월, 도서출판 삶과 꿈.

김승환(역) 로저 코더, 《와인다이어트*The Wine Diet*》, 2008년 1월, 엘도라도.

김종돈(역) 타일러 콜만, 《와인정치학》, 2009년 4월, 책으로보는세상.

김종현(역) 맬컴 구시너, 《빈티지 와인, 빈티지 유머》, 2008년 10월, 인북스.

김진균(역) 니시카와 메구미, 《와인과 외교 – 와인을 통해 살펴보는 국제정치》 2008년 1월, 지상사.

박재화 · 이정욱(역) 실뱅 피티오 · 장-샤를 세르망, 《부르고뉴 와인》, 2009년 5월, 바롬웍스.

박찬규(역) 다니엘 르 콩트 데 플로리스, 《와인》(창해 ABC북 5), 2000년 7월, 창해.

서현아(역) 조 아라키, 《소믈리에르》(만화), 학산문화사.

설은미(역) 아기다다시 & 슈 오키모토, 《신의 물방울》(만화), 학산문화사.

설은미 · 권은정(역) 《와인의 기쁨》(1)(2), 2008년 4월, 중앙Books.

세종서적(역) 휴존슨·재니스 로빈슨, 《와인 아틀라스》, 2009년 1월.

이병렬(역) 로버트 몬다비, 《와인의 달인 로버트 몬다비》(자서전), 2007년 1월, 바롬웍스.

이순주(역) 젠스 프리웨, 《와인입문교실》, 2004년 1월, 백산출판사.

이충호(역) 돈 클래드스트럽·페티 클래드스트럽, 《와인전쟁》, 2002년 7월, 한길사.

정미나(역) 케빈 즈랠리, 《와인 바이블(*Windows on the World Complete Wine Course*)》, 2013년 12월, 한스미디어.

차재호(역) 톰 스탠디지, 《역사 한잔하실까요?》, 2007년 2월, 세종서적.
그레이엄 하딩, 《와인 미셀러니, 와인에 관한 비범하고 기발한 이야기》, 2008년 11월, 보누스.

한복진 외(역) 켄시 히로카네, 《한 손에 잡히는 와인》, 2001년 10월, 베스트홈.

외국서적

Hugh Johnson & Jancis Robinson *The World Atlas of Wine*, 2007, Mitchell Beazley.

Jacky Rigaux *Burgundy Grands Crus*, May 2007, Terre en ues.

Kevin Judd *The Color of Wine*(컬러사진첩), 1999, Craig Potton Publishing.

Tyler Colman *Wine Politics: How Governments, Environmentalists, Mobsters, and Critics Influence the Wines We Drink*, 2008, University of California Press.

세계에서 가장 오래된 와인 숙성용 오크 통.
1472년과 1525년에 양조된 와인이 아직 들어 있다. **(프랑스 알자스)**

포도 넝쿨과 포도알로 장식된 왕관 **(독일 라인가우 와인박물관)**

세계에서 가장 오래된 와인 저장고 **(프랑스 알자스)**

참 쉬운
나의 첫 번째 와인 가이드